新世纪高职高专实用规划教材 机电系列

单片机原理与应用技术

(第 2 版)

姚国林 主 编

朱卫国 苏 闯 副主编

清华大学出版社

北 京

内容简介

本书以国内广泛使用的 MCS-51 系列单片机中的 8051 为对象,介绍了其主要的内部资源、基本结构、工作原理、学习方法和基本的程序设计方法,包括单片机辅助软件的推荐与应用、常用单片机外围硬件的应用、定时/计数器、中断系统、内部接口、串行通信接口的使用方法,重点介绍了 MCS-51 单片机的常用接口及控制技术和单片机应用系统开发及应用技术。

针对单片机原理及应用,本着理论够用的原则,突出实用性、可操作性,在编排上由浅入深,循序渐进,精选内容,突出重点,适当增加了一些当今流行的新器件和新技术;对于接口技术和应用系统,提供了详细的原理说明、电路图、完整的程序代码及程序流程图。

本书可作为高职高专院校自动化、电子信息、机电、电力和计算机等专业的教材,也可以作为工程技术人员的参考书。

图书在版编目(CIP)数据

单片机原理与应用技术/姚国林主编. —2 版. —北京:清华大学出版社,2016
(新世纪高职高专实用规划教材 机电系列)
ISBN 978-7-302-44924-9

Ⅰ. ①单⋯ Ⅱ. ①姚⋯ Ⅲ. ①单片微型计算机—高等职业教育—教材 Ⅳ. ①TP368.1

中国版本图书馆 CIP 数据核字(2016)第 207479 号

责任编辑:桑任松
装帧设计:刘孝琼
责任校对:石 伟
责任印制:王静怡

出版发行:清华大学出版社
　　　　　网　　址:http://www.tup.com.cn, http://www.wqbook.com
　　　　　地　　址:北京清华大学学研大厦 A 座　　　　邮　　编:100084
　　　　　社 总 机:010-62770175　　　　　　　　　　邮　　购:010-62786544
　　　　　投稿与读者服务:010-62776969, c-service@tup.tsinghua.edu.cn
　　　　　质量反馈:010-62772015, zhiliang@tup.tsinghua.edu.cn
　　　　　课件下载:http://www.tup.com.cn, 010-62791865
印 刷 者:北京富博印刷有限公司
装 订 者:北京市密云县京文制本装订厂
经　　销:全国新华书店
开　　本:185mm×260mm　　　　印　张:16.75　　　　字　数:408 千字
版　　次:2009 年 6 月第 1 版　2016 年 9 月第 2 版　　印　次:2016 年 9 月第 1 次印刷
印　　数:1～2000
定　　价:35.00 元

产品编号:069598-01

再 版 前 言

本教材第 1 版在使用中取得了较好的效果。但是，随着单片机及相关技术的飞速发展，第 1 版教材的内容已略显落后。经过多位一线教师的协商和努力，历经两年的时间，在原版的基础上进行了修订与完善，最终完成了第 2 版教材的编写。

本书仍以 MCS-51 系列单片机为主，介绍单片机的原理与应用，但是，与第 1 版相比，本版更加注重介绍单片机的学习方法、单片机开发软件、外围硬件的接口技术和工程实践中关键技术的应用。

在学习方法方面，不但介绍了怎样去学，还详细介绍了软件下载安装、仿真电路的构建、应用程序的编辑，以及程序的下载过程，尤其指明了结合串口调试软件程序的方法，为程序的开发提供极大的帮助；在软件方面，新版教材中，为读者推荐并详细讲解了多款配套应用软件，这些软件可以使读者学习起来更直观、容易，降低学习成本，也使单片机的学习更贴近工程实际。如单片机小精灵在教材中的引入，将会颠覆以前教材中对某些基本能力培养的思想，使读者再也不用花大量时间去计算延时、去配置串口通信参数、去计算定时计数器的参数了；还比如字模软件的使用，让读者可以轻松自如地实现大量多样式汉字和图案的显示。在硬件方面，推荐并详细讲解了多种工程实际中常用的硬件应用方法，提供了开发程序，并对使用头文件进行封装以方便工程应用的思想做出指导；在单片机关键技术方面所论述的内容，多是工程实际中的瓶颈技术，但这些内容在其他教材中鲜有提及，在此可引起读者注意，并给予一定的方向性指导。

本教材在程序的开发上，采用比汇编语言更高级的 C 语言，使程序的编辑更加得心应手，也更适合于工程开发应用。

本书共分 8 章，包括绪论、MCS-51 单片机的体系结构、MCS-51 单片机的 C51 程序设计、MCS-51 中断系统及定时/计数器、MCS-51 单片机的串口通信、单片机的系统扩展、单片机的关键技术、MCS-51 单片机应用系统的设计。

本书由河南农业职业学院的姚国林副教授任主编，朱卫国和苏闯任副主编，樊留锁、张剑锋、姬素云、王海娜、郑传琴、杨灿、程海洲参加了编写。

本书由河南农业职业学院陈慕君副教授主审。

本书在编写过程中得到了许多专家和同行的大力支持和热情帮助，同时，我们也参考了有关教材、论文和著作，在此一并表示衷心的感谢。

由于新技术在不断涌现、不断发展，同时由于编者水平有限，书中难免会有错误或不妥之处，希望广大同行及读者不吝指正。

编 者
2016.9

第 1 版前言

单片机作为嵌入式微控制器，在工业测控系统、智能仪器和家用电器中得到了广泛的应用。虽然单片机的种类很多，但 MCS-51 系列单片机仍然是单片机中的主流机型。

本书以 MCS-51 系列单片机为主，介绍单片机的原理与应用，内容系统、全面，论述深入浅出、循序渐进，注重接口技术和应用。

本书由从事教学工作的一线教师编写，在编写过程中，融入了作者多年教学、科研的经验和应用案例。从应用的角度出发，对单片机的硬件结构、工作原理、指令系统进行了简明扼要的介绍；对程序设计方法、接口电路设计、应用系统等进行了详细的介绍，并提供了详细的原理图、电路图、完整的程序代码及程序流程图。

本书以单片机应用能力培养为主线，从应用的角度出发，按照"知识为技能服务，技能为综合能力和素质服务"的思想精心组织内容。在教学中，采用"学、练、用"相结合的构架，使学生能够循序渐进地学习和使用单片机，实现学习基础知识与开展课题训练的巧妙融合——在学中做，在做中学，为综合应用打基础；在必要的学习和训练环节结束后，综合运用所学知识，完成工程性实习项目的设计和调试。

本书在编写过程中，承蒙青岛伟立精工塑胶有限公司副总经理王明伟、经理田野给予了帮助和指导，在此特别致谢。

本书共分 9 章，主要内容包括绪论、单片机系统开发、MCS-51 单片机的体系结构、MCS-51 指令系统、汇编程序设计、MCS-51 中断系统及定时/计数器、MCS-51 单片机的串口通信、单片机接口及控制技术、MCS-51 单片机应用系统的设计。

本书由河南农业职业学院的姚国林任主编，由河南农业职业学院的苏闯和新乡学院的张同光任副主编。河南农业职业学院的张剑锋、陈慕君、王海娜、郑传琴、史兴燕以及南阳幼儿师范学校的刘海申也参加了编写。

具体编写分工为：郑传琴编写第 1 章、附录 1 及附录 2，张剑锋编写第 2 章，张同光编写第 3 章，陈慕君编写第 4 章，王海娜编写第 5 章，刘海申编写第 6 章，苏闯编写第 7 章，姚国林编写第 8 章，史兴燕编写第 9 章，最后由姚国林统稿。

本书由河南农业职业学院卢宇清副教授主审，在审稿过程中提出了许多建设性的建议和意见。本书在编写过程中，得到了许多专家和同行的大力支持和热情帮助，同时，我们也参考了有关教材、论文和著作，在此一并表示衷心的感谢。

鉴于一线教师教研工作繁重，加之新的单片机芯片不断涌现，其应用技术也在不断发展，书中难免会有错误或不妥之处，希望广大同行及读者不吝指正。

编　者

目 录

第1章 绪 论

冯·诺依曼提出了"程序存储"和"二进制运算"的思想，并构建了计算机的经典结构。以此为基础，随着社会的发展，为了满足工业控制的需要，产生了单片机。

单片机是单片的集成芯片，它具有适合于在智能仪表和工业控制的前端装置中使用的特点，而 80C51 系列单片机应用广泛、生产量大，在单片机领域里具有重要的影响。

本章主要介绍有关 80C51 系列单片机学习的基础知识，单片机的发展、特点、应用领域及产品近况，以及单片机应用系统的开发过程。

1.1 数制与编码的简单回顾

1.1.1 计算机中的数制及相互转换

1. 进位计数制

按进位原则进行计数的方法，称为进位计数制。一般而言，对于用 R 进制表示的数 N，可以按权展开为：

$$N = a_{n-1} \times R^{n-1} + a_{n-2} \times R^{n-2} + ... + a_i \times R^i + ... + a_0 \times R^0 + a_{-1} \times R^{-1} + ... + a_{-m} \times R^{-m}$$

式中，a_i 是数字 0、1、…、R-1 中的任意一个，i 是数位的序数，m 是小数点右边的位数，n 是小数点左边的位数，R 是基数。在 R 进制中，每个数字所表示的值是该数字与它相应的权 R^i 的乘积，计数原则是"逢 R 进一"。

(1) 十进制数。

日常生活中经常用到的是十进位计数制，简称十进制。十进制数的主要特点如下。

① 有 10 个不同的数字符号：0、1、2、3、4、5、6、7、8、9。

② 低位向高位进位的规律是"逢十进一"。因此，即使同一个数字符号，若在不同的数位上，它所代表的数值也是不同的。如 555.5 中 4 个 5 分别代表 500、50、5 和 0.5，这个数可以写成 $555.5 = 5 \times 10^2 + 5 \times 10^1 + 5 \times 10^0 + 5 \times 10^{-1}$，式中的 10 称为十进制的基数，$10^2$、$10^1$、$10^0$、$10^{-1}$ 称为各数位的权。

③ 任意一个十进制数 N 都可以表示成按权展开的多项式：

$$N = d_{n-1} \times 10^{n-1} + d_{n-2} \times 10^{n-2} + ... + d_i \times 10^i + ... + d_0 \times 10^0 + d_{-1} \times 10^{-1} + ... + d_{-m} \times 10^{-m}$$

式中，d_i 是 0~9(共 10 个数字)中的任意一个，i 是数位的序数，m 是小数点右边的位数，n 是小数点左边的位数，10 是基数。

例如，543.21 可表示为 $543.21 = 5 \times 10^2 + 4 \times 10^1 + 3 \times 10^0 + 2 \times 10^{-1} + 1 \times 10^{-2}$。

(2) 二进制数。

当 R=2 时，称为二进位计数制，简称二进制。在二进制数中，只有两个数码：0 和 1，进位规律为"逢二进一"。任何一个数 N，用二进制可以表示为：

$$N = a_{n-1} \times 2^{n-1} + a_{n-2} \times 2^{n-2} + \ldots + a_0 \times 2^0 + a_{-1} \times 2^{-1} + \ldots + a_{-m} \times 2^{-m}$$

【例 1.1】二进制数 1011.01 可表示为：

$$(1011.01)_2 = 1 \times 2^3 + 0 \times 2^2 + 1 \times 2^1 + 1 \times 2^0 + 0 \times 2^{-1} + 1 \times 2^{-2} = (11.25)_{10}$$

（3）八进制数。

当 R=8 时，称为八进制。在八进制数中，有 0、1、2、…、7，共 8 个不同的数码，采用"逢八进一"的原则进行计数。

【例 1.2】八进制数 503 可表示为：

$$(503)_8 = 5 \times 8^2 + 0 \times 8^1 + 3 \times 8^0 = (323)_{10}$$

（4）十六进制。

当 R=16 时，称为十六进制。在十六进制数中，有 0、1、2、…、9、A、B、C、D、E、F，共 16 个不同的数码，进位方法是"逢十六进一"。

【例 1.3】十六进制的 3A8.0D 可表示为：

$$(3A8.0D)_{16} = 3 \times 16^2 + 10 \times 16^1 + 8 \times 16^0 + 0 \times 16^{-1} + 13 \times 16^{-2} = (936.05078125)_{10}$$

表 1-1 列出了几种常见进制的对应关系。

表 1-1　几种常见进制的对应关系

十进制	二进制	八进制	十六进制	十进制	二进制	八进制	十六进制
0	0	0	0	9	1001	11	9
1	1	1	1	10	1010	12	A
2	10	2	2	11	1011	13	B
3	11	3	3	12	1100	14	C
4	100	4	4	13	1101	15	D
5	101	5	5	14	1110	16	E
6	110	6	6	15	1111	17	F
7	111	7	7	16	10000	20	10
8	1000	10	8				

一般在书写时，二进制数的后面加字母 B，八进制数的后面加字母 O，十进制数的后面加字母 D 或什么也不加，十六进制数的后面加字母 H。

2. 不同进制间的相互转换

（1）二、八、十六进制转换成十进制。

【例 1.4】将 $(10.101)_2$、$(46.12)_8$、$(2D.A4)_{16}$ 转换为十进制数。

$$(10.101)_2 = 1 \times 2^1 + 0 \times 2^0 + 1 \times 2^{-1} + 0 \times 2^{-2} + 1 \times 2^{-3} = 2.625$$

$$(46.12)_8 = 4 \times 8^1 + 6 \times 8^0 + 1 \times 8^{-1} + 2 \times 8^{-2} = 38.15625$$

$$(2D.A4)_{16} = 2 \times 16^1 + 13 \times 16^0 + 10 \times 16^{-1} + 4 \times 16^{-2} = 45.640625$$

（2）十进制数转换成二、八、十六进制数。

任意十进制数 N 转换成 R 进制数时，需将整数部分和小数部分分开，采用不同方法分别进行转换，然后用小数点将这两部分连接起来。

① 整数部分：除基取余倒序法。

分别用基数 R(R=2、8 或 16)不断地去除 N 的整数，直到商为零为止，每次所得的余数依次排列，即为相应进制的数码。最初得到的为最低位有效数字，最后得到的为最高位有效数字。

【例 1.5】将 $(168)_{10}$ 分别转换成二进制、八进制、十六进制数。

	商	余数			商	余数			商	余数
168÷2=	84	…	0	168÷8=	21	…	0	168÷16=	10	… 8
84÷2=	42	…	0	21÷8=	2	…	5	10÷16=	0	… A
42÷2=	21	…	0	2÷8=	0	…	2	所以$(168)_{10}$=$(A8)_{16}$		
21÷2=	10	…	1	所以$(168)_{10}$=$(250)_8$						
10÷2=	5	…	0							
5÷2=	2	…	1							
2÷2=	1	…	0							
1÷2=	0	…	1							

所以 $(168)_{10}$=$(10101000)_2$

② 小数部分：乘基取整法。

分别用基数 R(R=2、8 或 16)不断地去乘 N 的小数，直到积的小数部分为零(或直到所要求的位数)为止，每次乘得的整数依次排列，即为相应进制的数码。最初得到的为最高位有效数字，最后得到的为最低位有效数字。

【例 1.6】将 $(0.645)_{10}$ 分别转换成二进制、八进制、十六进制数。

整数	0.645	整数	0.645	整数	0.645
	× 2		× 8		×16
1 …	1.290	5 …	5.160	A …	10.320
	0.29		0.16		0.32
	× 2		× 8		×16
0 …	0.58	1 …	1.28	5 …	5.12
	0.58		0.28		0.12
	× 2		× 8		×16
1 …	1.16	2 …	2.24	1 …	1.92
	0.16		0.24		0.92
	× 2		× 8		×16
0 …	0.32	1 …	1.92	E …	14.72
	0.32		0.92		0.72
	× 2		× 8		×16
0 …	0.64	7 …	7.36	B …	11.52

所以 $(0.645)_{10}$ = $(0.10100)_2$ = $(0.51217)_8$ = $(0.A51EB)_{16}$。

【例 1.7】将 $(168.645)_{10}$ 分别转换成二进制、八进制、十六进制数。

根据例 1.5 和例 1.6 可得：

$(168.645)_{10}$ = $(10101000.10100)_2$ = $(250.51217)_8$ = $(A8.A51EB)_{16}$

(3) 二进制与八进制、十六进制之间的相互转换。

由于 $2^3=8$(或 $2^4=16$)，故可采用"合三为一"(或合四为一)的原则，即从小数点开始，分别向左、右两边各以 3(4)位为一组进行二进制与八进制(十六进制)之间的换算：若不足 3(4)位的，以 0 补足，便可将二进制数转换为八(十六)进制数。反之，采用"一分为三"("一分为四")的原则，每位八(十六)进制数码用三(四)位二进制数来表示，就可将八(十六)进制数转换为二进制数。

【例 1.8】 将 $(101011.01101)_2$ 转换为八进制数。

101	011	.	011	010
↓	↓	↓	↓	↓
5	3	.	3	2

所以 $(101011.01101)_2=(53.32)_8$。

【例 1.9】 将 $(123.45)_8$ 转换成二进制数。

1	2	3	.	4	5
↓	↓	↓		↓	↓
001	010	011	.	100	101

所以 $(123.45)_8=(1010011.100101)_2$。

【例 1.10】 将 $(110101.011)_2$ 转换为十六进制数。

0011	0101	.	0110
↓	↓	↓	↓
3	5	.	6

所以 $(110101.011)_2=(35.6)_{16}$。

【例 1.11】 将 $(4A5B.6C)_{16}$ 转换为二进制数。

4	A	5	B	.	6	C
↓	↓	↓	↓		↓	↓
0100	1010	0101	1011	.	0110	1100

所以 $(4A5B.6C)_{16}=(100101001011011.011011)_2$。

1.1.2 二进制数的运算

1. 二进制数的算术运算

二进制数只有 0 和 1 两个数字，其算术运算较为简单，加、减法遵循"逢二进一"、"借一当二"的原则。

(1) 加法运算。

规则如下。

① $0+0 = 0$。

② $0+1 = 1$。

③ $1+0 = 1$。

④ $1+1 = 10$(有进位)。

【例 1.12】求 1001B+1011B。

    被加数   1001
    加数   +1011
    进位   10010
    和   10100

所以 1001B+1011B = 10100B。

(2) 减法运算。

规则如下。

① 0-0 = 0。

② 1-1 = 0。

③ 1-0 = 1。

④ 0-1 = 1(有借位)。

【例 1.13】求 1100B-111B。

    被减数   1100
    减数   -111
    借位   0110
    差   0101

所以 1100B-111B=101B。

(3) 乘法运算。

规则如下。

① 0×0=0。

② 0×1=1×0=0。

③ 1×1=1。

【例 1.14】求 1011B×1101B。

    被乘数   1011
    乘数   ×1101
        1011
        0000
        1011
      +1011
    积 10001111

所以 1011B×1101B=10001111B。

(4) 除法运算。

规则如下。

① 0/1=0。

② 1/1=1。

【例 1.15】求 10100101B/1111B。

```
      1011
   ┌─────────
   │ 10100101
     1111
     ────────
     1011
     0000
     ────────
     10110
     1111
     ────────
     1111
     1111
     ────────
        0
```

所以 10100101B/1111B=1011B。

2. 二进制数的逻辑运算

(1) "与"运算。

"与"运算是实现"必须都有，否则就没有"这种逻辑关系的一种运算，其运算符为
"·"。运算规则如下。

① 0·0=0。

② 0·1=1·0=0。

③ 1·1=1。

【例 1.16】若 X=1011B，Y=1001B，求 X·Y。

```
    1011
·   1001
────────
    1001
```

所以 X·Y=1001B。

(2) "或"运算。

"或"运算是实现"只要其中之一有，就有"这种逻辑关系的一种运算，其运算符为
"+"。"或"运算规则如下。

① 0+0=0。

② 0+1=1+0=1。

③ 1+1=1。

【例 1.17】若 X=10101B，Y=01101B，求 X+Y。

```
    10101
+   01101
────────
    11101
```

所以 X+Y=11101B。

(3) "非"运算。

"非"运算是实现"求反"这种逻辑的一种运算，如变量 A 的"非"运算，记作 $\overline{A}$，
其运算规则如下。

① $\overline{1}$=0。

② $\overline{0}$=1。

【例 1.18】 若 A=10101B，求 $\overline{A}$ 。

$\overline{A}=\overline{10101}=01010B$ 。

(4) "异或"运算。

"异或"运算是实现"必须不同，否则就没有"这种逻辑的一种运算，运算符为" ⊕ "，其运算规则如下。

① 0⊕0=0。

② 0⊕1=1。

③ 1⊕0=1。

④ 1⊕1=0。

【例 1.19】 若 X=1010B，Y=0110B，求 X⊕Y。

```
      1011
   ⊕ 0110
      1100
```

即 X⊕Y=1100B。

1.1.3　带符号数的表示

1. 机器数及其真值

数在计算机内的表示形式称为机器数。而这个数本身称为该机器数的真值。例如：

正数+100 0101B(+45H)可以表示成 0100 0101B；机器数为 45H。

负数-101 0101B(-55H)可以表示成 1101 0101B；机器数为 D5H。

45H 和 D5H 为两个机器数，它们的真值分别为"+45H"和"-55H"。

2. 原码和反码

(1) 原码：带符号的二进制数(字节、字或双字)，直接用最高位表示数的符号，数值用其绝对值表示的形式，称为该数的原码。

(2) 反码：正数的反码与其原码相同；负数的反码符号位为 1，数值位为其原码数值位逐位取反。

二进制数采用原码和反码表示时，符号位不能与数值一道参加运算。

3. 补码

在计算机中，带符号数的运算均采用补码。正数的补码与其原码相同；负数的补码为其反码末位加 1。例如：

正数+100 0101B，反码为 0100 0101B，补码为 0100 0101B，即 45H。

负数-101 0101B，反码为 1010 1010B，补码为 1010 1011B，即 ABH。

已知一个负数的补码，求其真值的方法是：对该补码求补(符号位不变，数值位取反加

1)即得到该负数的原码(符号位+数值位)，由该原码可知其真值。

例如有一数。

补码为：1010 1011B

求补得：1101 0101B

真值为：-55H。

补码的优点，是可以将减法运算转换为加法运算，同时，数值连同符号位可以一起参加运算。这非常有利于计算机的实现。

例如 45H-55H= -10H，用补码运算时表示为：[45H]$_{补}$+[-55H]$_{补}$= [-10H]$_{补}$。

$$[45H]_{补}：0100\ 0101$$
$$+[-55H]_{补}：\underline{1010\ 1011}$$
$$结果：1111\ 0000$$

结果 1111 0000B 为补码，求补得到原码为 1001 0000B，真值为-001 0000B(即-10H)。

可见，采用反码时，"0"有两种表示方式，即有"+0"和"-0"之分，单字节表示范围是+127 ~ -127；而采用补码时，"0"只有一种表示方式，单字节表示的范围是+127 ~ -128。

表 1-2 列出了几个典型的带符号数据的原码、反码和补码。

表 1-2　几个典型的带符号数据的 8 位编码

真　值	原　码	反　码	补　码
+127	0111 1111B	0111 1111B	0111 1111B (7FH)
+1	0000 0001B	0000 0001B	0000 0001B (01H)
+0	0000 0000B	0000 0000B	0000 0000B (00H)
-0	1000 0000B	1111 1111B	0000 0000B (00H)
-1	1000 0001B	1111 1110B	1111 1111B (FFH)
-127	1111 1111B	1111 0000B	1000 0001B (81H)
-128	...	...	1000 0000B (80H)

1.1.4　带符号数运算时的溢出问题

两个带符号数进行加减运算时，若运算结果超出了机器所允许表示的范围，得出错误的结果，这种情况称为溢出。

例如，8 位字长的计算机所能表示的有符号数的范围为-128 ~ +127，若运算结果超出此范围，就会发生溢出。

判断的方法：对加(减)运算，判断最高位与次高位的进(借)位情况是否相同，若相同，则无溢出；若不同，则有溢出。

【例 1.20】判断下列运算的溢出情况。

① (+93)+(+54)

$$
\begin{array}{ll}
0101\quad 1101B & [+93]_{补} \\
+0011\quad 0110B & [+54]_{补} \\
\hline
1001\quad 0011B & [-109]_{补}
\end{array}
$$

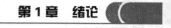

由上式可以看出，次高位有进位，最高位无进位。所以，有溢出发生，结果出错。

② (-63)+(+70)

1100	0001B	[-63]补
+ 0100	0110B	[+70]补
[1]0000	0110B	[+7]补

由上式可以看出，次高位有进位，最高位有进位。所以，无溢出发生，结果正确。

1.1.5 定点数和浮点数

1. 定点数

定点数就是规定一个固定的小数点位置，一般来说，小数点规定在哪个位置上并没有限制，但为了方便，通常把数化为纯小数或纯整数，那么定点数就有下面两种表示方法：

符号位	.	数值位	或	符号位	数值位	.

2. 浮点数

浮点数就是数据中的小数点位置不是固定不变的，而是可浮动的。因此，可将任意一个二进制数 N 表示成 $N = \pm M \cdot 2^{\pm E}$。其中，M 为尾数，为纯二进制小数，E 称为阶码。可见，一个浮点数有阶码和尾数两部分，且都带有表示正负的阶码符与数符，其格式为：

阶符	阶码 E	数符	尾数 M

设阶码 E 的位数为 m 位，尾数 M 的位数为 n 位，则浮点数 N 的取值范围为：

$$2^{-n}2^{-2m+1} \leqslant |N| \leqslant (1-2^{-n})2^{2m-1}$$

为了提高精度，发挥尾数有效位的最大作用，还规定尾数数字部分原码的最高位为 1，叫作规格化表示法。如 0.000101 表示为 $2^{-3} \times 0.101$。

1.1.6 BCD 码和 ASCII 码

1. 字符的二进制编码——ASCII 码

字符的编码经常采用美国标准信息交换码(American Standard Code for Information Interchange，ASCII)。

一个字节的 8 位二进制码可以表示 256 个字符。当最高位为"0"时，所表示的字符为标准 ASCII 码，共 128 个，用于表示数字、英文大写字母、英文小写字母、标点符号及控制字符等，如本书附录 2 的 ASCII 码表所示。

ASCII 码常用于计算机与外围设备的数据传输。如通过键盘的字符输入，通过打印机或显示器的字符输出等，常用字符的 ASCII 码如表 1-3 所示。

通常，7 位 ASCII 码在最高位添加一个"0"，组成 8 位代码，因此，字符在计算机内部存储时正好占用一个字节。在存储和传送时，最高位常用作奇偶校验位，用于检查代码传送过程是否出现差错。偶校验时,每个二进制编码中应有偶数个"1",奇校验时,每个二进制编码中应有奇数个"1"。例如,字母 F 的 ASCII 码为 1000110,因有 3 个"1",若采用偶校验传送该字符,则奇偶校验位应为"1",传送的代码为 11000110;若采用奇校验传送该字符,则奇偶校验位应为"0",传送的代码为 01000110。

表 1-3 常用字符的 ASCII 码

字 符	ASCII 码	字 符	ASCII 码	字 符	ASCII 码	字 符	ASCII 码
0	30H	A	41H	a	61H	SP(空格)	20H
1	31H	B	42H	b	62H	CR(回车)	0DH
2	32H	C	43H	c	63H	LF(换行)	0AH
⋮	⋮	⋮	⋮	⋮	⋮	BEL(响铃)	07H
9	39H	Z	5AH	z	7AH	BS(退格)	08H

应当注意,字符的 ASCII 码与其数值是不同的概念。例如,字符"9"的 ASCII 码是 00111001B(即 39H),而其数值是 00001001B(即 09H)。

在 ASCII 码字符表中,还有许多不可打印的字符,如 CR(回车)、LF(换行)及 SP(空格)等,这些字符称为控制字符。控制字符在不同的输出设备上可能会执行不同的操作(因为没有非常规范的标准)。

2. 二进制编码的十进制数 8421 BCD 码

十进制数是人们在生活中最习惯的数制,人们通过键盘向计算机输入数据时,常用十进制输入。显示器显示数据时,也多采用十进制形式。

由于十进制数有十个不同的数码,因此需要 4 位二进制数来表示。而 4 位二进制数码有 16 种不同的组合,所以表示 0~9 这十个数有多种方案。所以,BCD 码也有多种方案。

最常用的编码是 8421 BCD 码,它是一种恒权码,$8(2^3)$、$4(2^2)$、$2(2^1)$、$1(2^0)$ 分别是 4 位二进制数的权值。用二进制码表示十进制数的代码称为 8421 BCD 码。十进制数 0~9 所对应的 8421 BCD 码如表 1-4 所示。

表 1-4 0~9 所对应的 8421 BCD 码表

十进制数	BCD 码	十进制数	BCD 码
0	0000B	5	0101B
1	0001B	6	0110B
2	0010B	7	0111B
3	0011B	8	1000B
4	0100B	9	1001B

用 1 个字节表示 2 位十进制数的代码,称为压缩的 BCD 码。相对于压缩的 BCD 码,用 8 位二进制码表示的 1 位十进制数的编码称为非压缩的 BCD 码。这时,高 4 位无意义,低 4 位是 BCD 码。采用压缩的 BCD 码比采用非压缩的 BCD 码节省存储空间。当 4 位二进制码在 1010B~1111B 范围时,不属于 8421 BCD 码的合法范围,称为非法码。两个 BCD 码的运算可能出现非法码,这时,要对所得结果进行调整。

1.2 单片机概述

1.2.1 电子计算机的问世及其经典结构

1946年2月15日,第一台电子数字计算机ENIAC问世,这标志着计算机时代的到来。ENIAC是电子管计算机,时钟频率仅有100kHz,但能在1秒钟的时间内完成5000次加法运算。与现代的计算机相比,它有许多不足,但它的问世,开创了计算机科学技术的新纪元,对人类的生产和生活方式产生了巨大的影响。

匈牙利籍数学家冯·诺依曼在方案的设计上做出了重要的贡献。1946年6月,他又提出了"程序存储"和"二进制运算"的思想,进一步构建了由运算器、控制器、存储器、输入设备和输出设备组成的计算机经典结构,如图1-1所示。

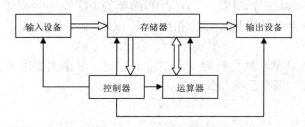

图1-1 电子计算机的经典结构

1.2.2 微型计算机的组成及其应用形态

1. 微型计算机的组成

1971年1月,Intel公司的特德·霍夫在与日本商业通信公司合作研制台式计算器时,将原始方案的十几个芯片压缩成三个集成电路芯片。其中的两个芯片分别用于存储程序和数据,另一芯片集成了运算器和控制器及一些寄存器,称为微处理器(即Intel 4004)。微处理器、存储器加上I/O接口电路组成了微型计算机。各部分通过地址总线(AB)、数据总线(DB)和控制总线(CB)相连,如图1-2所示。

2. 微型计算机的应用形态

从应用形态上,微机可以分成3种。

(1) 多板机(系统机)。

将CPU、存储器、I/O接口电路和总线接口等组装在一块主机板(即微机主板)上,而将各种适配板卡插在主机板的扩展槽上,并与电源、软/硬盘驱动器及光驱等装在同一个机箱内,再配上系统软件,就构成了一台完整的微型计算机系统(简称系统机)。个人PC机也属于多板机。

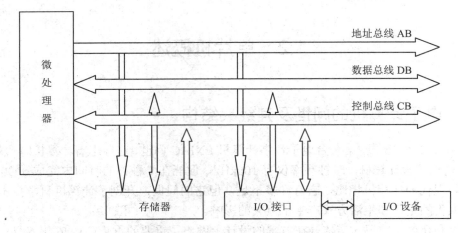

图 1-2　微型计算机的组成

(2)　单板机。

将 CPU 芯片、存储器芯片、I/O 接口芯片和简单的 I/O 设备(小键盘、LED 显示器)等装配在一块印刷电路板上,再配上监控程序(固化在 ROM 中),就构成了一台单板微型计算机(简称单板机)。

单板机的 I/O 设备简单,软件资源少,使用不方便,早期主要用于微型计算机原理的教学及简单的测控系统,现在已很少使用。

(3)　单片机。

在一片集成电路芯片上集成微处理器、存储器、I/O 接口电路,从而构成了单芯片微型计算机,即单片机。

微型计算机的 3 种应用形态如图 1-3 所示。

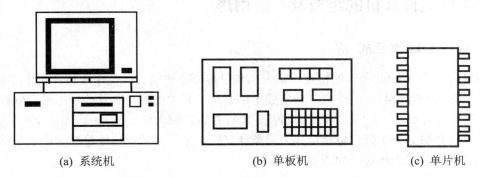

(a) 系统机　　　　　　(b) 单板机　　　　　　(c) 单片机

图 1-3　微型计算机的 3 种应用形态

①　系统机(桌面应用):属于通用计算机,主要应用于数据处理、办公自动化及辅助设计。

②　单板机(嵌入式应用):属于专用计算机,主要应用于智能仪表、智能传感器、智能家电、智能办公设备、汽车及军事电子设备等应用系统。

③　单片机:体积小、价格低、可靠性高,其非凡的嵌入式应用形态对于满足嵌入式应用需求具有独特的优势。

1.2.3　单片机的发展过程

单片机技术的发展过程可分为 3 个主要阶段。

1. 单芯片微机形成阶段

1976 年，Intel 公司推出了 MCS-48 系列单片机，它包含 8 位 CPU、1KB 的 ROM、64 字节的 RAM、27 根 I/O 线和 1 个 8 位定时/计数器。

其特点是：存储器容量较小，寻址范围小(不大于 4KB)，无串行接口，指令系统的功能不强。

2. 性能完善提高阶段

1980 年，Intel 公司推出了 MCS-51 系列单片机，它包含 8 位 CPU、4KB 的 ROM、128 字节的 RAM、4 个 8 位并口、1 个全双工串行口、2 个 16 位定时/计数器。寻址范围为 64KB，并有控制功能较强的布尔处理器。

其特点是：结构体系完善，性能已大大提高，面向控制的特点进一步突出。现在，MCS-51 已成为公认的单片机经典机种。

3. 微控制器化阶段

1982 年，Intel 推出 MCS-96 系列单片机，芯片内集成有 16 位 CPU、8KB 的 ROM、232 字节的 RAM、5 个 8 位并口、1 个全双工串行口、2 个 16 位定时/计数器，寻址范围为 64KB，片上还有 8 路 10 位 ADC、1 路 PWM 输出及高速 I/O 部件等。

其特点是：片内面向测控系统的外围电路增强，使单片机可以方便、灵活地用于复杂的自动测控系统及设备。

1.2.4　单片机的特点

1. 控制性能好且可靠性高

单片机的实时控制功能特别强，其 CPU 可以对 I/O 端口直接进行操作，位操作能力更是其他计算机无法比拟的。另外，由于 CPU、存储器及 I/O 接口集成在同一芯片内，各部件间的连接紧凑，数据在传送时受干扰的影响较小，且不易受环境条件的影响，所以，单片机的可靠性非常高。

近期推出的单片机产品，内部集成有高速 I/O 口、ADC、PWM、WDT 等部件，并在低电压、低功耗、串行扩展总线、控制网络总线和开发方式(如在系统编程 ISP)等方面都有了进一步的增强。

2. 体积小、价格低、易于产品化

单片机芯片实际上就是一台完整的微型计算机，对于批量大的专用场合，一方面可以在众多的单片机品种间进行匹配选择，同时，还可以专门进行芯片设计，使芯片的功能与

应用具有良好的对应关系；在单片机产品的引脚封装方面，有的单片机引脚已减少到 8 个或更少，从而使应用系统的印制板减小、接插件减少，安装简单方便。

1.2.5　单片机的应用领域

1. 智能仪器仪表

单片机用于各种仪器仪表，一方面提高了仪器仪表的使用功能和精度，使仪器仪表智能化，同时，还简化了仪器仪表的硬件结构，从而可以方便地完成仪器仪表产品的升级换代。如各种智能电气测量仪表、智能传感器等。

2. 机电一体化产品

机电一体化产品是集机械技术、微电子技术、自动化技术和计算机技术于一体，具有智能化特征的各种机电产品。单片机在机电一体化产品的开发中可以发挥巨大的作用。典型的机电一体化产品包括机器人、数控机床、自动包装机、点钞机、医疗设备、打印机、传真机、复印机等。

3. 实时工业控制

单片机还可以用于各种物理量的采集与控制。电流、电压、温度、液位、流量等物理参数的采集和控制均可以利用单片机方便地实现。在这类系统中，利用单片机作为系统控制器，可以根据被控对象的不同特征，采用不同的智能算法，实现期望的控制指标，从而提高生产效率和产品质量。典型应用如电机转速控制、温度控制、自动生产线等。

4. 分布式系统的前端模块

在较复杂的工业系统中，经常要采用分布式测控系统完成大量的分布参数的采集。在这类系统中，采用单片机作为分布式系统的前端采集模块，系统具有运行可靠、数据采集方便灵活、成本低廉等一系列优点。

5. 家用电器

家用电器是单片机的又一重要应用领域，前景十分广阔，如空调器、电冰箱、洗衣机、电饭煲、高档洗浴设备、高档玩具等。

另外，在交通领域中，汽车、火车、飞机、航天器等均有单片机的广泛应用。如汽车自动驾驶系统、航天测控系统、黑匣子等。

1.2.6　单片机的产品近况

迄今为止，世界上的主要芯片厂家已投放市场的单片机产品多达 70 多个系列、500 多个品种。这些产品从其结构和应用对象方面划分，大致可以分为如下 4 类。

1. CISC 结构的单片机

CISC 的含义是复杂指令集计算机(Complex Instruction Set Computer)。CISC 结构的单片机数据线和指令线分时复用，称为冯·诺伊曼结构。

属于 CISC 结构的单片机有 Intel 公司的 MCS-51 系列、Motorola 公司的 M68HC 系列、Atmel 公司的 AT89 系列、中国台湾 Winbond(华邦)公司的 W78 系列、荷兰 Philips 公司的 PCF80C51 系列等。

2. RISC 结构的单片机

采用精简指令集 RISC(Reduced Instruction Set Computer)的单片机数据线和指令线分离，具有所谓的哈佛(Harvard)结构。

属于 RISC 结构的单片机有 Microchip 公司的 PIC 系列、Zilog 公司的 Z86 系列、Atmel 公司的 AT90S 系列、韩国三星公司的 KS57C 系列 4 位单片机、中国台湾义隆公司的 EM78 系列等。

3. 基于 ARM 核心的 32 位单片机

主要是指以 ARM 公司的设计为核心的 32 位 RISC 嵌入式 CPU 芯片的单片机。

目前常见的 ARM 芯片有 ARM7、ARM9、ARM10 系列。

4. 数字信号处理器

数字信号处理器(Digital Signal Processor，DSP)是一种具有高速运算能力的单片机，与普通单片机相比，DSP 器件具有较高的集成度，更快的 CPU，更大容量的存储器，内置有波特率发生器和 FIFO(先进先出)缓冲器。

目前国内推广应用最为广泛的 DSP 器件是美国德州仪器(TI)公司生产的 TMS320 系列。

1.3　单片机要怎样学

单片机是以应用为目的、以实践为基础的学科，这就要求学习它的人要有较强的动手能力和求是精神。同时，它涉及的基础学科较多，这也要求学习者对各种基础学科都有一定的了解，并能灵活地应用。

1.3.1　入门单片机类型和编程语言的选择

如前所述，单片机产品已多达 70 多个系列、500 多个品种。在我们最初学习时，总需要有一个选择。选择的对象要普遍易得，在市场上有一定的占有率。首先，这意味着这种单片机在当前这一时间段内有一定的实用性，学会了就可以派上用场；其次，普及开来的产品，其资料很多，不是保密的，容易得到，同时，会的人较多，容易获得别人的帮助；最后，大众化产品在价格上也易为人们所接受。综上所述，对于单片机入门者来说，较好的选择就是复杂指令集的 51 系列的 8 位单片机，它同时具有上述各个特点，来源相当广泛，资料更是多见，这也是各种单片机教材都选择 51 系列的原因所在。在学习好 51 系列单片机的基础上，可以触类旁通地去学习更高一级的单片机。

单片机的学习与开发的难易，在较大程度上与编程语言的选择有关系。

就应用汇编语言而言，对于一个入门学员来说，往往在学习单片机的结构、初步应用 111 条指令和各个寄存器单元之前，就已难到放弃。这也是"单片机课常开，而单片机高手不常有"的原因之一。

单片机的开发语言常用的有汇编语言和 C 语言，汇编语言与 C 语言相比，属于低级语言，显然不像 C 语言那样容易使用。用汇编语言编程，有如我们亲自去做某事；而用 C 语言编程，有如我们指挥别人去做某事，效率的高低是不言而喻的，同时，C 语言还有许多其他的优点(详见第 3 章)。因此，我们强烈推荐学员采用 C 语言进行程序设计。但汇编语言也是要学习的，能看懂汇编程序即可。本教材将以 C 语言程序为主进行讲解。

1.3.2　准备一些硬件

单片机的学习必须以实践为基础，所以少不了各种硬件学习资料。

对于单片机，我们选用 C51 系列的，此系列中，可选的品牌很多，但一定要买不需要专用编程器、在单片机应用系统中就可以修改程序的，这样的单片机不但修改程序方便，很适合初学者，更重要的是，它的程序存储区可以反复擦写 1000 至 10 万次不等，只要你不损坏它，这么多次的擦写，足够学会单片机了。

曾几何时，单片机真的是奢侈品，一个编程器就价格不菲，且那时单片机又是 OTP 型的，写好写坏只一次，再要修改程序时，就得换一片。

单片机虽是核心，但绝不是全部，没有外围的器件，单片机就失去了存在的价值。我们这里且罗列学习单片机的一些必要设备。

(1)　微型计算机。一台个人微型计算机是必不可少的。从单片机程序的编辑到下载，都少不了它的参与，同时，它也是我们从网络上获得大量资料的重要途径，它还是学习单片机通信时的一个"高大上"的对象。

(2)　九针串口。计算机的九针串口是单片机程序下载时的通信端口，早期的计算机上有配的，现在的计算机上已很少见到，如果必须用，可以在主板上配一个串口卡，也可以买一条 USB 转串口线。

(3)　单片机实验板，这是我们学习单片机时的一个好用的器件，因价钱的高低不同，本身配备了多少不同的外围器件，可以实现数量不等的功能。可以网购一个，也可以自己动手做一个。刚开始接触单片机的入门者不一定会做出令人满意的实验板，但是可以锻炼动手能力。

(4)　下载线，是从计算机向单片机下载程序时的连接线。如果我们购买了单片机学习板，会配有下载线，并且是 USB 口的。如果是我们自己做学习板，也可以自己动手做一个下载线，造价不高。

(5)　电源。单片机学习时，最常用的是 5V 直流电源。还可能用到 12V 和 24V 直流电源。单独 5V 直流电源可以用手机充电器代替，这个不难。如果还要配备 12V 和 24V 直流电源，也可以用电动车蓄电池串联获得。

除去上述所必需的器件外，还需要万用表(数字的和指针的最好各备一块)、逻辑笔、电烙铁、焊油、焊锡、放大镜、起子、小刀、PCB 板、手电钻及各型钻头、剥线钳之类。

学习器件可随着自己学习的深入，逐步到手，这些包括各种阻值的电阻、电容、二极管、常用三极管(在单片机外围电路中主要做开关管用，如 8050、8550、13005)、常用频率的晶振、各色 LED、杜邦线、排针、微动按钮、MAX485 通信芯片、拨码盘、七段数码管、移位寄存器 74595/74164、1602 液晶屏、12864 液晶屏、点阵模块、红外接收头和遥控器、步进电机和驱动芯片、微型直流电机、直流继电器、SSR、220V 交流接触器、18B20 温度传感器、AM2303 温湿度传感器、电感式接近开关、光电式接近开关、PT2262/2272 及发送接收模块、语音芯片、SD 卡等。

综上所述，东西虽多，却不一定都要拿钱去买。其一，平时多注意收集破旧电器上的元件，也可以拿自己多余的去跟同行交换，取长补短、互通有无；其二，许多元件，如果仅仅是为了掌握，不需要实物，可以通过仿真软件学习，有一台计算机就行了。

1.3.3　准备一些软件

单片机的学习离不开众多软件的参与。

(1) 首先是编译软件。较为多用的是 Keil 编译软件，也可以用 WAVE6000，但 WAVE6000 编译 C 语言程序时要结合 Keil 才可以，实际应用时，因个人习惯而异。

同时，这两个软件都具有仿真功能，但与专业仿真软件相比不够"真"。专业的编译、仿真与制板软件 Proteus 是一款不可多得的多功能软件，可以对电工、电子、信号分析和单片机电路进行仿真，还可以进行 PCB 的设计，建议一定要把这一款软件学习好。

(2) 单片机程序下载软件一定要与单片机的品牌种类及下载线配套，否则，程序是万难写进单片机的；在购置单片机时，就必须考虑这个问题；可以向销售商或生产厂家索取，一般在对应品牌的官网上可以下载。

(3) 串口调试软件是在调试单片机串口异步通信时一个很重要的辅助软件，同时，也可以直接把它作为单片机在计算机上的一个显示窗口，把我们想看到的数据在这个软件界面上显示出来。鉴于此，现在有些下载程序的软件也集成有串口调试功能。

(4) 单片机小精灵是我们进行单片机开发设计时的一个强有力的帮手，可以节省很多时间和提高程序的正确率。

(5) 字模软件与 PicToCode 软件是开发学习 LED 点阵以及图形 LCD 所必需的软件。

(6) VB 软件是实现单片机与计算机高端通信所必需的一个易于上手的软件，在开发高端应用系统时，不但可以用于设计一个友好的界面，还可以在程序开发时，用于显示我们所关心的某些数据，以便及时发现程序错误和缺陷，缩短程序开发周期。

(7) WinHex，这是学习 SD 卡与 U 盘时的一个得力助手。

上述这些软件基本上不需要我们花钱去买，但需要我们花一点时间从网上下载，花较多的时间去学习和研究。

1.3.4　单片机的学习过程

单片机的学习过程也就是学习各种软件和硬件应用的过程。

学单片机不讲求"万事俱备只欠东风"。不要等着 C 语言学好了、汇编语言学好了、英文学好了、计算机知识掌握了、电子技术精通了、单片机结构弄懂了、什么硬件都准备齐了再去动手，那样是学不好单片机的。学单片机切忌空谈。纯理论上的学习不叫学习，要边学边练。针对一个实例，抱着不达目的誓不罢休的态度，什么不会就去翻书、到网上查找、请教老师同学，如此才会有长进。

对于软件，准备一台计算机，把前面所述的软件都下载并安装了。其中会有不少是英文版的。也许你的英文并不好，即便是好，如果没有学过这方面的专业英语，也会有难度，但是可以汉化，由于汉化的深度不够，英文还是很多，可以下载并安装一个金山词霸，打开屏幕取词功能，问题也就解决了。

对于相关专业的基础知识，能掌握多少则因人而异。但是，各相关专业都准备一本书总是可以的，或者就是有一条网线也足够了(可以上网搜索)。

对于单片机，就视其为我们通用的个人计算机就行。"麻雀虽小，五脏俱全。"单片机中同样有自己的 ROM、RAM 和 CPU，有输入输出端口，还会有一些 PC 机所没有的东西。只是外围的东西需要去配置，内部的程序需要去编辑；最后结合课本或者其他资料实例，在编译软件中一个个地输入程序，编译出十六进制机器码，直接结合 Proteus 或用下载线和下载软件下载到实验板单片机中验证，并在得到验证的基础上，学会自己修改一些运行参数和功能，最终学会自己编写完整的程序。

在学习的过程中，会遇到许多复杂的硬件，诸如多位动态显示数码管、1602 液晶屏、12864 液晶屏、18B20、AM2303、DS1302 等。针对这些东西，也许你花了不少时间把软件开发出来了，之后要结合其他功能一块儿应用，这时怎么办？把原来开发出来的程序再复制粘贴到新的文件里去么？不要这样，太麻烦了。

我们可以在最初开发好一个硬件应用程序的时候，就把它做成头文件，并在文件里说明它需要的软件和硬件资源、需要的初始化子程序、需要的应用子程序。在新的程序里需要这样的硬件时，只须把这个头文件包含在新的程序头中，即可在初始化时调用初始化子程序，在应用时调用应用子程序。你会发现，原来几十到数百行的某个硬件的应用程序，这里只几行就可以了，这才是真正的开发，是学习单片机的真谛。

1.3.5　在 Proteus 中搭接电路

以下以一个简单的在单片机的 P2 口连接 8 只 LED 的实例，来说明在 Proteus 中搭接实验电路的入门级应用方法。

1. 软件中几个常用的工具

对于左上角缩略图中的绿色方框，可用鼠标在平面内全方位拖动，用于调整工作区域的显示中心。

对于工具条 中的第一个工具，选中后，在工作区域的任何位置单击，该处将变成显示中心；对于第二、第三个工具，将以当前中心为基准进行工作区域的放大与缩小，鼠标滚轮也具有此功能；第四个工具用于缩放复位，即无论当前工作区域有多大、多小，中心在何位置，单击此工具时，工作区域都会缩放到正好一屏；第五个工具用于执行局部放大。

对于工具条 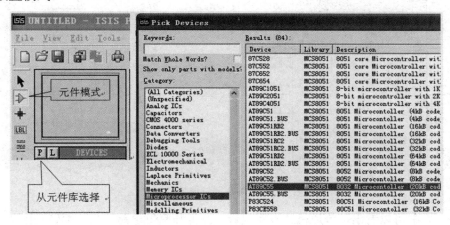 中的这四个工具，需要在选中对象(单个或多个)后才能激活。第一个为复制工具，选中复制对象，再单击此工具，之后在需要的地方单击放置，单击一次可复制一个，单右键解除此功能。第二个为移动工具，仅在元件上定义有单击功能时需要，如按钮。这是右键菜单上的第一个工具。第三个为旋转工具，相当于右键菜单上的第4~8 个工具，用于元件的旋转与镜像。第四个为删除工具，用于删除不需要的对象。用右键双击对象，可进行快速删除。

2. 元件选取

安装后打开 Proteus 软件，如图 1-4 所示，单击选择"元件模式"图标，再单击"从元件库选择"图标，弹出右侧的对话框，包含总目录、子目录、制造商以及右侧的选择结果。单击总目标录中的 Microprocessor ICs ，再单击子目录中的 8051 Family ，即可选择 51 系列的单片机，如果仅从仿真的角度来说，选择一个最高配置的单片机，在仿真时可以满足绝大多数的需要。在此，我们单击选择 AT89C55，再单击右下角的 OK 按钮确认，之后可以在工作区域中的合适位置单击放置。可以放置多个，单击左上角的选择模式 按钮，即可退出放置模式。

图 1-4　Proteus 元件库中元件的选择

按照同样的方法，分别再选择放置 LED 与限流电阻，LED 为 Optoelectronics 类别，电阻为 Resistors 类别。如果仅用于仿真，电阻的型号和阻值都不用精选，可任选一个，放置在工作区域后，双击打开其属性对话框，从中把阻值修改成自己需要的即可。

然后选择电路端子。单击端子工具 ，分别选择并在电路中放置 DEFAULT、POWER、GROUND 三种端子。

选取元件时，也可以通过左上方的关键词 Keywords 对话框进行选择，方便快捷。

3. 元件布置与连接

通过元件旋转与拖动，把默认端子、二极管和限流电阻布置成如图 1-5 左侧所示的样式，之后，在选择模式下，光标靠近元件终端时，会变成铅笔(鼠标连线笔)样式，单击并移动到需要连接的终端，再单击，即可完成两个终端的电气连接，如右侧图所示。

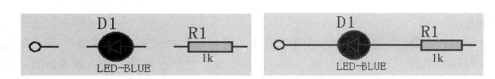

图 1-5　元件位置布置与连接

　　用鼠标画方框，选中连接好的串联电路，再单击"复制"按钮，并选择合适位置，依次单击，即可复制出所需要的 8 个并联电路，最后在右侧把电源端子连接上。依次双击每一个默认端子，把其名称改为 p20~p27。用鼠标画方框，选中所有 8 个端子，复制粘贴到 P2 的右侧，再用镜像和移位工具，使各终端与 P2 口对齐，之后用电气连接线一一连接，即完成了所有电气连接，效果如图 1-6 所示。

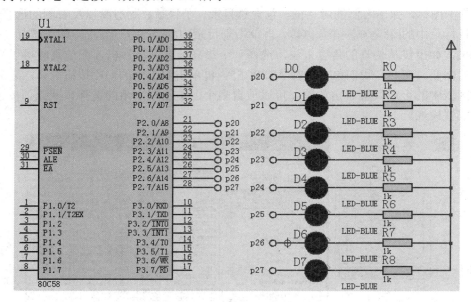

图 1-6　元件布置与连接效果

　　从图 1-6 中可以看出，单片机还没有电源、晶振与复位电路，$\overline{EA}$ 也没有上拉，能工作吗？可以的，单片机模型本来如此，不需要连接电源和地，外部电源端子默认就是+5V，需要时，可以双击修改，地端子需要就添加，不需要完全可以没有；晶振也如电源一样，完全可以没有。当然，也可以添加上去，修改其频率时，只需双击单片机，即可在对话框中任意修改。复位电路也是一样，需要就添加，不需要可以没有，上电同样会复位的。最后需要注意的是：需要连接的元件终端必须要用鼠标连线笔进行连线，只是位置上的重叠实现不了电气上的连接。

　　图 1-6 中，是采用相同标号的端子的方法进行连接的。只要几个终端具有相同标号的端子，就实现了电气上的连接。当然，也可以直接用电气连线进行连接，但这种方式在界面上元件多时，连线密密麻麻，效果很不好。

4. 程序写入

　　双击单片机，在弹出的对话框的 `Program File:` 对应项处，单击文件夹 ，从合适路径上找到需要仿真的程序，单击右上角的 OK 按钮，对话框退出，就完成了程序的"写入"。

5. 程序的仿真

通过单击左下角的 运行、步进、暂停和停止按钮，可进行程序的仿真，如果页面上有错误，会弹出对话框，需要根据提示进行修改，如果没有错，可以在步进模式下，右击单片机，在最后行的下拉菜单上可以看到单片机 RAM 与特殊功能寄存器的值。程序仿真之后，可进行保存，以备后用。

这些只是 Proteus 最基本的应用，其功能和我们实际所需远不止于此，可参阅 Proteus 专业资料进行学习。

1.3.6　程序的编译

学习 C51 单片机时，程序的编译软件可用的有 WAVE6000 和 Keil，由于 Keil 在开启新文件编译前的设置过于繁琐，我们以简单易用的 WAVE6000 为例进行说明。

1. WAVE6000 编译前的设置

(1) 编译器路径设置。

如果要进行 C 语言程序编译，需要同时安装 Keil，并需要进行如下设置：仿真器、仿真器设置、语言、编译器路径(C:\Keil\C51\)，Keil 不在 C 盘安装时，要指明路径。

(2) 目标文件设置。

目标文件的设置路径如下：仿真器→仿真器设置→目标文件。地址选择有两个选项可选，较好的选择为 ☑ 缺省地址（由编译结果确定），如此，不但不需要知道当前单片机 ROM 的结束地址，而且生成的程序相对较短，写单片机时可以很快写完；最后三个选项中，勾选最后两个最好，第一，BIN 文件与 HEX 文件等效，一个 HEX 即可，第二，未用程序存储器写入 0x00(空操作)是较好的选择。

(3) 仿真器设置。

需要说明的是，我们只是用这个软件进行程序的编译，没有真的仿真器，也不进行仿真，这个设置只是为了迎合我们实验所用单片机而选，所以在设置中，只要所选单片机的配置高于或等效于我们的实际需要即可，设置路径为仿真器→仿真器设置→仿真器。

2. 编译

选择"文件"→"打开文件"菜单命令，或单击"打开文件"按钮，即可打开一个存在的文件，而选择"文件"→"新建文件"，或单击"新建文件"按钮，即可打开一个新的界面，新建一个文件。

新的文件编辑后，单击左上角的"编译"按钮，如果文件还未保存过，会弹出"保存"对话框，此时，选择保存路径和文件名及扩展名，如果用 C 语言编程扩展名，需要为".C"，用汇编语言编程扩展名为".ASM"，保存之后，再单击"编译"按钮，即会对程序编译，如果程序格式正确(左下角信息提示栏只显示对号)，会在 C 文件相同的路径上生成 HEX 文件，这就是我们要写入单片机的十六进制文件；如果程序格式不正确，会有相应的提示，可针对性地修改。

1.3.7 程序的下载

编译好的 HEX 或 BIN 文件需要下载到单片机才能运行,此时,需要有支持目标单片机的下载软件,还需要有支持软件的下载线。下面以 STC 系列单片机为例进行说明。

所用的下载线硬件可以自制,并与计算机的串口连接好,如果是开发板,则用其配置的下载线。

下载并安装好 STC-ISP 软件后,双击打开如图 1-7 所示的界面。

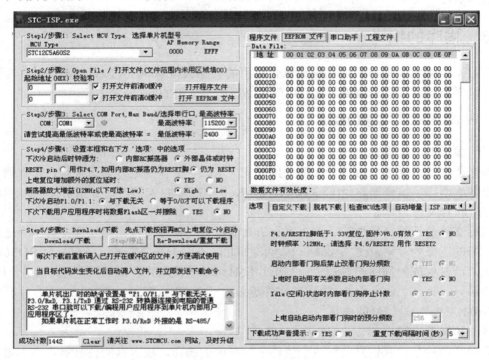

图 1-7 STC-ISP 下载界面

做好以下三项选择。

步骤 1:选择单片机型号。从下拉选项中选择要下载程序的目标单片机类型,否则不会下载成功。

步骤 2:打开文件。这个也就是要下载到单片机的目标文件,从打开的路径上找到我们要下载到单片机的 HEX 或 BIN 文件并确定,之后,会在程序文件缓冲区看到打开的十六进制文件,如果需要,还可以进行编辑。

步骤 3:选择串行口、最高波特率。无论你用的是计算机的 9 针串口还是 USB 转串口线,都可以通过右击"我的电脑",在快捷菜单中选择"管理"→"设备管理器"→"端口"查看,之后从"端口"下拉菜单中选择即可。端口不可以复用,如果还有别的软件(如 VB、另外一个串口助手)占用这一个端口,在下载时会提示端口被占用,此时,需要退出另一个软件。本软件的串口占用时,一旦有下载任务,会自动退出。

以上这三项是保证下载程序成功的最基本选项，是必须做的。其他选项可根据需要选择。需要说明的是，此界面上的某些选项会因所选择单片机型号的不同而有所不同。

下载程序前，单片机需要处于断电状态，各选项选择好后，即可单击 Download/下载 按钮下载。此时，如果选中的端口可用，右侧的指示灯会由灰色变成绿色，否则会提示当前串口状态。稍等片刻后，会提示 仍在连接中，请给 MCU 上电，此时再给单片机上电，数秒钟程序即可下载完毕，并给出类似图 1-8 的提示。

```
Program OK / 下载 OK
Verify  OK / 校验 OK
erase times/擦除时间  :   [00:03]
program times/下载时间 :   [00:00]
Encrypt OK/ 已加密
```

图 1-8　程序下载成功的提示

习 题 1

一、简答题

(1) 什么是 BCD 码和 ASCII 码？

(2) 什么是原码、反码和补码？为什么要采用补码运算？

(3) 什么是定点数和浮点数？

(4) 根据冯·诺依曼的"存储程序"的思想，微型计算机由哪几部分构成？

(5) 微处理器与微型计算机有何区别？

(6) 什么叫单片机？其主要特点有哪些？

(7) 微型计算机有哪些应用形式？各适用于什么场合？

(8) 当前单片机的主要产品有哪些？各有何特点？

二、计算题

(1) 将下列十进制数分别转化为二进制数和十六进制数：

113

56.125

73.75

(2) 将下列二进制数分别转化为十进制数和十六进制数：

110101.101

10110101

10011111.01

(3) 将下列十六进制数分别转化为十进制数和二进制数：

3AE

24.7C

318

三、实践题

(1) 请从网上查找了解单片机种类的资料，并把它下载和记录下来。

(2) 请从网上下载并安装最常用的软件 Proteus，从元件库中找到 80C58 单片机，以及 LED、电容、电阻、电源、接地等常用元件，并把它保存为模板。

(3) 配合 Proteus 软件，金山词霸也是必需的，请下载和安装。

(4) 单片机程序编译软件常用的是 Keil，请下载并安装。

(5) 在编制程序时，单片机小精灵对我们有很大的帮助，请从网上下载备用。

(6) 计算机通过 P3.0 和 P3.1 引脚，给单片机下载程序和连接串行通信用的数据线，实际上其内部是一个电平转换器，在 RS232 与 TTL 电平之间相互转换，可以用专用的芯片来实现，也可以用散件组装来实现，图 1-9 和 1-10 是这两种电路图。请准备元件，把它焊接成电路以备后用。散件与集成电路相比不太美观，但实践证明非常可靠。

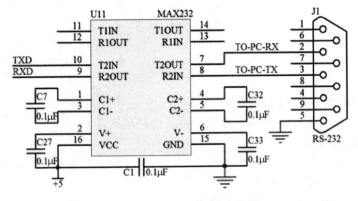

图 1-9　PC 机与单片机通信用的数据线原理图(采用专用芯片)

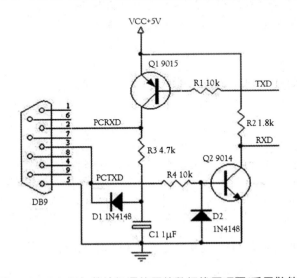

图 1-10　PC 机与单片机通信用的数据线原理图(采用散件)

第2章　MCS-51 单片机的体系结构

Intel 公司推出的 MCS-51 单片机有其特殊的管理方式。它有典型的结构，完善的总线、特殊功能寄存器，还有位操作系统和面向控制的指令系统。这些都为单片机的开发奠定了良好的基础。

8051 是 MCS-51 单片机的典型型号。很多单片机生产商以 8051 为基核开发出的单片机产品都是 80C51 系列。本章主要介绍 80C51 单片机的硬件结构和基本原理。

2.1　MCS-51 单片机的基本组成

2.1.1　80C51 单片机的基本结构

1. MCS-51 系列

(1) MCS-51 是 Intel 公司生产的一个单片机系列名称。属于这一系列的单片机有多种，例如 8051/8751/8031、8052/8752/8032、80C51/87C51/80C31、80C52/87C52/80C32 等。

(2) 该系列的生产工艺有两种，即 HMOS 工艺(高密度短沟道 MOS 工艺)和 CHMOS 工艺(互补金属氧化物的 HMOS 工艺)。

CHMOS 是 CMOS 和 HMOS 的结合，既保持了 HMOS 高速度和高密度的特点，还具有 CMOS 的低功耗的特点。在产品型号中，凡带有字母 C 的即为 CHMOS 芯片，CHMOS 芯片的电平既与 TTL 电平兼容，又与 CMOS 电平兼容。

(3) 在功能上，该系列单片机有基本型和增强型两大类。

- 基本型：包括 8051/8751/8031、80C51/87C51/80C31。
- 增强型：包括 8052/8752/8032、80C52/87C52/80C32。

(4) 在片内程序存储器的配置上，该系列单片机有三种形式，即掩膜 ROM、EPROM 和 ROMLess(无片内程序存储器)。举例如下。

- 80C51：有 4KB 的掩膜 ROM。
- 87C51：有 4KB 的 EPROM。
- 80C31：在芯片内无程序存储器。

2. 80C51 系列

80C51 是 MCS-51 系列中 CHMOS 工艺的一个典型品种；其他厂商以 8051 为基核开发出的 CMOS 工艺单片机产品统称为 80C51 系列。

当前常用的 80C51 系列单片机的主要产品按厂商分类如下。

- Intel 公司的产品：80C31、80C51、87C51、80C32、80C52、87C52 等。
- Atmel 公司的产品：89C51、89C52、89C2051 等。
- 其他：Philips、华邦、Dallas、Siemens(Infineon)等公司的产品。

3. 80C51 单片机的基本结构

80C51 单片机的基本结构如图 2-1 所示。

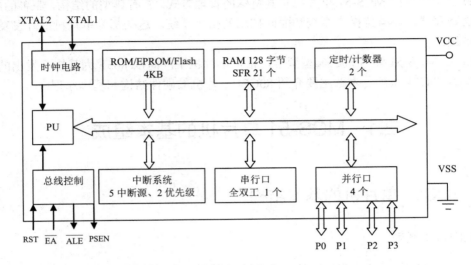

图 2-1　80C51 单片机的基本结构

与并行口 P3 复用的引脚如下：

- 串行口输入与输出引脚 RXD 和 TXD。
- 外部中断输入引脚 $\overline{INT0}$ 和 $\overline{INT1}$。
- 外部计数输入引脚 T0 和 T1。
- 外部数据存储器写和读控制信号引脚 $\overline{WR}$ 和 $\overline{RD}$。

由此可见，80C51 单片机主要由以下几部分组成。

(1) CPU 系统。

① 8 位 CPU，含布尔处理器。

② 时钟电路。

③ 总线控制逻辑。

(2) 存储器系统。

① 4KB 的程序存储器(ROM/EPROM/Flash，可外扩至 64KB)。

② 128B 的数据存储器(RAM，可再外扩 64KB)。

③ 特殊功能寄存器 SFR。

(3) I/O 口和其他功能单元。

① 4 个并行 I/O 口。

② 2 个 16 位定时/计数器。

③ 1 个全双工异步串行口。

④ 中断系统(5 个中断源、2 个优先级)。

2.1.2　MCS-51 单片机的内部组成及信号引脚

1. 80C51 单片机的内部结构

80C51 单片机由微处理器(含运算器和控制器)、存储器、I/O 口以及特殊功能寄存器 SFR 等构成，内部逻辑结构如图 2-2 所示(图中未画出增强型单片机的相关部件)。

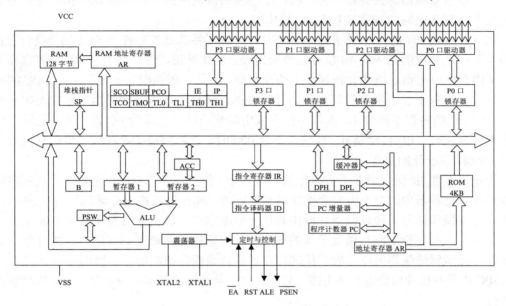

图 2-2　80C51 单片机的内部逻辑结构

(1)　80C51 的微处理器。

作为 80C51 单片机的核心部分的微处理器是一个 8 位的高性能中央处理器(CPU)。它的作用是读入并分析每条指令，根据各指令的功能，控制单片机的各功能部件执行指定的运算或操作。它主要由以下两部分构成。

①　运算器。

运算器由算术/逻辑运算单元 ALU、累加器 ACC、寄存器 B、暂存寄存器、程序状态字寄存器 PSW 组成，其任务是实现算术和逻辑运算、位变量处理和数据传送等操作。

80C51 的 ALU 功能极强，既可实现 8 位数据的加、减、乘、除算术运算和与、或、异或、循环、求补等逻辑运算，同时，还具有一般微处理器所不具备的位处理功能。

累加器 ACC 用于向 ALU 提供操作数和存放运算的结果。在运算时，将一个操作数经暂存器送至 ALU，与另一个来自暂存器的操作数在 ALU 中进行运算，运算后的结果又送回累加器 ACC。与一般微机一样，80C51 单片机在结构上也是以累加器 ACC 为中心，大部分指令的执行都要通过累加器 ACC 进行。但为了提高实时性，80C51 的一些指令的操作可以不经过累加器 ACC，如内部 RAM 单元到寄存器的传送和一些逻辑操作。

寄存器 B 在乘、除运算时，用来存放一个操作数，也用来存放运算后的一部分结果。在不进行乘、除运算时，可以作为普通的寄存器使用。

暂存寄存器用来暂时存放数据总线或其他寄存器送来的操作数。它作为 ALU 的数据输入源，向 ALU 提供操作数。

程序状态字寄存器 PSW 是状态标志寄存器，它用来保存 ALU 运算结果的特征(如结果是否为 0、是否有溢出等)和处理器的状态。这些特征和状态可以作为控制程序转移的条件，供程序判别和查询。

② 控制器。

与一般微处理器的控制器一样，80C51 的控制器也由指令寄存器 IR、指令译码器 ID、定时及控制逻辑电路和程序计数器 PC 等组成。

程序计数器 PC 是一个 16 位的计数器(PC 不属于特殊功能寄存器 SFR 的范畴)。它总是存放着下一个要取的指令的 16 位存储单元地址。也就是说，CPU 总是把 PC 的内容作为地址，从内存中取出指令码或含在指令中的操作数。因此，每当取完一个字节后，PC 的内容自动加 1，为取下一个字节做好准备。只有在执行转移、子程序调用指令和中断响应时例外，那时 PC 的内容不再加 1，而是由指令或中断响应过程自动给 PC 置入新的地址。单片机上电或复位时，PC 自动清 0，即装入地址 0000H，这就保证了单片机上电或复位后，程序从 0000H 地址开始执行。

指令寄存器 IR 保存当前正在执行的一条指令。执行一条指令时，先要把它从程序存储器取到指令寄存器中。指令内容含操作码和地址码，操作码送往指令译码器 ID，并形成相应指令的微操作信号。地址码送往操作数地址形成电路，以便形成实际的操作数地址。

定时与控制逻辑电路是微处理器的核心部件，它的任务是控制取指令、执行指令、存取操作数或运算结果等操作，向其他部件发出各种微操作控制信号，协调各部件的工作。

80C51 单片机片内设有振荡电路，只需外接石英晶体和频率微调电容，就可以产生内部时钟信号。

(2) 80C51 的片内存储器。

80C51 单片机的片内存储器与一般微机的存储器的配置不同。一般微机的 ROM 和 RAM 安排在同一空间的不同范围(称为普林斯顿结构)。而 80C51 单片机的存储器在物理上设计成程序存储器和数据存储器两个独立的空间(称为哈佛结构)。

基本型单片机的片内程序存储器容量为 4KB，地址范围是 0000H~0FFFH。增强型单片机片内的程序存储器容量为 8KB，地址范围是 0000H~1FFFH。

基本型单片机的片内数据存储器容量为 128B，地址范围是 00H~7FH，用于存放运算的中间结果、暂存数据和数据缓冲。这 128B 的低 32 个单元用作工作寄存器，32 个单元分成 4 组，每组 8 个单元。在 20H~2FH 共 16 个单元是位寻址区，位地址的范围是 00H~7FH。然后是 80 个单元的通用数据缓冲区。

增强型单片机片内的数据存储器容量为 256B，地址范围是 00H~FFH。低 128B 的配置情况与基本型单片机相同。高 128B 为一般 RAM，仅能采用寄存器间接寻址方式访问(与该地址范围重叠的特殊功能寄存器 SFR 空间采用直接寻址方式访问)。

(3) 80C51 的 I/O 口及功能单元。

80C51 单片机有 4 个 8 位的并行口，即 P0~P3 口，它们均为双向口，既可作为输入，又可作为输出。每个口各有 8 条 I/O 线。

80C51 单片机还有一个全双工的串行口(利用 P3 口的两个引脚：P3.0 和 P3.1)。

80C51 单片机内部集成有两个 16 位的定时/计数器(增强型单片机有 3 个定时/计数器)。

80C51 单片机还具有一套完善的中断系统。

(4) 80C51 的特殊功能寄存器(SFR)。

80C51 单片机内部有 SP、DPTR(可分成 DPH、DPL 两个 8 位寄存器)、PCON、IE、IP 等 21 个特殊功能寄存器单元,它们与内部 RAM 的 128B 统一编址,地址范围是 80H~FFH。

这些 SFR 只用到了 80H~FFH 中的 21B 单元,且这些单元是离散分布的。

增强型单片机的 SFR 有 26B 单元,所增加的 5 个单元均与定时/计数器 2 相关。

2. 80C51 单片机的封装和引脚

80C51 系列单片机采用双列直插式(DIP)、QFP44(Quad Flat Pack)和 LCC(Leaded Chip Carrier)形式封装。

这里介绍常用的总线型 DIP40 封装和非总线型 DIP20 封装,如图 2-3 所示。

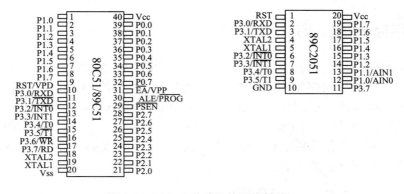

图 2-3　80C51 单片机的引脚封装

(1) 总线型 DIP40 引脚封装。

① 电源及时钟引脚(4 个)。

Vcc: 电源接入引脚。

Vss: 接地引脚。

XTAL1: 晶体振荡器接入的一个引脚(采用外部振荡器时,此引脚接地)。

XTAL2:晶体振荡器接入的另一个引脚(采用外部振荡器时,此引脚作为外部振荡信号的输入端。

② 控制线引脚(4 个)。

RST/VPD: 复位信号输入引脚/备用电源输入引脚。

ALE/$\overline{PROG}$: 地址锁存允许信号输出引脚/编程脉冲输入引脚。

$\overline{EA}$/Vpp: 内外存储器选择引脚/片内 EPROM(或 Flash ROM)编程电压输入引脚。

$\overline{PSEN}$: 外部程序存储器选通信号输出引脚。

③ 并行 I/O 引脚(32 个,分成 4 个 8 位口)。

P0.0~P0.7: 一般 I/O 口引脚或数据/低位地址总线复用引脚。

P1.0~P1.7: 一般 I/O 口引脚。

P2.0~P2.7: 一般 I/O 口引脚或高位地址总线引脚。

P3.0~P3.7：一般 I/O 口引脚或第二功能引脚。

(2) 非总线型 DIP20 封装的引脚(以 89C2051 为例)。

① 电源及时钟引脚(4 个)。

Vcc：电源接入引脚。

GND：接地引脚。

XTAL1：晶体振荡器接入的一个引脚(采用外部振荡器时，此引脚接地)。

XTAL2：晶体振荡器接入的另一个引脚(采用外部振荡器时，作为振荡信号输入端)。

② 控制线引脚(1 个)。

RST：复位信号输入引脚。

③ 并行 I/O 引脚(15 个)。

P1.0~P1.7：一般 I/O 口引脚(P1.0 和 P1.1 兼作模拟信号输入引脚 AIN0 和 AIN1)。

P3.0~P3.5、P3.7：一般 I/O 口引脚或第二功能引脚。

2.1.3　存储器的结构

存储器是组成计算机的主要部件，其功能是存储信息(程序和数据)。存储器可以分成两大类，一类是随机存取存储器 RAM，另一类是只读存储器 ROM。

对于 RAM，CPU 在运行时能随时进行数据的写入和读出，但在关闭电源时，其所存储的信息将丢失。所以，它用来存放暂时性的输入输出数据、运算的中间结果或用作堆栈。

ROM 是一种写入信息后不易改写的存储器。断电后，ROM 中的信息保留不变。所以，ROM 用来存放程序或常数，如系统监控程序、常数表等。

1. 80C51 单片机的程序存储器配置

80C51 单片机的程序计数器 PC 是 16 位的计数器，所以能寻址 64KB 的程序存储器地址范围。允许用户程序调用或转向 64KB 的任何存储单元。

MCS-51 系列的 80C51 在芯片内部有 4KB 的掩膜 ROM，87C51 在芯片内部有 4KB 的 EPROM，而 80C31 在芯片内部没有程序存储器，应用时，要在单片机外部配置一定容量的 EPROM。80C51 程序存储器的配置如图 2-4 所示。

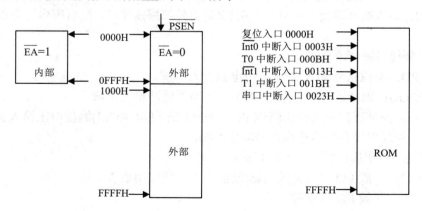

图 2-4　80C51 程序存储器的配置

80C51 的 $\overline{EA}$ 引脚为访问内部或外部程序存储器的选择端。接高电平时，CPU 将首先访问内部存储器，当指令地址超过 0FFFH 时，自动转向片外 ROM 去取指令；接低电平时(接地)，CPU 只能访问外部程序存储器(对于 80C31 单片机，由于其内部无程序存储器，只能采用这种接法)。

外部程序存储器的地址从 0000H 开始编址。

程序存储器低端的一些地址被固定地用作特定的入口地址。

0000H：单片机复位后的入口地址。

0003H：外部中断 0 的中断服务程序入口地址。

000BH：定时/计数器 0 溢出中断服务程序入口地址。

0013H：外部中断 1 的中断服务程序入口地址。

001BH：定时/计数器 1 溢出中断服务程序入口地址。

0023H：串行口的中断服务程序入口地址。

注意：对于增强型，002BH 为定时/计数器 2 溢出或 T2EX 负跳变中断服务程序入口地址。

编程时，通常在这些入口地址开始的 2 或 3 个单元中，放入一条转移指令，以使相应的服务与实际分配的程序存储器区域中的程序段相对应(仅在中断服务程序少于 8B 时，才可以将中断服务程序直接放在相应的入口地址开始的几个单元中)。

2. 80C51 单片机的数据存储器配置

80C51 单片机的数据存储器，分为片外 RAM 和片内 RAM 两大部分，如图 2-5 所示。

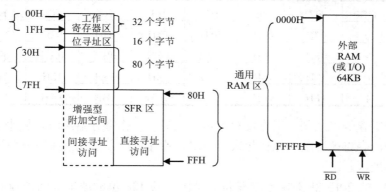

图 2-5　80C51 单片机 RAM 的配置

80C51 片内 RAM 共有 128B，分成工作寄存器区、位寻址区、通用 RAM 区三部分。

基本型单片机片内 RAM 地址范围是 00H~7FH。

增强型单片机(如 80C52)片内除地址范围在 00H~7FH 的 128B RAM 外，又增加了 80H~FFH 的高 128B 的 RAM。增加的这一部分 RAM 仅能采用间接寻址方式访问(以与特殊功能寄存器 SFR 的访问相区别)。

片外 RAM 地址空间为 64KB，地址范围是 0000H~FFFFH。

与程序存储器地址空间不同的是，片外 RAM 地址空间与片内 RAM 地址空间在地址的低端 0000H~007FH 是重叠的。这就需要采用不同的寻址方式加以区分。

访问片外 RAM 时，采用专门的 MOVX 指令实现，这时读($\overline{\text{RD}}$)或写($\overline{\text{WR}}$)信号有效；而访问片内 RAM 时使用 MOV 指令，无读写信号产生。另外，与片内 RAM 不同，片外 RAM 不能进行堆栈操作。

在 80C51 单片机中，尽管片内 RAM 的容量不大，但它的功能多，使用灵活，是单片机应用系统设计时必须周密考虑的。

(1) 工作寄存器区。

80C51 单片机片内 RAM 低端的 00H~1FH 共 32B，分成 4 个工作寄存器组，每组占 8 个单元。

寄存器 0 组：地址 00H~07H。

寄存器 1 组：地址 08H~0FH。

寄存器 2 组：地址 10H~17H。

寄存器 3 组：地址 18H~1FH。

每个工作寄存器组都有 8 个寄存器，分别称为 R0、R1、...、R7。程序运行时，只能有一个工作寄存器组作为当前工作寄存器组。

当前工作寄存器组的选择由特殊功能寄存器中的程序状态字寄存器 PSW 的 RS1、RS0 位来决定。

可以对这两位进行编程，以选择不同的工作寄存器组。工作寄存器组与 RS1、RS0 的关系及地址如表 2-1 所示。

表 2-1　80C51 单片机工作寄存器地址表

组 号	RS1	RS0	R7	R6	R5	R4	R3	R2	R1	R0
0	0	0	07H	06H	05H	04H	03H	02H	01H	00H
1	0	1	0FH	0EH	0DH	0CH	0BH	0AH	09H	08H
2	1	0	17H	16H	15H	14H	13H	12H	11H	10H
3	1	1	1FH	1EH	1DH	1CH	1BH	1AH	19H	18H

当前工作寄存器组从某一工作寄存器组换至另一工作寄存器组时，原来工作寄存器组的各寄存器的内容将被屏蔽和保护起来。利用该特性可以方便地完成快速现场保护任务。

(2) 位寻址区。

内部 RAM 的 20H~2FH 共 16B 是位寻址区。其 128 位的地址范围是 00H~7FH。对被寻址的位可进行位操作。

人们常将程序状态标志和位控制变量设在位寻址区内。对于该区未用到的单元，也可以作为通用 RAM 来使用。

位地址与字节地址的关系如表 2-2 所示。

(3) 通用 RAM 区。

位寻址区之后的 30H~7FH 共 80B 为通用 RAM 区。这些单元可以作为数据缓冲器使用。这一区域的操作指令非常丰富，数据处理方便灵活。

实际应用中，常需在 RAM 区设置堆栈。80C51 的堆栈一般设在 30H~7FH 范围内。栈顶的位置由堆栈指针 SP 指示。复位时 SP 的初值为 07H，在系统初始化时可以重新设置。

表 2-2　80C51 单片机的位地址表

字节地址	位　地　址							
	D7	D6	D5	D4	D3	D2	D1	D0
20H	07H	06H	05H	04H	03H	02H	01H	00H
21H	0FH	0EH	0DH	0CH	0BH	0AH	09H	08H
22H	17H	16H	15H	14H	13H	12H	11H	10H
23H	1FH	1EH	1DH	1CH	1BH	1AH	19H	18H
24H	27H	26H	25H	24H	23H	22H	21H	20H
25H	2FH	2EH	2DH	2CH	2BH	2AH	29H	28H
26H	37H	36H	35H	34H	33H	32H	31H	30H
27H	3FH	3EH	3DH	3CH	3BH	3AH	39H	38H
28H	47H	46H	45H	44H	43H	42H	41H	40H
29H	4FH	4EH	4DH	4CH	4BH	4AH	49H	48H
2AH	57H	56H	55H	54H	53H	52H	51H	50H
2BH	5FH	5EH	5DH	5CH	5BH	5AH	59H	58H
2CH	67H	66H	65H	64H	63H	62H	61H	60H
2DH	6FH	6EH	6DH	6CH	6BH	6AH	69H	68H
2EH	77H	76H	75H	74H	73H	72H	71H	70H
2FH	7FH	7EH	7DH	7CH	7BH	7AH	79H	78H

2.1.4　80C51 单片机的特殊功能寄存器

在 80C51 中设置了与片内 RAM 统一编址的 21 个特殊功能寄存器(SFR)，它们离散地分布在 80H~FFH 的地址空间中。字节地址能被 8 整除的(即十六进制的地址码尾数为 0 或 8 的)单元是具有位地址的寄存器。在 SFR 地址空间中，有效的位地址共有 83 个，如表 2-3 所示。访问 SFR 只允许使用直接寻址方式。

特殊功能寄存器(SFR)的每一位的定义和作用与单片机各部件直接相关。这里先概要地说明一下。详细用法在相应的章节中进行说明。

1. 与运算器相关的寄存器(3 个)

(1) 累加器 ACC，8 位，它是 80C51 单片机中最繁忙的寄存器，用于向 ALU 提供操作数，许多运算的结果也存放在累加器中。

(2) 寄存器 B，8 位，主要用于乘、除法运算，也可以作为 RAM 的一个单元使用。

(3) 程序状态字寄存器 PSW，8 位，其各位的含义如下。

- CY：进位、借位标志，有进位、借位时，CY=1，否则 CY=0。
- AC：辅助进位、借位标志(高半字节与低半字节间的进位或借位)。
- F0：用户标志位，由用户自己定义。
- RS1、RS0：当前工作寄存器组的选择位。

● OV：溢出标志位，有溢出时，OV=1，否则 OV=0。

● P：奇偶标志位，存于 ACC 中的运算结果有奇数个 1 时，P=1，否则 P=0。

表 2-3　80C51 特殊功能寄存器的位地址及字节地址

SFR	位地址/位符号(有效位 83 个)								字节地址
P0	87H	86H	85H	84H	83H	82H	81H	80H	80H
	P0.7	P0.6	P0.5	P0.4	P0.3	P0.2	P0.1	P0.0	
SP									81H
DPL									82H
DPH									83H
PCON	按字节访问，但相应位有特定含义								87H
TCON	8FH	8EH	8DH	8CH	8BH	8AH	89H	88H	88H
	TF1	TR1	TF0	TR0	IE1	IT1	IE0	IT0	
TMOD	按字节访问，但相应位有特定含义								89H
TL0									8AH
TL1									8BH
TH0									8CH
TH1									8DH
P1	97H	96H	95H	94H	93H	92H	91H	90H	90H
	P1.7	P1.6	P1.5	P1.4	P1.3	P1.2	P1.1	P1.0	
SCON	9FH	9EH	9DH	9CH	9BH	9AH	99H	98H	98H
	SM0	SM1	SM2	REN	TB8	RB8	T1	R1	
SBUF									99H
P2	A7H	A6H	A5H	A4H	A3H	A2H	A1H	A0H	A0H
	P2.7	P2.6	P2.5	P2.4	P2.3	P2.2	P2.1	P2.0	
IE	AFH	—	—	ACH	ABH	AAH	A9H	A8H	A8H
	EA	—	—	ES	ET1	EX1	ET0	EX0	
P3	B7H	B6H	B5H	B4H	B3H	B2H	B1H	B0H	B0H
	P3.7	P3.6	P3.5	P3.4	P3.3	P3.2	P3.1	P3.0	
IP	—	—	—	BCH	BBH	BAH	B9H	B8H	B8H
	—	—	—	PS	PT1	PX1	PT0	PX0	
PSW	D7H	D6H	D5H	D4H	D3H	D2H	D1H	D0H	D0H
	CY	AC	F0	RS1	RS0	OV	—	P	
ACC	E7H	E6H	E5H	E4H	E3H	E2H	E1H	E0H	E0H
	ACC.7	ACC.6	ACC.5	ACC.4	ACC.3	ACC.2	ACC.1	ACC.0	
B	F7H	F6H	F5H	F4H	F3H	F2H	F1H	F0H	F0H
	B.7	B.6	B.5	B.4	B.3	B.2	B.1	B.0	

2. 指针类寄存器(2 个)

(1) 堆栈指针 SP，8 位。它总是指向栈顶。80C51 单片机的堆栈常设在 30H~7FH 这一段 RAM 中。堆栈操作遵循"后进先出"的原则，入栈操作时，SP 先加 1，数据再压入 SP 指向的单元。出栈操作时，先将 SP 指向的单元的数据弹出，然后 SP 再减 1，这时，SP 指向的单元是新的栈顶。由此可见，80C51 单片机的堆栈区是向地址增大的方向生成的(这与常用的 80x86 微机不同)。

(2) 数据指针 DPTR，16 位。用来存放 16 位的地址。它由两个 8 位的寄存器 DPH 和 DPL 组成。通过 DPTR，利用间接寻址或变址寻址方式，可对片外的 64KB 范围的 RAM 或 ROM 数据进行操作。

3. 与接口相关的寄存器(7 个)

(1) 并行 I/O 接口 P0、P1、P2、P3，均为 8 位。通过对这 4 个寄存器的读/写，可以实现数据从相应接口的输入/输出。

(2) 串行接口数据缓冲器 SBUF。

(3) 串行接口控制寄存器 SCON。

(4) 串行通信波特率倍增寄存器 PCON(一些位还与电源控制相关，所以又称为电源控制寄存器)。

4. 与中断相关的寄存器(2 个)

(1) 中断允许控制寄存器 IE。

(2) 中断优先级控制寄存器 IP。

5. 与定时/计数器相关的寄存器(6 个)

(1) 定时/计数器 T0 的两个 8 位计数初值寄存器 TH0、TL0，它们可以构成 16 位的计数器，TH0 存放高 8 位，TL0 存放低 8 位。

(2) 定时/计数器 T1 的两个 8 位计数初值寄存器 TH1、TL1，它们可以构成 16 位的计数器，TH1 存放高 8 位，TL1 存放低 8 位。

(3) 定时/计数器的工作方式寄存器 TMOD。

(4) 定时/计数器的控制寄存器 TCON。

2.2　并行输入/输出口的结构

80C51 单片机有 4 个 8 位的并行 I/O 接口 P0、P1、P2 和 P3。各接口均由接口锁存器、输出驱动器和输入缓冲器组成。各接口除可以作为字节输入/输出外，它们的每一条接口线也可以单独地用作位输入/输出线。各接口编址于特殊功能寄存器中，既有字节地址，又有位地址。对接口锁存器进行读写，就可以实现接口的输入/输出操作。

虽然各接口的功能不同，且结构也存在一些差异，但每个接口的位结构是相同的。所以，接口结构的介绍均以其位结构进行说明。

当不需要外部程序存储器和数据存储器扩展时(如 80C51/87C51 的单片应用),P0 接口、P2 接口可用作通用的输入/输出接口。

当需要外部程序存储器和数据存储器扩展时(如 80C31 的应用),P0 接口作为分时复用的低 8 位地址/数据总线,P2 接口作为高 8 位地址总线。

P1 接口是 80C51 的唯一的单功能接口,仅能用作通用的数据输入/输出接口。

P3 接口是双功能接口,除具有数据输入/输出功能外,每一接口线还具有特殊的第二功能。

2.2.1 P0 口

P0 口由 1 个输出锁存器、1 个转换开关 MUX、2 个三态输入缓冲器、输出驱动电路和 1 个与门及 1 个反相器组成,如图 2-6 所示。

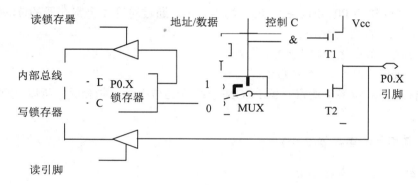

图 2-6 P0 口的位结构

图 2-6 中,控制信号 C 的状态决定转换开关的位置。当 C=0 时,开关处于图中所示位置;当 C=1 时,开关拨向反相器输出端位置。

1. P0 用作通用 I/O 接口

当系统不进行片外的 ROM 扩展(此时 $\overline{EA}$ =1),也不进行片外的 RAM 扩展(内部 RAM 传送使用 MOV 类指令)时,P0 作为通用 I/O 口使用,在这种情况下,单片机硬件自动使控制 C=0,MUX 开关接向锁存器的反相输出端,另外,与门输出的"0"使输出驱动器的上拉场效应管 T1 处于截止状态。因此,输出驱动级工作在需外接上拉电阻的漏极开路状态。

作为输出接口时,CPU 执行接口的输出指令,内部数据总线上的数据在"写存储器"信号的作用下由 D 端进入锁存器,经锁存器的反相端送至场效应管 T2,再经 T2 反相,在 P0.X 引脚出现的数据正好是内部总线的数据。

作为输入接口时,数据可以读自接口的锁存器,也可以读自接口的引脚。这要根据输入操作采用的是"读锁存器"指令还是"读引脚"指令来决定。

CPU 在执行"读-修改-写"类输入指令时(如 ANL P0, A),内部产生的"读锁存器"操作信号使锁存器 Q 端数据进入内部数据总线,在与累加器 A 进行逻辑运算后,结果又送回 P0 的接口锁存器,并出现在引脚上。读接口锁存器可以避免因外部电路原因使原接口引脚的状态发生变化造成的误读(例如，用一根接口线驱动一个晶体管的基极，在晶体管的射极接地的情况下，当向接口线写 1 时，晶体管导通，并把引脚的电平拉低到 0.7V。这时，若从引脚读数据，会把状态为 1 的数据误读为 0。若从锁存器读，则不会读错)。

CPU 在执行 MOV 类输入指令时(如 MOV A, P0)，内部产生的操作信号是"读引脚"。这时必须注意，在执行该类输入指令前，要先把锁存器写入 1，目的是使场效应管 T2 截止，从而使引脚处于悬浮状态，可以作为高阻抗输入。否则，在作为输入方式之前曾向锁存器输出过 0，则 T2 导通会使引脚钳位在 0 电平，使输入的高电平无法读入。所以，P0 接口在作为通用 I/O 接口时，属于准双向接口。

2. P0 用作地址/数据总线

当系统进行片外的 ROM 扩展(此时 $\overline{EA}$ =0)或进行片外 RAM 扩展(外部 RAM 传送使用"MOVX @DPTR"或"MOVX @Ri"类指令)时，P0 用作地址/数据总线。在这种情况下，单片机内的硬件自动使 C=1，MUX 开关接向反相器的输出端，这时，与门的输出由地址/数据线的状态决定。

CPU 在执行输出指令时，低 8 位地址信息和数据信息分时出现在地址/数据总线上。若地址/数据总线的状态为 1，则场效应管 T1 导通、T2 截止，引脚状态为 1；若地址/数据总线的状态为 0，则场效应管 T1 截止、T2 导通，引脚状态为 0。可见，P0.X 引脚的状态正好与地址/数据线的信息相同。

CPU 在执行输入指令时，首先，低 8 位地址信息出现在地址/数据总线上，P0.X 引脚的状态与地址/数据总线的地址信息相同。然后，CPU 自动地使转换开关 MUX 拨向锁存器，并向 P0 接口写入 FFH，同时，"读引脚"信号有效，数据经缓冲器进入内部数据总线。

由此可见，P0 接口作为地址/数据总线使用时，是一个真正的双向接口。

2.2.2　P1 口

P1 口的位结构如图 2-7 所示。

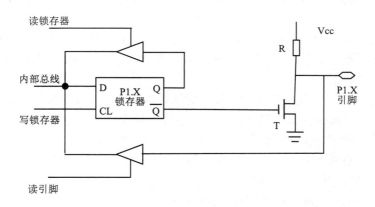

图 2-7　P1 口的位结构

由图 2-7 可见，P1 口由 1 个输出锁存器、2 个三态输入缓冲器和输出驱动电路组成，在内部设有上拉电阻。

P1 口是通用的准双向 I/O 接口。输出高电平时，能向外提供拉电流负载，不必再接上拉电阻。当接口用作输入时，须向锁存器写入 1。

2.2.3 P2 口

P2 口由 1 个输出锁存器、1 个转换开关 MUX、2 个三态输入缓冲器、输出驱动电路和 1 个反相器组成。P2 口的位结构如图 2-8 所示。

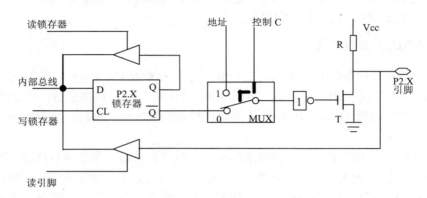

图 2-8 P2 口的位结构

图 2-8 中，控制信号 C 的状态决定了转换开关的位置。当 C=0 时，开关处于图中所示的位置；当 C=1 时，开关拨向地址线位置。由图 2-8 可见，输出驱动电路与 P0 接口不同，内部设有上拉电阻(由两个场效应管并联构成，图中用等效电阻 R 来表示)。

1. P2 用作通用 I/O 接口

当不需要在单片机芯片外部扩展程序存储器(对于 80C51/87C51，$\overline{EA}$ =1)，仅可能扩展 256B 的片外 RAM 时(此时，访问片外 RAM 不用 "MOVX, @DPTR" 类指令，而是利用 "MOVX, @Ri" 类指令来实现)，只用到了地址线的低 8 位，P2 接口仍可以作为通用 I/O 接口使用。

CPU 在执行输出指令时，内部数据总线的数据在 "写锁存器" 信号的作用下由 D 端进入锁存器，经反相器反相后，送至场效应管 T，再经 T 反相，在 P2.X 引脚出现的数据正好是内部数据总线的数据。

P2 接口用作输入时，数据可以读自接口的锁存器，也可以读自接口的引脚。这要根据输入操作采用的是 "读锁存器" 指令还是 "读引脚" 指令来决定。

CPU 在执行 "读-修改-写" 类输入指令时(如 "ANL P2, A")，内部产生的 "读锁存器" 操作信号使锁存器 Q 端数据进入内部数据总线，在与累加器 A 进行逻辑运算后，结果又送回 P2 的接口锁存器，并出现在引脚上。

CPU 在执行 MOV 类输入指令时(如"MOV A, P2")，内部产生的操作信号是"读引脚"。

应在执行输入指令前，把锁存器写入 1，目的是使场效应管 T 截止，从而使引脚处于高阻抗输入状态。

所以，P2 接口在作为通用 I/O 接口时，属于准双向接口。

2. P2 用作地址总线

当需要在单片机芯片外部扩展程序存储器($\overline{EA}$=0)或扩展的 RAM 容量超过 256B 时(读/写片外 RAM 或 I/O 接口要采用"MOVX @DPTR"类指令),单片机内的硬件自动使控制 C=1,MUX 开关接向地址线,这时,P2.X 引脚的状态正好与地址线的信息相同。

2.2.4　P3 口

P3 口的位结构如图 2-9 所示。P3 接口由 1 个输出锁存器、3 个输入缓冲器(其中 2 个为三态)、输出驱动电路和 1 个与非门组成。输出驱动电路与 P3 接口和 P1 接口相同,内部设有上拉电阻。

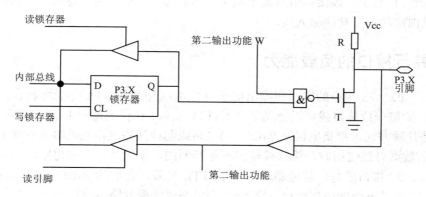

图 2-9　P3 口的位结构

1. P3 用作第一功能的通用 I/O 接口

当 CPU 对 P3 口进行字节或位寻址时(多数应用场合是把几条接口线设为第二功能,另外几条接口线设为第一功能,这时宜采用位寻址方式),单片机内部的硬件自动将第二功能输出线的 W 置 1。这时,对应的接口线为通用 I/O 接口方式。

作为输出时,锁存器的状态(Q 端)与输出引脚的状态相同;作为输入时,也要先向接口锁存器写入 1,使引脚处于高阻输入状态。输入的数据在"读引脚"信号的作用下,进入内部数据总线。所以,P3 接口在作为通用 I/O 接口时,也属于准双向接口。

2. P3 作为第二功能使用

当 CPU 不对 P3 接口进行字节或位寻址时,单片机内部的硬件自动将接口锁存器的 Q 端置 1。这时,P3 接口可以作为第二功能使用。各引脚的定义如下。

P3.0:RXD(串行接口输入)。

P3.1:TXD(串行接口输出)。

P3.3:$\overline{INT0}$(外部中断 0 输入)。

P3.3:$\overline{INT1}$(外部中断 1 输入)。

P3.4:T0(定时/计数器 0 的外部输入)。

P3.5:T1(定时/计数器 1 的外部输入)。

P3.6：$\overline{WR}$ (片外数据存储器"写"选通控制输出)。

P3.7：$\overline{RD}$ (片外数据存储器"读"选通控制输出)。

P3 接口相应的接口线处于第二功能，应满足的条件如下。

(1) 串行 I/O 接口处于运行状态(RXD、TXD)。

(2) 外部中断已经打开($\overline{INT0}$、$\overline{INT1}$)。

(3) 定时器/计数器处于外部计数状态(T0、T1)。

(4) 执行读/写外部 RAM 的指令($\overline{RD}$、$\overline{WR}$)。

作为输出功能的接口线(如 TXD)，由于该位的锁存器已自动置 1，与非门对第二功能输出是畅通的，即引脚的状态与第二功能输出是相同的。

作为输入功能的接口线(如 RXD)，由于此时该位的锁存器和第二功能输出线均为 1，场效应晶体管 T 截止，该接口引脚处于高阻输入状态。引脚信号经输入缓冲器(非三态门)进入单片机内部的第二功能输入线。

2.2.5　并行接口的负载能力

P0、P1、P2、P3 接口的输入和输出电平与 CMOS 电平和 TTL 电平均兼容。

P0 接口的每一位接口线可以驱动 8 个 LSTTL 负载。在作为通用 I/O 接口时，由于输出驱动电路是开漏方式，由集电极开路(OC 门)电路或漏极开路电路驱动时需外接上拉电阻；当作为地址/数据总线使用时，接口线输出不是开漏的，无须外接上拉电阻。

P1、P2、P3 接口的每一位能驱动 4 个 LSTTL 负载。它们的输出驱动电路设有内部上拉电阻，所以可以方便地由集电极开路(OC 门)电路或漏极开路电路所驱动，而无须外接上拉电阻。

由于单片机接口线仅能提供几毫安的电流，当作为输出，驱动一般晶体管的基极时，应在接口与晶体管的基极之间串接限流电阻。

2.3　时钟及复位电路

2.3.1　时钟电路及时序

单片机的工作过程是：取一条指令、译码、进行微操作，再取一条指令、译码、进行微操作，这样自动地、一步一步地由微操作依序完成相应指令规定的功能。各指令的微操作在时间上有严格的次序，这种微操作的时间次序称作时序。单片机的时钟信号用来为单片机芯片内部的各种微操作提供时间基准。

1.80C51 的时钟产生方式

80C51 单片机的时钟信号通常有两种产生方式：即内部时钟方式和外部时钟方式。

内部时钟方式如图 2-10(a)所示。

在 80C51 单片机内部有一振荡电路，只要在单片机的 XTAL1 和 XTAL2 引脚外接石英晶体(简称晶振)，就构成了自激振荡器，并在单片机内部产生时钟脉冲信号。图中，电容器 C1 和 C2 的作用是稳定频率和快速起振，电容值为 5~30pF，典型值为 30pF。晶振 CYS 的振荡频率范围在 1.2~12MHz 间选择，典型值为 12MHz 和 6MHz。

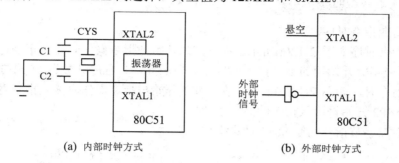

(a) 内部时钟方式　　　　　　　　　　(b) 外部时钟方式

图 2-10　80C51 单片机的时钟信号

外部时钟方式是把外部已有的时钟信号引入到单片机内，如图 2-10(b)所示。此方式常用于多片 80C51 单片机同时工作，以便于各单片机的同步。一般要求外部信号高电平的持续时间大于 30ns，且为频率低于 12MHz 的方波。对于 CHMOS 工艺的单片机，外部时钟要由 XTAL1 端引入，而 XTAL2 引脚应悬空。

2. 80C51 的时钟信号

晶振周期(或外部时钟信号周期)为最小的时序单位，如图 2-11 所示。

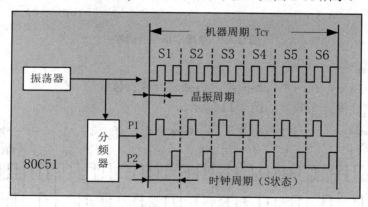

图 2-11　80C51 单片机的时钟信号

晶振信号经分频器后，形成两相错开的时钟信号 P1 和 P2。时钟信号的周期也称为 S 状态，它是晶振周期的两倍，即一个时钟周期包含两个晶振周期。在每个时钟周期的前半周期，相位 1(P1)信号有效，在每个时钟周期的后半周期，相位 2(P2)信号有效。每个时钟周期有两个节拍(相)P1 和 P2，CPU 以 P1 和 P2 为基本节拍，指挥各个部件协调地工作。

晶振信号 12 分频后形成机器周期，即一个机器周期包含两个晶振周期或 6 个时钟周期。因此，每个机器周期的 12 个振荡脉冲可以表示为 S1P1、S1P2、S2P1、S2P2、...、S6P2。

指令的执行时间称作指令周期。80C51 单片机的指令按执行时间，可以分为三类：单周期指令、双周期指令和四周期指令(四周期指令只有乘、除两条指令)。

晶振周期、时钟周期、机器周期和指令周期均是单片机时序单位。机器周期常用作计

算其他时间(如指令周期)的基本单位。如晶振频率为 12MHz 时，机器周期为 1μs，指令周期为 1~4 个机器周期，即 1~4μs。

3. 80C51 的典型时序

(1) 单周期指令时序。

单字节指令时序如图 2-12(a)所示。在 S1P2 开始把指令操作码读入指令寄存器，并执行指令。但在 S4P2 开始读的下一指令的操作码要丢弃，且程序计数器 PC 不加 1。

双字节指令时，如图 2-12(b)所示。在 S1P2 开始把指令操作码读入指令寄存器，并执行指令。在 S4P2 开始再读入指令的第二字节。

单字节、双字节指令均在 S6P2 结束操作。

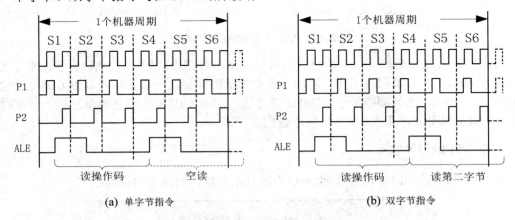

(a) 单字节指令   (b) 双字节指令

图 2-12　单周期指令的时序

(2) 双周期指令。

对于单字节指令，在两个机器周期之内要进行 4 次读操作。

只是后 3 次读操作无效，如图 2-13 所示。

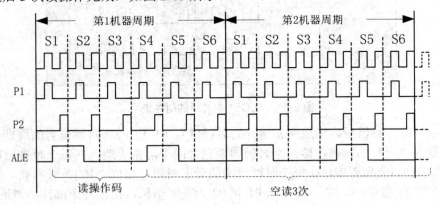

图 2-13　单字节双周期指令的时序

由图 2-13 中可以看到，每个机器周期中 ALE 信号有效两次，具有稳定的频率，可以将其作为外部设备的时钟信号。但应注意，在对片外部 RAM 进行读/写操作时，ALE 信号会出现非周期现象，如图 2-14 所示。

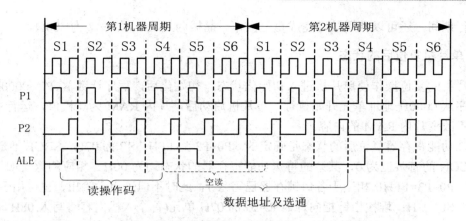

图 2-14　访问外部 RAM 的双周期指令时序

由图 2-14 可见，在第 2 个机器周期，无读操作码的操作，而是进行外部数据存储器的寻址和数据选通，所以，在 S1P2~S2P1 间无 ALE 信号。

2.3.2　单片机的复位电路

复位是使单片机或系统中的其他部件处于某种确定的初始状态。单片机的工作就是从复位开始的。

1. 复位电路

当在 80C51 单片机的 RST 引脚引入高电平并保持 2 个机器周期时，单片机内部就执行复位操作(若该引脚持续保持高电平，单片机就处于循环复位状态)。

实际应用中，复位操作有两种基本形式：一种是上电复位，另一种是上电与按键均有效的复位，如图 2-15 所示。

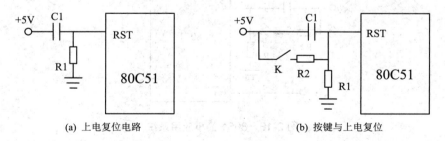

(a) 上电复位电路　　　　　　　(b) 按键与上电复位

图 2-15　单片机的复位电路

上电复位要求接通电源后，单片机自动实现复位操作。常用的上电复位电路如图 2-15(a) 所示。上电瞬间，RST 引脚获得高电平，随着电容 C1 的充电，RST 引脚的高电平将逐渐下降。RST 引脚的高电平只要能保持足够的时间(2 个机器周期)，单片机就可以进行复位操作。该电路典型的电阻和电容参数为：晶振为 12MHz 时，C1 为 9μF，R1 为 8.3kΩ；晶振为 6MHz 时，C1 为 33μF，R1 为 1kΩ。

上电与按键均有效的复位电路如图 2-15(b) 所示。上电复位原理与图 2-15(a) 相同，在单片机运行期间，还可以利用按键完成复位操作。晶振为 6MHz 时，R2 为 300Ω。

2. 单片机复位后的状态

单片机的复位操作使单片机进入初始化状态。初始化后，程序计数器 PC=0000H，所以，程序从 0000H 地址单元开始执行。单片机启动后，片内 RAM 为随机值，运行中的复位操作不改变片内 RAM 的内容。

特殊功能寄存器复位后的状态是确定的。P0~P3 为 FFH，SP 为 07H，SBUF 不定，IP、IE 和 PCON 的有效位为 0，其余的特殊功能寄存器的状态均为 00H。相应的意义如下。

- P0~P3=FFH：相当于各口锁存器已写入 1，此时不但可用于输出，也可用于输入。
- SP=07H：堆栈指针指向片内 RAM 的 07H 单元(首个入栈内容将写入 08H 单元)。
- IP、IE 和 PCON 的有效位为 0：各中断源处于低优先级且均被关断，串行通信的波特率 PSW=00H，当前工作寄存器为 0 组。

2.4 MCS-51 单片机的最小系统

单片机加上适当的外围器件和应用程序所构成的应用系统称为最小系统。

2.4.1 单片机最小应用系统举例

8051 最小应用系统如图 2-16 所示。

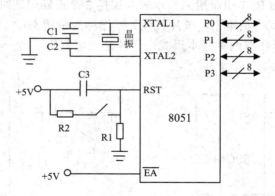

图 2-16 8051 最小应用系统

其应用特点如下。

(1) 有较多的 I/O 口线，P0、P1、P2、P3 均作为用户 I/O 口使用。

(2) 内部存储器容量有限。

(3) 应用系统开发具有特殊性。如 8051 的应用软件须依靠半导体厂家用半导体掩膜技术置入，故 8051 应用系统一般用作大批量生产的应用系统。另外，P0、P3 口的应用与开发环境差别较大。

2.4.2　最小应用系统设计

【例 2.1】开关量输出回路(见图 2-17)。

开关量输出通常采用并行接口输出来控制有接点的继电器。

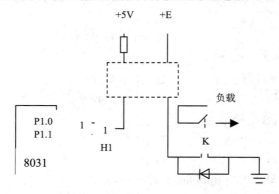

图 2-17　开关量输出回路

为了提高抗干扰能力，并行接口与继电器之间用光电隔离。

图 2-17 的功能，是用中间继电器驱动一个大容量的电器装置，只要由软件使 P1.0 输出"0"，P1.1 输出"1"，就可使与非门 H1 输出低电平，光敏三极管导通，继电器 K 吸合。

习　题　2

一、单项选择题

(1) MCS-51 单片机的 CPU 主要的组成部分为_____。

　　A. 运算器、控制器　　　　　　B. 加法器、寄存器

　　C. 运算器、加法器　　　　　　D. 运算器、译码器

(2) MCS-51 单片机的数据指针 DPTR 是一个 16 位的专用地址指针寄存器，主要用来_____。

　　A. 存放指令　　　　　　　　　B. 存放 16 位地址，作间址寄存器使用

　　C. 存放下一条指令地址　　　　D. 存放上一条指令地址

(3) 单片机中的程序计数器 PC 用来_____。

　　A. 存放指令　　　　　　　　　B. 存放正在执行的指令地址

　　C. 存放下一条指令地址　　　　D. 存放上一条指令地址

(4) 单片机上电复位后，PC 的内容和 SP 的内容为_____。

　　A. 0000H，00H　　　　　　　　B. 0000H，07H

　　C. 0003H，07H　　　　　　　　D. 0800H，08H

(5) 单片机 8031 的 ALE 引脚是_____。

　　A. 输出高电平　　　　　　　　B. 输出矩形脉冲，频率为 f_{osc} 的 1/6

C. 输出低电平   D. 输出矩形脉冲，频率为 f_{osc} 的 1/3

(6) 单片机 8031 的引脚_____。

    A. 必须接地   B. 必须接+5V

    C. 可悬空   D. 以上三种视需要而定

(7) 访问外部存储器或其他接口芯片时，作数据线和低 8 位地址线的是_____。

    A. P0 口   B. P1 口

    C. P3 口   D. P0 口和 P3 口

(8) PSW 中的 RS1 和 RS0 用来_____。

    A. 选择工作寄存器区号   B. 指示复位

    C. 选择定时器   D. 选择工作方式

(9) 上电复位后，PSW 的值为_____。

    A. 1   B. 07H

    C. FFH   D. 0

(10) 当使用外部存储器时，Intel 8031 的 P0 口是一个_____。

    A. 传输高 8 位地址口   B. 传输低 8 位地址口

    C. 传输高 8 位数据口   D. 传输低 8 位地址/数据口

(11) P0 口作为数据线和低 8 位地址线时_____。

    A. 应外接上拉电阻   B. 不能作为 I/O 口

    C. 能作为 I/O 口   D. 应外接高电平

(12) 单片机上电后或复位后，工作寄存器 R0 是在_____。

    A. 0 区的 00H 单元   B. 0 区的 01H 单元

    C. 0 区的 09H 单元   D. SFR

(13) MCS-51 复位后，程序计数器 PC=_____。即程序从_____开始执行指令。

    A. 0001H   B. 0000H

    C. 0003H   D. 0033H

(14) 单片机的 P0、P1 口作为输入用途之前，必须_____。

    A. 在相应端口先置 1   B. 在相应端口先置 0

    C. 外接高电平   D. 外接上拉电阻

(15) 当程序状态字寄存器 PSW 状态字中 RS1 和 RS0 分别为 0 和 1 时，系统先用的工作寄存器组为_____。

    A. 组 0   B. 组 1

    C. 组 3   D. 组 3

(16) 在 8051 单片机中，唯一一个用户可使用的 16 位寄存器是_____。

    A. PSW   B. ACC

    C. SP   D. DPTR

二、简答题

(1) 如果单片机晶振频率为 13MHz，机器周期为多少？

(2) 开机复位后，使用的是哪一组工作寄存器？地址为多少？如何选择当前工作寄存器组?

 (3) 单片机的控制总线信号有哪些？各信号的作用如何？

 (4) 简述 MCS-51 单片机的中断入口地址。

 (5) MCS-51 单片机内部包含哪些主要的逻辑功能部件？

第 3 章　MCS-51 单片机的 C51 程序设计

随着开发工具及集成电路技术的发展，在开发大型的单片机应用系统时，使用高级语言更加有利。专门针对 8051 系列单片机开发出来的 C 语言编译器(简称 C51)可编译生成能够在 8051 系列单片机上运行的目标程序。目前针对 8051 系列单片机开发出来的编译器有多种，包括 Franklin C51、Keil C51 for Windows 等。

本章主要介绍单片机高级语言 C51 的语法、数据结构、语句函数的分类，以及简单的 C51 程序设计，将重点要求掌握 C51 的语法、数据结构、语句函数等，以达到设计简单的应用程序的目的。

3.1　C51 语言概述和程序结构

3.1.1　C 语言的特点

C 语言是一种通用的计算机程序设计语言，在国际上十分流行，它既可用来编写计算机的系统程序，也可用来编写一般的应用程序。

计算机的系统软件曾经主要是用汇编语言编写的，对于单片机应用系统来说更是如此。由于汇编语言程序的可读性和可移植性都较差，采用汇编语言编写单片机应用系统程序的周期长，而且调试和除错也比较困难。

为了提高编制计算机操作系统和应用程序的效率，改善程序的可读性和可移植性，最好采用高级语言来编程。

一般的高级语言难以实现像汇编语言那样对于计算机硬件直接进行操作(如对内存地址的操作、移位操作等)的功能。但是，C 语言既具有一般高级语言的特点，又能直接对计算机的硬件进行操作，并且采用 C 语言编写的程序能够很容易地在不同类型的计算机之间进行移植。因此，C 语言的应用范围越来越广泛。

与其他计算机高级语言相比，C 语言具有其自身的特点。可以用 C 语言来编写科学计算或其他应用程序，但 C 语言更适合于编写计算机的操作系统程序以及其他一些需要对机器硬件进行操作的程序，有的大型应用软件也采用 C 语言进行编写，这主要是因为 C 语言具有很好的可移植性和硬件控制能力，另外，C 语言表达和运算能力也比较强。许多以前只能采用汇编语言解决的问题，现在可以改用 C 语言来解决。

概括地说，C 语言具有以下一些特点。

(1) 语言简洁，使用方便灵活。C 语言是现有程序设计语言中规模最小的语言之一，而小的语言体系往往能设计出较好的程序。C 语言的关键字很少，ANSIC 标准一共只有 32 个关键字，9 种控制语句，压缩了一切不必要的成分。C 语言的书写形式比较自由，表示方法简洁。使用一些简单的方法，就可以构造出相当复杂的数据类型和程序结构。

(2)　可移植性好。对于汇编语言来说，即使是功能完全相同的一种程序，对于不同的机器，也必须采用不同的汇编语言来编写，这是因为汇编语言完全依赖于机器硬件，因而通常具有不可移植性。而 C 语言是通过编译来得到可执行代码的。统计资料表明，不同机器上的 C 语言编译程序 80%的代码是通用的，C 语言的编译程序便于移植，从而使在一种机器上使用的 C 语言程序，不加修改或稍加修改，即可方便地移植到另一种机器上去。

(3)　表达能力强。C 语言具有丰富的数据结构类型和多种运算符，可以根据需要采用整型、实型、字符型、数组类型、指针类型、结构类型、联合类型等多种数据类型来实现各种复杂的数据结构运算。C 语言还具有多种运算符，灵活使用各种运算符，可以实现其他高级语言难以实现的运算。

(4)　表达方式灵活。利用 C 语言提供的多种运算符，可以组成各种表达式，还可以采用多种方法来获得表达式的值，从而使用户在程序设计中具有更大的灵活性。

C 语言的语法规则不太严格，程序设计的自由度比较大，程序的书写格式自由、灵活，程序主要用小写字母来编写，而小写字母比较容易阅读，这些充分体现了 C 语言灵活、方便和实用的特点。

(5)　可进行结构化程序设计。C 语言以函数作为程序设计的基本单位，C 语言程序中的函数相当于一般语言中的子程序。C 语言对于输入和输出的处理也是通过函数调用来实现的。各种 C 语言编译器都会提供一个函数库，其中包含许多标准函数，如各种数学函数、标准输入输出函数等。此外，C 语言还具有自定义函数的功能，用户可以根据自己的需要，编制可满足目的的自定义函数。实际上，C 语言程序就是由许多个函数组成的，一个函数相当于一个程序模块，因此，C 语言可以很容易地进行结构化程序设计。

(6)　可以直接操作计算机硬件。C 语言具有直接访问机器物理地址的能力，例如 Keil 51 的 C51 编译器和 Franklin 的 C51 编译器都可以直接对 8051 单片机的内部特殊功能寄存器和 I/O 口进行操作，可以直接访问片内或片外存储器，还可以进行各种位操作。

(7)　生成的目标代码质量高。众所周知，汇编语言程序目标代码的效率是最高的，这就是为什么汇编语言仍是编写计算机系统软件的主要工具的原因。但是统计表明，对于同一个问题，用 C 语言编写的程序生成代码的效率仅比用汇编语言编写的程序低 10%~20%，Keil 51 的 C51 编译器和 Franklin 的 C51 编译器都能够产生极其简洁、效率极高的程序代码，在代码质量上可以与汇编语言程序相媲美。

尽管 C 语言具有很多优点，但与其他任何一种程序设计语言一样，也有其自身的缺点，如不能自动检查数组的边界、各种运算符的优先级别太多、某些运算符具有多种用途等。但总地来说，C 语言的优点远远超过了它的缺点。经验表明，程序设计人员一旦学会了使用 C 语言，就会对它爱不释手，对于单片机应用系统的程序设计人员来说更是如此。

3.1.2　C51 语言的程序结构

C 语言程序是由若干个函数单元组成的，每个函数都是完成某个特殊任务的子程序段。组成一个程序的若干个函数可以保存在一个源程序文件中，也可以保存在几个源程序文件中，最后再将它们连接在一起。

C 语言源程序文件的扩展名为".C"，例如 SAMPLE1.C、SAMPLE2.C 等。

单片机 C51 语言是由 C 语言继承而来的，是对 C 语言的扩展。C 语言中的所有运算符，在 C51 中都可以用。但是，C51 也有特有的运算符，如 sbit，还有特殊的寄存器名等可以直接写。C51 定义的库函数与标准 C 语言中定义的库函数不同；与标准 C 的输入输出处理不相同；与标准 C 在函数使用方面也有一定的区别。

一个 C 语言程序必须有而且只能有一个名为 main()的函数，它是一个特殊的函数，也称为该程序的主函数，程序的执行都从 main()函数开始。这一点对于 C51 也是成立的。

下面我们先来看一个简单的 C51 程序的例子。

【例 3-1】已知 x=10，y=20，计算 z=x+y 的结果。可以编写如下 C51 语言程序：

```
#include <reg51.h>      /*包含 C51 头文件*/
main()                 /*主函数名*/
{                      /*主函数体开始*/
    int x, y, z;            /*主函数内部变量类型说明*/
    x=10; y=20;           /*变量赋值*/
    z = x+y;             //计算 z=x+y 的值
    P1 = z;              //结果输出到 P1 口
}              //程序结束
```

在本例中，main 是主函数名，要执行的主函数的内容称为主函数体，主函数体用花括号{}围起来。在函数体中，包含了若干条将要被执行的程序语句，在每条语句的末尾，都必须以分号";"作为结束符。

为了使程序便于阅读和理解，可以给程序加上一些注释。C 语言的注释部分由符号"/*"开始，以符号"*/"结束，或在符号"//"之后。在"/*"和"*/"之间的内容即为注释内容，注释内容可在一行写完，也可以分成几行来写。注释部分不参加编译，编译时，注释的内容不产生可执行代码。注释在程序中的作用是很重要的，一个优秀的程序设计者应该在程序中使用足够的注释来说明整个程序的功能、有关算法和注意事项等。需要注意的是，C 语言中的注释不能嵌套，即在"/*"和"*/"之间不允许再次出现"/*"和"*/"。

本例的程序是很简单的，它只有一个主函数 main()。一般情况下，一个 C 语言程序除了必须有一个主函数外，还可能有若干个其他的功能函数。下面我们再来看一个例子。

【例 3-2】求最大值。程序代码如下：

```
#include <stdio.h>
#include <reg51.h>             /*预处理命令*/
main()                       /*主函数名*/
{                            /*主函数体开始*/
    int a, A, c;                 /*主函数的内部变量类型说明*/
    int max(int x, int y);        /*功能函数 max 及其形式参数说明*/
    SCON = 0x52;               /*8051 单片机串行口初始化*/
    TMOD = 0x20;
    TCON = 0x69;
    TH1 = 0x0f3;
    TL1 = 0x0f3;
```

```
    scanf("%d%d", &a, &A);      /*输入变量 a 和 A 的值*/
    c = max(a, A);              /*调用 max 函数*/
    printf("max=%d", c);        /*输出变量 c 的值*/
}                               /*主程序结束*/
int max(int x, int y)           /*定义 max 函数，x、y 为形式参数*/
{                               /*max 函数体开始*/
    int z;                      /*max 函数内部变量类型说明*/
    if(x>y) z=x;                /*计算最大值*/
    else z=y;

    return(z);                  /*将计算得到的最大值返回到调用处*/
}                               /*max 函数结束*/
```

在本例程序的开始处，使用了预处理命令#include，它告诉编译器在编译时将头文件 stdio.h 和 reg51.h 读入后一起编译。在头文件 stdio.h 中包括了对标准输入输出函数的说明，在头文件 reg51.h 中，包括了对 8051 单片机特殊功能寄存器的说明。

本程序中，除了 main()函数外，还用到了功能函数调用。函数 max 是一个被调用的功能函数，其作用是将变量 x 和 y 中较大者的值赋给变量 z，并通过 return 语句将它的值返回到 main()函数的调用处。变量 x 和 y 在函数 max 中是一种形式变量，它的实际值是通过 main()函数中的调用语句传送过来的。此外，ANSIC 标准规定函数必须要"先说明，后调用"，因此，在 main()函数的开始处，将函数 max 与变量一起进行了说明。

本例在 main()函数中调用了库函数 scanf 和 printf，它们分别是输入库函数和输出库函数，C 语言本身没有输入输出功能，输入输出是通过函数调用来实现的。需要说明的一点是，Franklin C51 和 Keil C51 提供的输入输出库函数是通过 8051 系列单片机的串行口来实现输入输出的，因此，在调用库函数 scanf 和 printf 之前，必须先对 8051 单片机的串行口进行初始化。但是，对于单片机应用系统来说，由于具体要求的不同，应用系统的输入输出方式多种多样，不可能一律采用串行口作为输入和输出。因此，应该根据实际需要，由应用系统的研制人员自己来编写满足特定需要的输入输出函数，这一点，对于单片机应用系统的开发研制人员来说，是十分重要的。

另外，我们在程序中还可以看到小写字母 a 和大写字母 A，它们分别是两种不同的变量，C 语言规定，同一个字母由于其大小写的不同，可以代表两个不同的变量。这也是 C 语言的一个特点，即 C 语言是区分大小写的。一般的习惯是在普通情况下采用小写字母，而对于一些具有特殊意义的变量或常数采用大写字母，如本例中所用到的 8051 单片机特殊功能寄存器 SCON、TMOD、TCON 和 TH1 等(注意 SCON 和 scon 因大小写不同，所以是两个完全不同的变量)。

从以上两个例子可以看到，一般 C 语言程序具有如下所示的结构：

```
#include <reg51.h>     /*预处理命令*/
long fun1();           /*函数说明*/
float fun2();
long fun1()            /*功能函数 1*/
{
    ...                /*函数体*/
}
```

```
main()                        /*主函数*/
{
    ...                       /*主函数体*/
}
float fun2()                  /*功能函数2*/
{
    ...                       /*函数体*/
}
```

C 语言程序的开始部分通常是预处理命令，如上面程序中的#include 命令。这个预处理命令通知编译器在对程序进行编译时，将所需要的头文件读入后，再一起进行编译。

一般在头文件中包含有程序在编译时的一些必要的信息，通常 C 语言编译器都会提供若干个不同用途的头文件。头文件的读入是在对程序进行编译时才完成的。

C 语言程序是由函数组成的。一个 C 语言程序至少应包含一个主函数 main()，也可以包含若干个其他的功能函数。函数之间可以相互调用，但 main()函数只能调用其他的功能函数，而不能被其他函数调用。功能函数可以是 C 语言编译器提供的库函数，也可以由用户按实际需要自行编写。不管 main()函数处于程序中的什么位置，程序总是从 main()函数开始执行。

一个函数由"函数定义"和"函数体"两个部分组成。

函数定义部分包括函数类型、函数名、形式参数说明等，函数名后面必须跟一个圆括号()，形式参数说明在括号中。函数也可以没有形式参数，如 main()。

函数体由一对花括弧{}组成，在花括号里面的内容就是函数体。如果一个函数中有多个{}，则最外面的一对{}为函数体的范围。函数体的内容为若干条语句，一般有两类语句，一类为说明语句，用来对函数中将要用到的变量进行定义；另一类为执行语句，用来完成一定的功能或算法。有的函数体仅有一对{}，其中既没有变量定义语句，也没有执行语句，这也是合法的，称为"空函数"。

C 语言源程序可以采用任何一种编辑器来编写，如 edit 或记事本等。C 语言程序的书写格式十分自由。一条语句可以写成一行，也可以写成几行，还可以在一行内写多条语句。但是，需要注意的是，每条语句都必须以分号";"作为结束符。

虽然 C 语言程序不要求具有固定的格式，但我们在实际编写程序时，还是应该遵守一定的规则。一般应按程序的功能，以"缩进"形式来写程序，同时，还应在适当的地方加上必要的注释。注释对于比较大的程序来说是十分重要的，一个较大的程序如果没有注释，过了一段时间之后，恐怕连程序编制者自己也难以明白原来程序的内容，更不用说让别人来阅读或修改程序了。

3.2　标识符和关键字

C 语言的标识符是用来标识源程序中某个对象名字的。这些对象可以是函数、变量、常量、数组、数据类型、存储方式和语句等。

一个标识符由字符串、数字和下划线等组成，第一个字符必须是字母或下划线。通常，以下划线开头的标识符是编译系统专用的，因此，在编写 C 语言源程序时，一般不要使用以下划线开头的标识符。

C51 编译器规定标识符最长可达 255 个字符，但只有前面 32 个字符在编译时有效，因此，在编写源程序时，标识符的长度不要超过 32 个字符，这对于一般应用程序来说已经足够了。前面已经指出，C 语言是对大小写字母敏感的，如 max 与 MAX 是两个完全不同的标识符。

程序中，对于标识符的命名应当简洁明了，含义清晰，便于阅读理解，如用标识符 max 表示最大值，用 TIMER0 表示定时器 0 等。

关键字是一类具有固定名称和特定含义的特殊标识符，有时又称为保留字。在编写 C 语言源程序时，一般不允许将关键字另作它用。换句话说，就是对于标识符的命名不要与关键字相同。

与其他计算机语言相比，C 语言的关键字是比较少的，ANSIC 标准一共规定了 32 个关键字。表 3-1 按用途列出了 ANSIC 标准的关键字。

表 3-1　ANSIC 标准的关键字

关 键 字	用 途	说 明
auto	存储类型说明	用以说明局部变量
break	程序语句	退出最内层循环体
case	程序语句	switch 语句中的选择项
char	数据类型说明	单字节整型数或字符型数据
const	存储类型说明	在程序执行过程中不可修改的变量值
continue	程序语句	转向下一次循环
default	程序语句	switch 语句中的失败选择项
do	程序语句	构成 do … while 循环结构
double	数据类型说明	双精度浮点数
else	程序语句	构成 if … else 选择结构
enum	数据类型说明	枚举
extern	存储类型说明	在其他程序模块中说明的全局变量
float	数据类型说明	单精度浮点数
for	程序语句	构成 for 循环结构
goto	程序语句	构成 goto 转移结构
if	程序语句	构成 if … else 转移结构
int	数据类型说明	基本整型数
long	数据类型说明	长整型数
register	存储类型说明	使用 CPU 内部寄存器的变量
return	程序语句	函数返回
short	数据类型说明	短整型数
signed	数据类型说明	有符号数，二进制数据的最高位为符号位
sizeof	运算符	计算表达式或数据类型的字节数

关 键 字	用 途	说 明
static	存储类型说明	静态变量
struct	数据类型说明	结构类型数据
switch	程序语句	构成 switch 选择结构
typedef	数据类型说明	数据类型定义
union	数据类型说明	联合类型数据
unsigned	数据类型说明	无符号数据
void	数据类型说明	无类型数据
volatile	数据类型说明	说明该变量在程序执行中可被隐含地改变
while	程序语句	构成 while 和 do ... while 循环结构

C51 编译器除了支持 ANSIC 标准的关键字外，还扩展出了如表 3-2 所示的关键字。

表 3-2 C51 编译器扩展的关键字

关 键 字	用 途	说 明
bit	位变量说明	声明一个位变量或位类型的函数
sbit	位变量说明	声明一个可位寻址的变量
sfr	八位特殊功能寄存器声明	声明一个特殊功能的寄存器(八位)
sfr16	十六位特殊功能寄存器声明	声明一个特殊功能的寄存器(十六位)
data	存储器类型说明	直接寻址的 8051 内部数据存储器
bdata	存储器类型说明	可位寻址的 8051 内部数据存储器
idata	存储器类型说明	间接寻址的 8051 内部数据存储器
pdata	存储器类型说明	"分页"寻址的 8051 外部数据存储器
xdata	存储器类型说明	8051 外部数据存储器
code	存储器类型说明	8051 程序存储器
interrupt	中断函数声明	定义一个中断函数
reentrant	再入函数声明	定义一个再入函数
using	寄存器组定义	定义一个 8051 的工作寄存器组

3.3 C51 语言的数据类型和运算符

3.3.1 C51 语言的数据类型

任何程序设计都离不开对数据的处理。数据在计算机内存中的存放情况由数据结构决定。C 语言的数据结构是以数据类型出现的，数据类型可分为基本数据类型和构造数据类型两种。

1. 基本数据类型

C51 编译器支持的数据类型、数据长度和其值域如表 3-3 所示。

表 3-3　基本数据类型的长度

数据类型	位　数	字 节 数	值　域
bit	1		0～1
signed char	8	1	−128～+127
unsigned char	8	1	0～255
enum	16	2	−32768～+32767
signed short	16	2	−32768～+32767
unsigned short	16	2	0～65535
signed int	16	2	−32768～+32767
unsigned int	16	2	0～65535
signed long	32	4	−2147483648～2147483647
unsigned long	32	4	0～4294967295
float	32	4	0.175494E−38～0.402823E+38
sbit	1		0～1
sfr	8	1	0～255
sfr16	16	2	0～65535

(1) C51 的数据存储类型修饰符。

C51 编译器可以通过将变量、常量定义成不同的存储类型(data、bdata、idata、pdata、xdata、code)的方法，将它们定义在不同的存储区中。C51 存储类型修饰符及其寻址空间、长度如表 3-4 所示。

表 3-4　C51 存储类型的修饰符

存储类型	寻址空间	长度 (bit)	值域范围	存取命令	备　注
data	直接寻址片内数据存储区	8	0~127	MOV	访问速度快
bdata	可位寻址片内数据存储区	-	0~127	用 MOV 按字节进行寻址，还可以直接进行位寻址	片内 RAM 空间 0x20～0x2F
idata	间接寻址片内数据存储区	8	0~255	MOV	可访问片内全部 RAM 地址
pdata	分页寻址片外数据存储区	8	0~255	MOVX @Ri	-
xdata	寻址片外数据存储区 (64KB)	16	0~65535	MOVX @DPTR	-
code	寻址程序存储区(64KB)	16	0~65535	MOVC @DPTR MOVC @PC	程序存储区全部空间

当使用存储类型修饰符 data、bdata 定义常量和变量时，C51 编译器会将它们定位在内部数据存储区中。片内 RAM 是存放临时性传递变量或使用频率较高的变量的理想场所。访问片内数据存储器(data、bdata、idata)比访问片外数据存储器(xdata、pdata)相对快一些，因此，可将经常使用的变量置于片内数据存储器，而将规模较大的或不常使用的数据置于片外数据存储器中。

如果在变量定义时省略类型标识符，编译器会自动使用默认的存储类型。默认的存储类型进一步由 SMALL、COMPACT 和 LARGE 存储模式指令限制，参见表 3-5。

表 3-5　存储模式及说明

存储模式	说　　明
SMALL	函数的参数及局部变量放入可直接寻址的片内存储器(最大 128B，默认存储类型是 data)，因此访问十分方便。另外，所有对象，包括栈，都必须嵌入片内 RAM。栈长很关键，因为实际栈长依赖于不同函数的嵌套层数
COMPACT	函数的参数及局部变量放入分页片外存储区(最大 256B，默认的存储类型是 pdata)，通过寄存器 R0 和 R1 间接寻址，栈空间位于内部数据存储区中
LARGE	函数的参数及局部变量直接放入片外数据存储区(最大 64KB，默认存储类型为 xdata)，使用数据指针 DPTR 进行寻址。用此数据指针访问的效率较低，尤其是对两个或多个字节的变量，这种数据类型的访问机制直接影响代码长度。另一不方便之处在于，这种数据指针不能对称操作

存储模式决定了变量的默认存储类型、参数传递区和无明确存储类型的说明。例如：

```
char ch1;
```

在 SMALL 存储模式下，ch1 被定位在 data 存储区；在 COMPACT 模式下，ch1 被定位在 idata 存储区；在 LARGE 模式下，ch1 被定位在 xdata 存储区。

(2) C51 定义 SFR。

MCS-51 单片机内有 21 个特殊功能寄存器(SFR)只能用直接寻址方式访问。特殊功能寄存器中还有 11 个可进行位寻址的寄存器。

在 C51 中，特殊功能寄存器及其可位寻址的位是通过关键字 sfr 和 sbit 来定义的，这种方法与标准 C 不兼容，只适用于 C51。例如：

```
sfr PSW = 0xD0;     /*定义程序状态字 PSW 的地址为 D0H*/
sfr TMOD = 0x89;    /*定义定时器/计数器方式控制寄存器 TMOD 的地址为 89H*/
```

PSW 是可位寻址的 SFR，其中的各位可用 sbit 定义。例如：

```
sbit CY = 0xD7;     /*定义进位标志 CY 的地址为 7DH*/
sbit AC = 0xD0^6;   /*定义辅助进位标志 AC 的地址为 D6H*/
sbit RS0 = 0xD0^3;  /*定义 RS0 的地址为 D3H*/
```

值得注意的是，sfr 和 sbit 只能在函数外使用，一般放在程序的开头。

实际上，大部分特殊功能寄存器及其可位寻址的位的定义在 reg51.h、reg52.h 等头文件中已经给出，使用时，只须在源文件中包含相应的头文件，即可使用 sfr 及其可位寻址的位。

而对于未定义的位，使用前必须先定义。例如：

```
#include "reg51.h"
sbit P10 = P1^0;
```

(3) C51 定义位变量。

MCS-51 单片机具有位运算器，C51 相应地设置了位数据类型。

① 位变量的定义。

位变量用关键字 bit 来定义，它的值是一个二进制位。例如：

```
bit lock;          /*将lock定义为位变量*/
bit flag;           /*将flag定义为位变量*/
```

② 函数参数和返回值的类型。

函数可以有 bit 类型的参数，也可以有 bit 类型的返回值。例如：

```
bit func(bit bit0, bit bit1)
{
    bit x;
    ...
    return x;
}
```

2. 构造数据类型

(1) 数组类型。

数组是一组有序数据的集合，数组中的每一个数据元素都属于同一个数据类型。数组中的各个元素可以用数组名和下标来唯一确定。一维数组只有一个下标，多维数组有两个以上的下标。在 C 语言中，数组必须先定义，然后才能使用。一维数组的定义形式如下：

数据类型 数组名[常量表达式];

其中，"数据类型"说明了数组中各个元素的类型。"数组名"是整个数组的标识符，它的命名方法与变量的命名方法一样。"常量表达式"说明了该数组的长度，即该数组中的元素个数。常量表达式必须用方括号[]括起来，而且其中不能含有变量。下面是几个定义一维数组的例子：

```
char xx[15];         //定义字符型数组xx，它有15个元素
int yy[20];          //定义整型数组yy，它有20个元素
float zz[15];        //定义浮点型数组zz，它有15个元素
```

定义多维数组时，只要在数组名后面增加相应维数的常量表达式即可。

对于二维数组的定义形式为：

数据类型 数组名[常量表达式][常量表达式];

需要指出的是，C 语言中数组的下标是从 0 开始的。在引用数值数组时，只能逐个引用数组中的各个元素，而不能一次引用整个数组；但如果是字符数组，则可以一次引用整个数组。

(2) 指针类型。

指针类型数据在 C 语言程序中的使用十分普遍。正确地使用指针类型数据，可以有效地表示复杂的数据结构，直接访问内存地址，而且可以更为有效地使用数组。

① 指针和地址。

一个程序的指令、常量和变量等都要存放在机器的内存单元中，而机器的内存是按字节来划分存储单元的。给内存中每个字节都赋予一个编号，这就是存储单元的地址。

各个存储单元中所存放的数据，称为该存储单元的内容。计算机在执行任何一个程序时，要涉及到许多寻址操作。所谓寻址，就是按照内存单元的地址来访问该存储单元中的内容，即按地址来读或写该单元的数据。由于通过地址可以找到所需要的存储单元，因此，可以说地址是指向存储单元的。

在 C 语言中，为了能够实现直接对内存单元进行操作，引入了指针类型的数据。

指针类型数据是专门用来确定其他类型数据地址的，因此，一个变量的地址就称为该变量的指针。

② 指针变量的定义。

指针变量定义的一般格式：

数据类型 [存储器类型] *标识符;

其中，"标识符"是所定义的指针变量名。"数据类型"说明该指针变量所指向的变量的类型。"存储器类型"是可选项，它是 C51 编译器的一种扩展，如果带有此选项，指针被定义为存储器的指针，无此选项时，被定义为一般指针。这两种指针的区别在于它们的存储字节不同。一般指针在内存中占用 3 个字节，第一字节存放该指针存储器类型的编码，第二和第三字节分别存放该指针的高位和低位地址的偏移量。

③ 指针变量的引用。

指针变量是含有一个数据对象地址的特殊变量，指针变量中只能存放地址。有关的运算符有两个，它们是地址运算符"&"和间接访问运算符"*"。例如&a 为变量 a 地址，*p 为指针变量 p 所指向的变量。

【例 3-3】输入两个整数 x 和 y，经比较后按大小顺序输出。程序代码如下：

```c
#include <stdio.h>
extern serial_initial();    /*声明外部定义的串口初始化函数*/
main()
{
    int x, y;
    int *p, *p1, *p2;
    serial_initial();
    printf("Input x and y: \n");
    scanf("%d  %d", &x, &y);
    p1 = &X;
    p2 = &y;
    if(x<y) { pl=p2; p2=p; }
    printf("max=%d, min=%din", *pl, *p2);
    while(1);
}
```

程序执行结果：

```
Input x and y:
4  8(回车)
max=8，min=4
```

（3）结构类型。

结构是一种构造类型的数据，它是将若干不同类型的数据变量有序地组合在一起而形成的一种数据的集合体。组成该集合的各个数据变量称为结构成员，整个集合体使用一个单独的结构变量名。一般来说，结构中的各个变量之间是存在某些关系的。由于结构是将一组相关联的数据变量作为一个整体来进行处理，因此，在程序中使用结构将有利于对一些复杂而又具有内在联系的数据进行有效的管理。

① 结构变量的定义。

有三种定义结构变量的方法，分述如下。

第一种，先定义结构类型再定义结构变量名。定义结构类型的一般格式为：

```
struct 结构名
{ 结构元素列表 }
```

其中，"结构元素列表"为该结构中的各个成员(又称为结构的域)，由于结构可以由不同类型的数据组成，因此，对结构中的各个成员都要进行类型说明。

定义好一个结构类型后，就可以用它来定义结构变量。一般格式为：

```
struct 结构名 结构变量名 1，结构变量名 2，结构变量名 3，...，结构变量名 n；
```

第二种，在定义结构类型的同时定义结构变量名。一般格式为：

```
struct 结构名
{ 结构元素列表 } 结构变量名 1，结构变量名 2，结构变量名 3，...，结构变量名 n；
```

第三种，直接定义结构变量。一般格式为：

```
struct
{ 结构元素列表 } 结构变量名 1，结构变量名 2，结构变量名 3，...，结构变量名 n；
```

② 结构变量的引用。

在定义了一个结构变量之后，就可以对它进行引用了。可以进行赋值、访问和运算。一般情况下，结构变量的引用是通过对其结构元素的引用来实现的。引用结构元素的一般格式为：

```
结构变量名.结构元素
```

其中，"."符号是访问结构元素成员的运算符。

【例 3-4】给外部结构变量赋初值。具体代码如下：

```
#include <stdio.h>
extern serial_initial();
struct mepoint
{
    unsigned char name[ll];
    unsigned char pressure;
```

```
    unsigned char temperature;
} p01 = {"firstpoint", 0x99, 0x64};
void main(void)
{
    serial_initial();
    printf("name: %s\n pressure: %bx\n temperature: %bx\n",
      p01.name, p01.pressure, p01.temperature);
    while(1);
}
```

程序执行结果：

```
name: firstpoint
pressure: 99
temperature: 64
```

(4) 联合类型。

联合也是 C 语言中一种构造类型的数据结构。在一个联合中，可以包含多个不同类型的数据元素，例如，可以将一个 float 型变量、一个 int 型变量和一个 char 型变量放在同一个地址开始的内存单元中，如图 3-1 所示。

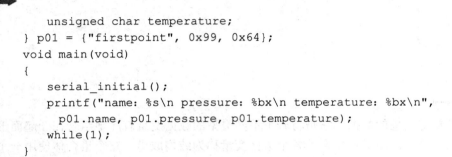

图 3-1　联合数据中变量的存储方法

以上 3 个变量在内存中的字节数不同，却都从同一个地址开始存放，即采用了所谓"覆盖技术"。这种技术可使不同的变量分时使用同一个内存空间，提高了内存的使用效率。

①　联合的定义。

联合类型变量的一般定义方法为：

union 联合类型名
{ 成员列表 } 变量列表;

例如，定义一个 data 联合：

```
union data
{
    float i;
    int j;
    char k;
} a, b, c;
```

②　联合变量的引用。

与结构变量类似，对联合变量的引用也是通过对其联合元素的引用来实现的。引用元素的一般格式为：

联合变量名.联合元素　　　/*或"联合变量名->联合元素"*/

【例 3-5】利用联合将整型数转变成两个字节输出。代码如下：

```
#include <stdio.h>
extern serial_initial();
union
{
    int i;
    struct { unsigned char high, unsigned char low } bytes;
} word;
main()
{
    int k;
    k = 0x67ab;
    serial_initial();
    word.i = k;
    printf("The high is: \n", word.bytes.high);
    printf("The low is: \n", word.bytes.low);
}
```

程序执行结果：

```
The high is 0x67
The low is 0xab
```

(5)　枚举类型。

在 C 语言中，用作标志的变量通常只能被赋予下述两个值的一个：true 或 false。但由于疏忽，我们有的时候会将一个在程序中作为标志使用的变量，赋予了除 true 或 false 以外的值。

另外，这些变量通常被定义成 int 数据类型，从而使它们在程序中的作用模糊不清。如果我们可以定义标志类型的数据变量，然后指定这种被说明的数据变量只能赋值 true 或 false，不能赋予其他值，就可以避免上述情况的发生。

枚举数据类型正是因这种需要而产生的。

①　枚举的定义。

枚举数据类型是一个有名字的某些整数型常数的集合。这些整数型常数是该类型变量可取的所有合法值。枚举定义应当列出该类型变量的可取值。

枚举定义说明语句的一般格式为：

enum 枚举名 { 枚举值列表 } 变量列表；

枚举的定义和说明也可以分为两句来完成：

enum 枚举名 { 枚举值列表 }；
enum 枚举名 变量列表；

②　枚举变量的取值。

枚举列表中，每一项符号代表一个整数值。在默认情况下，第一项符号取值为 0，第二项符号取值为 1，第三项符号取值为 2，……，依次类推。此外，也可以通过初始化，指定某些项的符号值。某项符号初始化后，该项后续各项符号的值随之依次递增。

【例3-6】将颜色为红、绿、蓝的3个球做全排列，共有几种排法？打印出每种组合的三种颜色。程序代码如下：

```c
#include <reg51.h>
#include <stdio.h>
extern serial_initial();
main()
{
    enum color { red, green, blue };   /*定义枚举类型*/
    enum color i, j, k, st;            /*定义枚举类型变量*/
    int n=0, lp;
    serial_initial();
    for(i=red; i<=blue; i++)
        for(j=red; j<=blue; j++)
            for(k=red; k<=blue; k++)
            {
                n = n + 1;
                printf("%-4d", n);
                for(lp=1; lp<3; lp++)
                {
                    switch(lp)
                    {
                        case 1: st=i; break;
                        case 2: st=j; break;
                        case 3: st=k; break;
                        default: break;
                    }
                    switch(st)
                    {
                        case red: printf("%-10s", "red"); break;
                        case green: printf("%-10s", "green"); break;
                        case blue: printf("%-10s", "blue"); break;
                        default: break;
                    }
                }
                printf("\n");
            }
    while(1);
}
```

根据排列组合的知识，上述程序运行后，共可以获得27种排法。限于篇幅，这里不再把结果一一列出。

3.3.2　C51语言的运算符

C语言对数据有很强的表达能力，具有十分丰富的运算符，利用这些运算符，可以组成各种各样的表达式及语句。C语言的运算符见表3-6。

表 3-6　C 语言的运算符

运　算　符	范　　例	说　　明
+	a+b	a 变量和 b 变量相加
-	a-b	a 变量和 b 变量相减
*	a*b	a 变量乘以 b 变量
/	a/b	a 变量除以 b 变量
%	a%b	取 a 变量除以 b 变量值的余数
=	a=6	把 a 变量赋值为 6
+=	a+=b	等同于 a=a+b
-=	a-=b	等同于 a=a-b
*=	a*=b	等同于 a=a*b
/=	a/=b	等同于 a=a/b
%=	a%=b	等同于 a=a%b
++	a++	等同于 a=a+1
--	a--	等同于 a=a-1
>	a>b	测试 a 是否大于 b
<	a<b	测试 a 是否小于 b
==	a==b	测试 a 是否等于 b
>=	a>=b	测试 a 是否大于或等于 b
<=	a<=b	测试 a 是否小于或等于 b
!=	a!=b	测试 a 是否不等于 b
&&	a&&b	逻辑与运算
‖	a‖b	逻辑或运算
!	!a	逻辑取反运算
>>	a>>b	将 a 按位右移 b 位,左侧补零
<<	a<<b	将 a 按位左移 b 位,右侧补零
|	a|b	按位或运算
&	a&b	按位与运算
^	a^b	按位异或运算
~	~a	按位取反运算
&	a=&b	将 b 变量的地址存入 a 变量中
*	*a	用来取 a 变量所指地址内的值

　　运算符就是完成某种特定运算的符号。表达式则是由运算符及运算对象所组成的具有特定含义的式子。由运算符或表达式可以组成 C 语言程序的各种语句。C 语言是一种表达式语言,在任意一个表达式的后面加一个分号";"就构成了一个表达式语句。运算符按其在表达式中所起的作用,可分为赋值运算符、算术运算符、增量与减量运算符、关系运算符、逻辑运算符、位运算符、复合赋值运算符、逗号运算符、条件运算符、指针和地址运

算符、强制类型转换运算符和 sizeof 运算符等。运算符按其在表达式中与运算对象的关系，又可分为单目运算符、双目运算符和三目运算符等。

单目运算符只有一个运算对象，双目运算符要求有两个运算对象，而三目运算符要求有三个运算对象。掌握各个运算符的意义和使用规则，对于编写正确的 C 语言程序是十分重要的。

1. 算术运算和算术表达式

(1) 基本的算术运算符。

C51 最基本的算术运算符有以下 5 种：

- 加法运算符(+)。
- 减法运算符(-)。
- 乘法运算符(*)。
- 除法运算符(/)。
- 模运算或取余运算符(%)。

对于除法运算符——若两个整数相除，结果为整数(即取整)。

对于模运算符——要求%两侧的操作数均为整型数据，所得结果的符号与左侧操作数的符号相同。

(2) 自增、自减运算符。

++为自增运算符，--为自减运算符。例如++j、j++、--i、i--。

(3) 算术表达式和运算符的优先级。

用算术运算符和括号将运算对象连接起来的式子称为算术表达式。其中的运算对象包括常量、变量、函数、数组、结构等。例如 35+b*exp(x)/d。

C51 规定算术运算符的优先级为"先乘除模，后加减，括号最优先"。

如果一个运算符两侧的数据类型不同，则必须通过数据类型转换，将数据转换成同种类型。转换方式有两种。一种是自动类型转换，即在程序编译时，由 C 编译器自动进行数据类型转换。转换规则如图 3-2 所示。

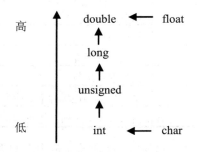

图 3-2 数据类型转换规则

一般来说，当运算对象的数据类型不相同时，先将优先级较低的数据类型转换成优先级较高的数据类型，运算结果为优先级较高的数据类型。

另一种是强制类型转换，使用强制类型转换运算符，其形式为：

(类型名) (表达式)

例如，设 x、y 均为 float 类型，则(int)(x-y)将 x-y 强制转换成 int 类型。

2. 关系运算符和关系表达式

(1) 关系运算符及其优先级。

关系运算即比较运算。C51 提供了以下 6 种关系运算符：

- <：小于。
- <=：小于等于。
- >：大于。
- >=：大于等于。
- ==：等于。
- !=：不等于。

优先级关系是：<、<=、>、>=这 4 个运算符的优先级相同，处于高优先级；==和!=这两个运算符的优先级相同，处于低优先级。关系运算符的优先级低于算术运算符的优先级，而高于赋值运算符的优先级。

(2) 关系表达式。

用关系运算符将运算对象连接起来的式子称为关系表达式。如 3>2、a+b>c+d、(a=3)<(b=2)都是合法的关系表达式。

关系表达式的值为逻辑值：真和假。C51 中用 0 表示假，用 1 表示真。

例如，对于关系表达式 a>=b，若 a 的值是 5，b 的值是 3，关系表达式的值就为 1，即逻辑真；若 a 的值是 2，关系表达式的值就为 0，即逻辑假。

3. 逻辑运算符和逻辑表达式

(1) 逻辑运算符及其优先级。

逻辑运算是对逻辑量进行运算。C51 提供了如下三种逻辑运算符：

- &&：逻辑与。
- ||：逻辑或。
- !：逻辑非。

它们的优先级关系是："!"的优先级最高，而且高于算术运算符；"||"的优先级最低，低于关系运算符，却高于赋值运算符。

(2) 逻辑表达式。

用逻辑运算符将运算对象连接起来的式子称为逻辑表达式。运算对象可以是表达式或逻辑量，而表达式可以是算术表达式、关系表达式或逻辑表达式。逻辑表达式的值也是逻辑量，即真或假。

对于算术表达式，其值若为 0，则认为是逻辑假；若不为 0，则认为是逻辑真。

逻辑表达式不一定完全被执行，只有当一定要执行下一个逻辑运算符才能确定表达式的值时，才执行该运算符。例如 a && b && c，若 a 的值为 0，则不须判断 b 和 c 的值就可确定表达式的值为 0。又如 a‖b‖c，若 a 值为 0，则还须判断 b 的值，若 b 的值为 1，则不须判断 c 的值，就可确定表达式的值为 1。

4. 位运算符及其表达式

位运算的操作对象只能是整型和字符型数据，不能是浮点型数据。C51 提供以下 6 种位运算：

- 按位与(&)——相当于 ANL 指令。
- 按位或(|)——相当于 ORL 指令。
- 按位异或(^)——相当于 XRL 指令。
- 按位取反(~)——相当于 CPL 指令。
- 左移(<<)——相当于 RL 指令。
- 右移(>>)——相当于 RR 指令。

5. 赋值运算符和赋值表达式

(1) 赋值运算符。

赋值运算符就是赋值符号“=”，赋值运算符优先级低，结合性是右结合性。

(2) 赋值表达式。

将一个变量与表达式用赋值号连接起来，就构成了赋值表达式。格式如下：

变量 = 表达式

在赋值表达式中，表达式包括变量、算术运算表达式、关系运算表达式、逻辑运算表达式等，甚至可以是另一个赋值表达式。赋值过程是将“=”右边表达式的值赋给“=”左边的一个变量，赋值表达式的值就是被赋值变量的值。例如：

```
a = b = 5                    /*该表达式的值为5*/
a = (b = 4) + (c = 6)        /*该表达式的值为10*/
```

(3) 赋值的类型转换规则。

在赋值运算中，当“=”两侧的类型不一致时，系统自动将右边表达式的值转换成左侧变量的类型，再赋给该变量。转换规则如下：

- 浮点型数据赋给整型变量时，舍弃小数部分。
- 整型数据赋给实型变量时，数值不变，但以浮点数形式存储在变量中。
- 长整型数据赋给短整型变量时，实行截断处理。如将 long 型数据赋给 int 型变量时，将 long 型数据的低两字节数据赋给 int 型变量，而将 long 型数据的高两字节的数据丢弃。
- 短整型数据赋给长整型变量时，实行符号扩展。如将 int 型数据赋给 long 型变量时，将 int 型数据赋给 long 型变量的低两字节，而将 long 型数据的高两字节的每一位都设为 int 型数据的符号值。

6. 复合赋值运算符

赋值号前加上其他运算符，就构成了复合运算符。C51 提供以下 10 种复合运算符：+=、

-=、*=、/=、%=、&=、|=、^=、<<=、>>=。

举例如下。

(1)　x *= a + b 等价于 x = (x*(a+b))。

(2)　a &= b 等价于 a = (a&b)。

(3)　a <<= 4 等价于 a=(a<<4)。

3.4　C51 程序的基本结构

3.4.1　if 语句

if 语句有 4 种形式。

(1)　第一种：

```
if(条件表达式)
{ 动作 }
```

如果条件表达式的值为真(非零的数)，则执行{}内的动作；如果条件表达式为假，则忽略该动作，而继续往下执行。

(2)　第二种：

```
if(条件表达式)
{ 动作 1 }
else
{ 动作 2 }
```

条件表达式的值为真时，"动作 1"才会执行。

条件表达式的值为假时，"动作 2"才会执行。

(3)　第三种：

```
if(条件表达式 1)
    if(条件表达式 2)
        if(条件表达式 3)
        { 动作 1 }
        else
        { 动作 2 }
    else
    { 动作 3 }
else
{ 动作 4 }
```

条件表达式 1、2、3 都成立时，"动作 1"才会执行。

条件表达式 1、2 成立，但条件表达式 3 不成立时，"动作 2"才会执行。

条件表达式 1 成立，但条件表达式 2 不成立时，"动作 3"才会执行。

条件表达式 1 不成立时，"动作 4"才会执行。

(4) 第四种：

```
if(条件表达式 1)
{ 动作 1 }
else if(条件表达式 2)
{ 动作 2 }
else if(条件表达式 3)
{ 动作 3 }
else if(条件表达式 4)
{ 动作 4 }
```

条件表达式 1 成立时，"动作 1"才会执行。

条件表达式 1 不成立，但条件表达式 2 成立时，"动作 2"才会执行。

条件表达式 1、2 不成立，但条件表达式 3 成立时，"动作 3"才会执行。

条件表达式 1、2、3 不成立，但条件表达式 4 成立时，"动作 4"才会执行。

3.4.2 switch 语句

switch 语句要配合 case 关键字一起使用，其一般格式为：

```
switch(条件表达式)
{
    case 条件值 1:
        动作 1;
        break;
    case 条件值 2:
        动作 2;
        break;
    case 条件值 3:
        动作 3;
        break;
    case 条件值 4:
        动作 4;
        break;
    ...
    default: break;
}
```

switch 内的条件表达式的结果必须为整数或者字符。switch 以条件表达式的值来与各 case 的条件值对比，如果与某个条件值相符，则执行该 case 的动作，如果所有的条件值都不符合，则执行 default 的动作，每一个动作之后一般要写 break，否则就会继续执行下一个 case 的动作，而那是我们不希望看到的。另外，case 之后的条件值必须是数据常数，不能是变量，而且不可以重复，即条件值必须各不相同，当有数种 case 所做的动作一样时，也可以写在一起，即上下并列。一般当程序必须做多选 1 时，可以采用 switch 语句。

break 是跳出循环语句，任何由 switch、for、while、do-while 构成的循环，都可以用 break 来跳出。必须注意的是，break 一次只能跳出一层循环，通常都与 if 连用，当某些条件成立后，就跳出循环。

当所有 case 的条件值都不成立时，就执行 default 所指定的动作，执行完成后，也要使用 break 指令跳出 switch 循环。

3.4.3　循环语句

1. do while 循环语句

其一般格式为：

```
do
{ 动作 }
while(条件表达式)
```

先执行动作后，再测试条件表达式是否成立。当条件表达式为真时，则继续回到前面执行的动作，如此反复，直到条件表达式变假为止。不论条件表达式的结果为何，至少会做一次动作。使用时，要避免条件永远为真，造成死循环。

2. while 循环语句

其一般格式为：

```
while(条件表达式)
{ 动作 }
```

先测试条件表达式是否成立，当条件表达式为真时，则执行循环内的动作，做完后又继续跳回条件表达式做测试，如此反复，直到条件表达式为假为止。使用时，要避免条件永远为真，造成死循环。

3. for 循环语句

其一般格式为：

```
for(表达式1；表达式2；表达式3)
{ 动作 }
```

通常用表达式 1 来设定起始值。

表达式 2 通常是条件判断式，如果条件为真，则执行动作，否则终止循环。

表达式 3 通常是步长表达式，执行动作完毕后，必须再回到这里做运算，然后再循环到表达式 2 中做判断。

4. goto 循环语句

编写程序时，尽量不要使用 goto 语句，以避免程序阅读困难。但是，如果确实需要跳离很多层循环，则可以使用 goto 语句。goto 的目标位置必须在同一个程序文件内，不能跳到其他程序文件。标签的写法和变量是一样的，标签后面必须加一个冒号。goto 经常与 if 连用，如果程序中检查到异常时，就使用 goto 语句去处理。

5. continue 循环语句

continue 语句是一种中断语句，一般用在循环结构中，其功能是结束本次循环，即跳过循环体中下面尚未执行的语句，把程序流程转移到当前循环语句的下一个循环周期，并根据循环控制条件，决定是否重复执行该循环体。continue 语句的一般形式为：

```
continue;
```

continue 语句通常与条件语句一起用在由 while、do-while 和 for 语句构成的循环结构中，它也是一种具有特殊功能的无条件转移语句，但与 break 语句不同，continue 语句并不跳出循环体，而只是根据循环控制条件确定是否继续执行循环语句。

3.5　C51 函数和预处理命令

3.5.1　函数的分类和定义

1. 函数的分类

程序通常是由一个或多个函数组成的，函数是 C 程序的基本模块，是构成结构化程序的基本单元。每个函数完成一定的功能，函数之间通过调用关系完成总体功能。从用户的角度看，C 函数可分为标准库函数和用户定义函数两类。

标准函数是系统定义的，又称库函数，C 语言提供了丰富的库函数，分别存放在不同的头文件中。用户只要用#include 包含其所在的头文件后，即可直接使用它们。

用户定义函数是用户为解决自己的特定问题自行定义的。从技术角度讲，用户完全可以不用库函数，全部由自己设计，但库函数是一种系统资源，充分利用它们，可以大大减轻程序设计的负担。

函数定义的形式可以划分为无参数函数、有参数函数和空函数。

- 无参数函数：这种函数被调用时，既无参数输入，也不返回结果给调用函数，它是为完成某种操作而编写的。
- 有参数函数：在调用此类函数时，必须提供实际的输入参数，必须说明与实际参数一一对应的形式参数，并在函数结束时返回结果供调用它的函数使用。
- 空函数：这种函数体内无语句，是空白的。调用这种函数时，什么工作也不做。定义此类函数的目的，并不是为了执行某种操作，而是为了以后程序功能的扩充。

2. 函数的定义

定义函数的一般形式为：

```
返回值类型  函数名(形式参数列表)
{
    函数体
}
```

(1)　返回值类型：可以是基本数据类型(int、char、float、double 等)及指针类型，当函数没有返回值时，用标识符 void 说明该函数没有返回值。若没有指定返回值类型，默认返回值为整型。一个函数只能有一个返回值，该返回值是通过函数中的 return 语句获得的。

(2)　函数名：必须是一个合法标识符。

(3)　形式参数列表：包括了函数所需全部参数的定义。此时函数的参数称为形式参数，简称为形参。形参可以是基本数据类型的数据、指针类型数据、数组等。在没有调用函数时，函数的形参和函数内部的变量未被分配内存单元，即它们是不存在的。

(4)　函数体：由两部分组成——函数内部变量的定义和函数体其他语句。

各函数的定义是独立的。函数的定义不能在另一个函数的内部。

3. 函数的调用

函数调用的一般形式为：

函数名(实际参数列表)；

在一个函数中需要用到某个函数的功能时，就调用该函数。调用者称为主调函数，被调用者称为被调函数。若被调函数是有参函数，则主调函数必须把被调函数所需的参数传递给被调函数。传递给被调函数的数据称为实际参数，简称实参。实参是有确定值的常量、变量或表达式，若有多个参数，各参数间需要用逗号分开。

下面对函数的调用做几点说明。

(1)　在实参列表中，实参的个数和顺序必须与形参的个数和顺序相同，实参的数据类型必须与对应的形参数据类型相同。

(2)　若被调函数为无参数调用，调用时，函数名后的括号不能省略。

函数间可以互相调用，但不能调用 main()函数。实参对形参的数据传递是单向的，即只能将实参传递给形参。

(3)　函数的嵌套调用与递归调用。C 语言中，函数的定义都是互相平行、独立的。一个函数的定义内不能包含另一个函数。这就是说，C 语言是不能嵌套定义函数的，但 C 语言允许嵌套调用函数。所谓嵌套调用，就是在调用一个函数并在执行该函数时，又调用另一个函数的情况。

函数的递归调用，就是一个函数在其函数体内调用自己。递归调用是一种特殊的循环结构。在 C51 编程中，递归函数必须是可重入的，可重入的函数必须加关键字 reentrant。

(4)　指向函数的指针变量。在把程序调入内存运行时，每一个函数都被分配了内存单元。将函数的第一条指令所在的地址单元称为该函数的入口地址，可以定义一个指针变量来存放函数的地址，然后通过该指针变量就可调用此函数。

指向函数的指针变量的定义的一般形式如下：

类型说明符 (*指针变量名) (形参列表)；

其中，类型说明符指定了指针所指函数的返回值类型，形参列表指定了指针函数的参数个数及类型。

一旦定义了一个指向某类函数的指针变量后，这个指针变量就只能指向该类函数，即返回值相同、参数的个数/类型/顺序都相同的一类函数，而不能是任意的函数。

3.5.2　中断服务函数

C51 编译器支持在 C 语言源程序中直接编写 8051 单片机的中断服务函数程序。定义中断服务函数的一般形式为：

函数类型 函数名()(interrupt m)(using n);

其中 interrupt 为关键字，其后 m 是中断号，m 的取值范围为 0~31。编译器从 8m+3 处产生中断向量，具体的中断号 m 和中断向量取决于不同的 8051 系列单片机芯片。

using 为关键字，专门用来选择 8051 单片机中不同的工作寄存器组。using 后面的 n 是一个 0~3 的常整数，分别选择 4 个不同的工作寄存器组。在定义一个函数时，using 是一个选项，如果不用该选项，则由编译器选择一个寄存器组作为绝对寄存器组访问。需要注意的是，关键字 using 和 interrupt 的后面都不允许跟一个带运算符的表达式。

(1) 关键字 using 对函数目标代码的影响。

在函数的入口处，将当前工作寄存器组保护到堆栈中——指定的工作寄存器内容不会改变；函数返回之前，将被保护的工作寄存器组从堆栈中恢复。

使用关键字 using 在函数中确定一个工作寄存器组时必须十分小心，要保证任何寄存器组的切换都只在控制的区域内发生。如果做不到这一点，将产生不正确的函数结果。另外，还要注意，带 using 属性的函数，原则上不能返回 bit 类型的值，并且关键字 using 不允许用于外部函数。

(2) 关键字 interrupt 对中断函数目标代码的影响。

关键字 interrupt 也不允许用于外部函数。在进入中断函数时，特殊功能寄存器 ACC、B、DPH、DPL、PSW 将被保存入栈；如果不使用寄存器组切换，则将中断函数中所用到的全部工作寄存器都入栈——函数返回之前，所有的寄存器内容出栈；中断函数由 8051 单片机指令 RETI 结束。

(3) 编写 8051 单片机中断函数时应遵循的规则。

① 中断函数不能进行参数传递，中断函数中包含任何参数声明都将导致编译出错。

② 中断函数没有返回值，如果企图定义一个返回值，将得到不正确的结果。因此建议在定义中断函数时，将其定义为 void 类型，以明确说明没有返回值。

③ 在任何情况下都不能直接调用中断函数，否则会产生编译错误。因为中断函数的返回是由 8051 单片机指令 RETI 完成的，RETI 指令影响 8051 单片机的硬件中断系统。如果在没有实际中断请求的情况下直接调用中断函数，RETI 指令的操作结果会产生一个致命的错误。

④ 如果中断函数中用到浮点运算，必须保存浮点寄存器的状态，当没有其他程序执行浮点运算时，可以不保存。C51 编译器的数学函数库 math.h 中，提供了保存浮点寄存器状态的库函数 pfsave 和恢复浮点寄存器状态的库函数 restore。

⑤ 如果在中断函数中调用了其他函数，则被调用函数所使用的寄存器组必须与中断函数相同。用户必须保证按要求使用相同的寄存器组，否则会产生不正确的结果，这一点必须引起足够的注意。如果定义中断函数时没有使用 using 选项，则由编译器选择一个寄

存器组作为绝对寄存器组访问。另外，由于中断的产生不可预测，中断函数对其他函数的调用可能形成违规调用，需要时，可将被中断函数所调用的其他函数定义成可再入函数。

⑥　C51 编译器从绝对地址 8m+3 处产生一个中断向量，其中 m 为中断号。该向量包含一个到中断函数入口地址的绝对跳转。

在对源程序编译时，可用编译控制指令 NOINTVECTOR 抑制中断向量的产生，从而使用户能够从独立的汇编程序模块中提供中断向量。

3.5.3　C51 的库函数

C51 编译器提供了丰富的库函数，使用这些库函数，大大提高了编程效率。用户可以根据需要随时调用。每个库函数都在相应的头文件中给出了函数的原型，使用时，只需在源程序的开头用编译预处理命令#include 将相关的头文件包含进来即可。下面对常用的 C51 库函数做一些介绍。

1. 字符函数库 ctype.h

(1)　extern bit isalpha(char)：检查参数字符是否为英文字母，是则返回 1，否则返回 0。

(2)　extern bit isalnum(char)：检查参数字符是否为英文字母或数字字符，是则返回 1，否则返回 0。

(3)　extern bit iscntrl(char)：检查参数字符是否为控制字符，即 ASCII 码值在 0x000~0x1F 之间或为 0x7F 的字符，是则返回 1，否则返回 0。

(4)　extern bit islower(char)：检查参数字符是否为小写英文字母，是则返回 1，否则返回 0。

(5)　extern bit isuppet(char)：检查参数字符是否为大写英文字母，是则返回 1，否则返回 0。

(6)　extern bit isdigit(char)：检查参数字符是否为数字字符，是则返回 1，否则返回 0。

(7)　extern bit isxdigit(char)：检查参数字符是否为十六进制数字字符，是则返回 1，否则返回 0。

(8)　extern char toint(char)：将 ASCII 字符的 0~9、a~f(大小写无关)转换为十六进制数字。

(9)　extern char toupper(char)：将小写字母转换成大写字母，如果字符不在 A~Z 之间，则不做转换，直接返回该字符。

(10) extern char tolower(char)：将大写字母转换成小写字母，如果字符不在 A~Z 之间，则不做转换，直接返回该字符。

2. 标准函数库 stdib.h

(1)　extern float atof(char *s)：将字符串 s 转换成浮点数值并返回。参数字符串必须包含与浮点数规定相符的数。

(2)　extern long atol(char *s)：将字符串 s 转换成长整型数值并返回。参数字符串必须包含与长整型数规定相符的数。

(3) extern int atoi(char *s)：将字符串 s 转换成整型数值并返回。参数字符串必须包含与整型数规定相符的数。

(4) void* malloc(unsigned int size)：返回一块大小为 size 个字节的连续内存空间的指针。如果返回值为 NULL，则无足够的内存空间可用。

(5) void free(void *p)：释放由 malloc 函数分配的存储器空间。

(6) void int_mempool(void *p, unsigned int size)：清除由 malloc 函数分配出来的存储器空间。

3. 数学函数库 math.h

(1) extern int abs(int val)、extern char abs(char val)、extern float abs(float val)、extern long abs(long val)：计算并返回 val 的绝对值。这 4 个函数的区别在于返回值的类型不同。

(2) extern float exp(float x)：返回以 e 为底的 x 的幂，即 e^x。

(3) extern float log(float x)、extern float log10(float x)：log 返回 x 的自然对数，即 lnx；log10 返回以 10 为底的 x 的对数，即 $\log_{10}x$。

(4) extern float sqrt(float x)：返回 x 的平方根。

(5) extern float sin(float x)、extern float cos(float x)、extern float tan(float x)：sin 返回值为 sin(x)；cos 返回值为 cos(x)；tan 返回值为 tan(x)。

(6) extern float pow(float x, float y)：返回值为 x^y。

4. 绝对地址访问头文件 absacc.h

(1) 对存储器空间进行绝对地址访问：

```
#include CBYTE((unsigned char*)0xS0000L);
#include DBYTE((unsigned char*)0x40000L);
#include PBYTE((unsigned char*)0x30000L);
#include XBYTE((unsigned char*)0x20000L);
```

用来对 MCS-51 系列单片机的存储器空间进行绝对地址访问，以字节为单位寻址。

CBYTE 寻址 code 区，DBYTE 寻址 data 区，PBYTE 寻址 xdata 的 00H~0FFH 区域(用 MOVX @Ri 指令访问)，XBYTE 寻址 xdata 区(用 MOVX @DPTR 指令方法)。

(2) 双字节宏定义：

```
#include CWORD((unsigned int*)0x50000L);
#include DWORD((unsigned int*)0x40000L);
#include PWORD((unsigned int*)0x30000L);
#include XWORD((unsigned int*)0x20000L);
```

这些宏定义用来对各种存储空间按 int 数据类型进行绝对地址访问。

5. 内部函数库 intrins.h

(1) 循环左移：

```
unsigned char_crol(unsigned char val, unsigned char n);
unsigned int_irol(unsigned int val, unsigned char n);
unsigned long_lrol(unsigned long val, unsigned char n);
```

这三个函数将不同类型的变量 val 循环左移 n 位。

(2)　循环右移：

```
unsigned char_cror(unsigned char val, unsigned char n);
unsigned int_iror(unsigned int val, unsigned char n);
unsigned long_lror(unsigned long val, unsigned char n);
```

这三个函数将不同类型的变量 val 循环右移 n 位。

(3)　void _nop_(void)：该函数产生一个单片机的 NOP 指令，用于延长一个机器周期。

(4)　bit _testbit_(bit x)：该函数测试位参数 x 是否为 1，为 1 则返回 1，同时，将该位复位为 0；否则返回 0。

6. 访问 SFR 和 SFR_bit 地址的头文件 regxx.h

在头文件 reg51.h 和 reg52.h 中，定义了 MCS-51 系列单片机的 SFR 寄存器名和相关的位变量名。

3.5.4　编译预处理命令

1. 文件包含

文件包含是指一个程序文件将另一个指定文件的全部内容包含进来。文件包含命令的功能是用指定文件的全部内容替换该预处理行。文件包含命令的一般格式有两种：

```
#include <文件名>
#include "文件名"
```

如果我们用的是 Keil 开发工具，前一种方式的路径是 C:\Keil\C51\INC，也就是编译软件的安装路径，当要包含的文件在用户当前目录中时(多为用户自己编制的头文件)，要用后一种方法。即当要包含的文件在其他地方时，要在双引号内给出文件路径，或者把要包含的文件复制到 C:\Keil\C51\INC 中或当前用户的当前目录中。

文件包含功能极大地减少了程序设计人员的重复工作量。我们可以把一些重要的函数做成头文件(扩展名为".H")，放在计算机中，要用到时，只需要把这个文件名包含进新的文件中去，就可以在程序中直接调用这个函数了，如此，不但减少了很多工作量，而且可以使编制的程序看起来简短、结构清晰。当我们接触一个新的单片机时，最主要的就是拿到它的头文件。当我们开发一个硬件时，重要的就是把这个硬件做成一个包含一个或数个应用函数的文件，以及在文件中详细说明该硬件的用法(软硬件资源及参数)，而不是每一次要用这个硬件时，再把针对其开发出来的程序复制到新的文件中去。

串口通信是我们开发程序时较常用的功能，所以，我们可以把这个功能做成头文件，头文件其实就是一种 TXT 文档，只是把扩展名改成了".H"。

例如，在一个头文件中可以这样写：

```
/*本头文件为异步串口通信用，支持12MHz晶振、2400波特率，占用定时计数器1和P3.0、P3.1
引脚，在单片机初始化时，需要调用InitUART_12_2400()子程序，在新的程序中调用
SendOneByte_12_2400()进行数据的发送，不支持数据的接收*/
```

```
void InitUART_12_2400(void)
{
    TMOD = 0x20;
    SCON = 0x40;
    TH1 = 0xF3;
    TL1 = TH1;
    PCON = 0x00;
    EA = 1;
    ES = 1;
    TR1 = 1;
}
void SendOneByte_12_2400(unsigned char c)
{
    SBUF = c;
    while(!TI);
    TI = 0;
}
```

之后把这个头文件命名为UART_12_2400.H，并把它复制到C:\Keil\C51\INC文件夹中，即可在任何一个程序中调用。如下所示，为一个调用的例子：

```
#include <reg51.h>
#include <UART_12_2400.h>
unsigned char a;
main()
{
    InitUART();
    while(1)
    {
        /*其他程序*/
        SendOneByte_12_2400(a);
        /*其他程序*/
    }
}
```

2. 宏定义

宏定义命令为#define，它的作用是用一个宏定义来替换一个字符串，而这个字符串既可以是常数，也可以是其他字符串，甚至还可以是带参数的宏。

宏定义的一般格式为：

```
#define 宏名 字符串
```

以一个宏名称来代表一个字符串，即当程序任何地方使用到宏名称时，则将以所代表的字符串来替换。宏的定义可以是一个常数、表达式，或含有参数的表达式。在程序中用宏的好处在于：其一，可以以短代长、以熟悉代不熟悉，减少书写工作量和出错的几率，提高程序的可读性；其二，当需要修改字符串的内容时，只需要在宏定义处修改，将一改全改，非常方便。宏定义不是C语言，行末不加分号，加上的分号会被认为是字符串的一部分，编译时不做正误检查，所以书写时要保证不出错。宏定义只占用编译时间，不占用运行时间。

3. 条件编译

一般情况下，对 C 语言程序进行编译时，所有的程序行都参加编译。但是，有时希望对其中的一部分内容只在满足一定条件时才进行编译，这就是所谓的条件编译。条件编译可以选择不同的编译范围，从而产生不同的代码。

条件编译命令的格式如下：

```
#if 表达式
    ...
#else
    ...
#endif
```

如果表达式成立，则编译#if 下的程序，否则编译#else 下的程序，#endif 为结束条件表达式编译。另一种格式为：

```
#ifdef 标识符              /*如果标识符已被定义过，则编译以下的程序*/
    ...
#ifndef 标识符             /*如果标识符未被定义过，则编译以下的程序*/
    ...
```

条件表达式编译通常用来调试。在想保留程序(但不编译)时，或者在编写有两种状况需做不同处理的程序时使用。

4. 用 typedef 重新定义数据类型的名称

在 C 语言中，除了可以采用前面介绍的数据类型外，用户还可以根据自己的需要，对数据类型重新定义。

数据类型重新定义的方法如下：

```
typedef 已有的数据类型 新的数据类型名；
```

例如：

```
typedef bit bit;                /*可以用 bit 作为 bit 数据类型*/
typedef bit bool;               /*可以用 bool 作为 bit 数据类型*/
typedef unsigned char byte;     /*可以用 byte 作为 unsigned char 数据类型*/
typedef unsigned int word;      /*可以用 word 作为 unsigned int 数据类型*/
typedef unsigned long long;     /*可以用 long 作为 unsigned long 数据类型*/
```

3.6 C51 程序设计举例

【例 3-7】利用定时/计数器 T0 的方式 1，产生 10ms 的定时，并使 P1.0 引脚上输出周期为 20ms 的方波，采用中断方式，设系统时钟频率为 12MHz。

我们以 C51 语言来实现这些功能，程序代码如下：

```
#include <reg51.h>                /*预处理命令*/
main()                            /*主函数名*/
{                                 /*主函数体开始*/
    TMOD = 0x01;                  /*设置 timer0 工作于工作方式 1*/
    TH0 = 0x0d8;
    TH1 = 0x0f0;                  /*设置定时常数*/
    ET0 = 1;
    EA = 1;
    TR0 = 1;                      /*开定时器*/
    while(1);                     //等待中断
}                                 /*主程序结束*/
void Timer0_int(void) interrupt 1 using 1        /*定时中断服务函数*/
{
    TH0 = 0x0d8;
    TH1 = 0x0f0;
    P10 = !P10;
}
```

【例 3-8】用 C51 语言实现流水灯的效果。

程序代码如下：

```
#include <reg51.h>                /*预处理命令*/
delay(int t)                      /*延时函数*/
{
    int i, j;                     /*采用默认的存储类型*/

    for(i=0; i<t; i++)   /*用双重空循环延时*/
        for(j=0; j<10; j++);
}


main()                    /*主函数*/
{
    unsigned char data i, s;
    while(1)              /*无穷循环*/
    {
        s = 0xfe;               /* 设置初值，最低一位为 0 */
        P1 = s;                 /* P1 送出数据，令接 P1.0 的 LED 亮 */
        delay(500);
        for(i=0; i<8; i++)
        {
            s = s<<1;       /* s 值左移一位，最低位补 0 */
            s = s|0x01;     /* 将最低位置 1 */
            P1 = s;         /* 由 P1 送出数据，令对应的 LED 亮 */
            delay(500);
        }
    }
}
```

习　题　3

(1)　输入一行字符，统计其中有多少个单词，单词之间用空格分隔开。

(2)　从键盘输入 10 个实数，求出最大值。

(3)　从键盘输入 10 个实数，按从大到小的顺序排列起来。

(4)　用定时/计数器 T0 的方式 2，产生 100μs 的定时，并使 P1.0 引脚上输出周期为 100μs 的方波。设系统时钟频率为 12MHz。

(5)　采用如图 3-3 所示的电路，编写 C51 程序，实现按键对数码管的控制：按 "加 1 键"，数码管上的数字加 1，但最大不超过 9；按 "减 1 键"，数码管上的数字减 1，但最小不小于 0。

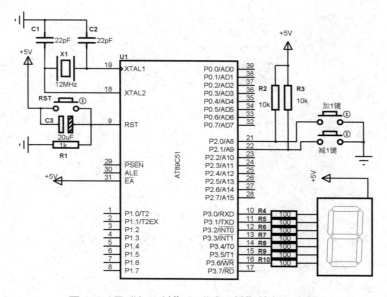

图 3-3　用 "加 1 键" 和 "减 1 键" 控制数码管

(6)　如下所示为死循环程序，不能实现预期的功能，请分析其原因：

```c
#include <reg51.h>
unsigned char i;

void delay1ms(void)    //误差 0μs
{
    unsigned char a,b,c;
    for(c=1; c>0; c--)
        for(b=142; b>0; b--)
            for(a=2; a>0; a--)
                ;
}
main()
{
```

```
    while(1)
    {
        P1 = 0;
        for(i=0; i<3000; i++)
            delay1ms();
        P1 = 255;
        for(i=0; i<6000; i++)
            delay1ms();
    }
}  //main end
```

第4章　MCS-51 中断系统及定时/计数器

中断是 CPU 与外部设备之间数据交换的一种控制方式。在 CPU 与外设交换信息时，如果采用查询等待方式，CPU 会浪费很多时间等待外设的响应，会降低 CPU 的执行效率。为了解决快速的 CPU 和慢速外设之间的矛盾，引入了中断。

在实际应用系统中，定时和计数是两项重要的功能。常见的定时/计数器专用芯片有 8253、8254 等。基于应用的需要，大部分系列的单片机本身就带有定时器和计数器。

本章主要介绍中断技术的基本概念、MCS-51 中断系统的功能和定时/计数器的结构、原理、工作方式及使用方法。

4.1　MCS-51 的中断系统

4.1.1　MCS-51 的中断系统结构

1. 中断的概念

计算机具有实时处理能力，能对外界发生的事件进行及时的处理，这是依靠它们的中断系统来实现的。

CPU 在处理某一事件 A 时，发生了另一事件 B，请求 CPU 迅速去处理(中断发生)；CPU 于是暂时中断事件 A 当前的工作，转去处理事件 B(中断响应和中断服务)；待 CPU 将事件 B 处理完毕后，再回到原来事件 A 被中断的地方继续处理事件 A(中断返回)。这一过程称为中断，如图 4-1 所示。

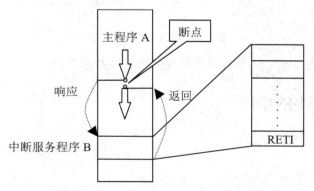

图 4-1　中断处理过程

引起 CPU 中断的根源，称为中断源。中断源向 CPU 提出的处理请求，称为中断请求。CPU 暂时中断原来的事件 A，转去处理事件 B 的过程，称为 CPU 的中断响应过程。对事件 B 处理完毕后，再回到原来被中断的地方(即断点)，称为中断返回。

随着计算机技术的发展，人们发现，中断技术不仅解决了快速主机与慢速 I/O 设备的数据传送问题，而且还具有如下优点。

- 分时操作：CPU 可以分时地为多个 I/O 设备服务，提高了计算机的利用率。
- 实时响应：CPU 能够及时地处理应用系统的随机事件，系统的实时性大大增强。
- 可靠性高：CPU 具有处理设备故障及掉电等突发性事件的能力，从而使系统的可靠性提高。

2. MCS-51 中断系统的结构

MCS-51 的中断系统有 5 个中断源，2 个优先级，可实现二级中断嵌套。由片内特殊功能寄存器中的中断允许寄存器 IE 控制 CPU 是否响应中断请求；由中断优先级寄存器 IP 安排各中断源的优先级；同一优先级内各中断同时提出中断请求时，由内部查询逻辑确定其响应次序。

MCS-51 单片机的中断系统由中断请求标志位(在相关的特殊功能寄存器中)、中断允许寄存器 IE、中断优先级寄存器 IP 及内部硬件查询电路组成，如图 4-2 所示。

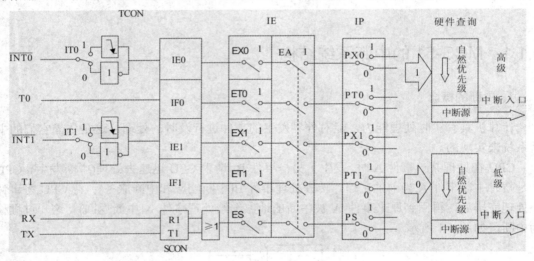

图 4-2　MCS-51 的中断系统

图 4-2 中反映了 MCS-51 单片机中断系统的功能和控制情况。

4.1.2　MCS-51 的中断源

1. 中断源

MCS-51 单片机有 5 个中断源。

- $\overline{\text{INT0}}$：外部中断 0 请求，可由 P3.2 脚输入。通过 IT0(TCON.0)来决定其为低电平有效还是下降沿有效。一旦输入信号有效，中断标志 IE0(TCON.1)置 1(由硬件自动完成)，向 CPU 申请中断。

- $\overline{\text{INT1}}$：外部中断 1 请求，可由 P3.3 脚输入。通过 IT1(TCON.2)来决定其为低电平有效还是下降沿有效。一旦输入信号有效，中断标志 IE1(TCON.3)置 1(由硬件自动完成)，向 CPU 申请中断。
- TF0：定时器 T0 溢出中断请求。当定时器 0 产生溢出时，置位中断标志 TF0(由硬件自动完成)，向 CPU 申请中断。
- TF1：定时器 T1 溢出中断请求。当定时器 1 产生溢出时，置位中断标志 TF1(由硬件自动完成)，向 CPU 申请中断。
- RI 或 TI：串行口中断请求。当串行口接收或发送完一帧串行数据时，置位 RI 或 TI(由硬件自动完成)，向 CPU 申请中断。

2. 中断请求标志

在中断系统中，应用哪种中断，采用哪种触发方式，要由定时/计数器的控制寄存器 TCON 和串行口控制寄存器 SCON 的相应位进行规定。TCON 和 SCON 都属于特殊功能寄存器，字节地址分别为 88H 和 98H，可进行位寻址。

(1) TCON 的中断标志。

TCON 是定时/计数器 T0 和 T1 的控制寄存器，它锁存 2 个定时/计数器的溢出中断标志及外部中断 $\overline{\text{INT0}}$ 和 $\overline{\text{INT1}}$ 的中断标志。与中断有关的各位定义如下：

位号	7	6	5	4	3	2	1	0	
字节地址：88H	TF1		TF0		IE1	IT1	IE0	IT0	TCON

- IT0(TCON.0)：外部中断 0 触发方式控制位。当 IT0=0 时，为电平触发方式，低电平有效。在电平触发方式下，CPU 响应中断时，不能自动清除 IE0 标志，所以，在中断返回之前，必须撤销 $\overline{\text{INT0}}$ 引脚上的低电平，否则将再次中断，导致出错。当 IT0=1 时，为边沿触发方式，下降沿有效。在边沿触发方式下，CPU 响应中断时，能由硬件自动清除 IE0 标志。为保证 CPU 能检测到负跳变，$\overline{\text{INT0}}$ 的高、低电平时间至少应保持 1 个机器周期。
- IE0(TCON.1)：外部中断 0 中断请求标志位。当 IE0=1 时，表示 $\overline{\text{INT0}}$ 向 CPU 请求中断。
- IT1(TCON.2)：外部中断 1 触发方式控制位，其含义与 IT0 相同。
- IE1(TCON.3)：外部中断 1 中断请求标志位，其含义与 IE0 相同。
- TF0(TCON.5)：定时/计数器 T0 溢出中断请求标志位。T0 启动后，从初值做加 1 计数，计满溢出后，由硬件置位 TF0，并向 CPU 发出中断请求，CPU 响应中断时，自动清除 TF0 标志。也可由软件查询或清除。
- TF1(TCON.7)：定时/计数器 T1 溢出中断请求标志位，其含义与 TF0 相同。

(2) SCON 的中断标志。

SCON 是串行口控制寄存器，与中断有关的是它的低两位 TI 和 RI，定义如下：

位号	7	6	5	4	3	2	1	0	
字节地址：98H							TI	RI	SCON

- RI(SCON.0)：串行口接收中断标志位。当允许串行口接收数据时，每接收完一个串行帧，由硬件置位 RI。CPU 响应中断时，不能自动清除 RI，必须由软件清除。
- TI(SCON.1)：串行口发送中断标志位。当 CPU 将一个发送数据写入串行口发送缓冲器时，就启动了发送过程。每发送完一个串行帧，由硬件置位 TI。CPU 响应中断时，不能自动清除 TI，TI 必须由软件清除。

单片机复位后，TCON 和 SCON 各位清 0。

另外，所有能产生中断的标志位均可由软件置 1 或清 0，由此可以获得与硬件使之置 1 或清 0 同样的效果。

4.1.3 MCS-51 中断的控制

1. 中断允许控制

CPU 对中断系统的所有中断以及某个中断源的开放和屏蔽是由中断允许寄存器 IE 控制的。IE 的状态可通过程序由软件设定。某位设定为 1，相应的中断源中断允许；某位设置为 0，相应的中断源中断屏蔽。CPU 复位时，IE 各位清 0，禁止所有中断。

IE 寄存器(字节地址为 A8H)各位的定义如下：

位号	7	6	5	4	3	2	1	0	
字节地址：A8H	EA			ES	ET1	EX1	ET0	EX0	IE

- EX0(IE.0)：外部中断 0 允许位。EX0=0，禁止外部中断 0 中断；EX0=1，允许外部中断 0 中断。
- ET0(IE.1)：定时/计数器 T0 中断允许位。ET0=0，禁止 T0 溢出中断；ET0=1，允许 T0 溢出中断。
- EX1(IE.2)：外部中断 1 允许位。EX1=0，禁止外部中断 1 中断；EX1=1，允许外部中断 1 中断。
- ET1(IE.3)：定时/计数器 T1 中断允许位。ET1=0，禁止 T1 溢出中断；ET1=1，允许 T1 溢出中断。
- ES(IE.4)：串行口中断允许位。ES=0，禁止串行口中断；ES=1，允许串行口中断。
- EA(IE.7)：CPU 中断允许(总允许)位。EA=0，屏蔽所有中断；EA=1，CPU 开放中断。对各中断源的中断请求是否允许，还取决于各中断源的中断允许控制位。

【例 4.1】如果我们要设置外部中断 1、定时器 1 中断允许，其他不允许，请设置 IE 的相应值。

根据 IE 各位的含义，设置如下：

D7	D6	D5	D4	D3	D2	D1	D0
EX	×	×	ES	ET1	EX1	ET0	ET0
1	0	0	0	1	1	0	0

即 0x8C。

编写程序时，可用以下两种方法。

① 用字节操作实现：

```
IE = 0X8C;
```

② 用位操作实现：

```
EA = 1;        // CPU 开中断
ET1 = 1;       // 定时/计数器 T1 允许中断
EX1 = 1;       // 外部中断 1 允许中断
```

2. 中断优先级控制

MCS-51 单片机有两个中断优先级，可实现二级中断服务嵌套。每个中断源的中断优先级都是由中断优先级寄存器 IP 中的相应位的状态来规定的。IP 的状态由软件设定。某位设定为 1，则相应的中断源为高优先级中断；某位设定为 0，则相应的中断源为低优先级中断。单片机复位时，IP 各位清 0，各中断源同为低优先级中断。

IP 寄存器(字节地址为 B8H)各位的定义如下：

位号	7	6	5	4	3	2	1	0	
字节地址：B8H				PS	PT1	PX1	PT0	PX0	IP

- PX0(IP.0)：外部中断 0 优先级设定位。
- PT0(IP.1)：定时/计数器 T0 优先级设定位。
- PX1(IP.2)：外部中断 1 优先级设定位。
- PT1(IP.3)：定时/计数器 T1 优先级设定位。
- PS(IP.4)：串行口优先级设定位。

同一优先级中的中断申请不止一个时，则有中断优先权排队问题。同一优先级的中断优先权排队，由中断系统硬件确定的自然优先级形成，其排列如表 4-1 所示。

表 4-1　中断优先级的排列

中 断 源	同级的优先级
外部中断 INT0	最高级
定时/计数器 T0 中断	
外部中断 INT1	↓
定时/计数器 T1 中断	
串行口中断	最低级

MCS-51 单片机的中断优先级有三条原则：

- CPU 同时接收到几个中断时，首先响应优先级别最高的中断请求。
- 正在进行的中断过程不能被新的同级或低优先级的中断请求所中断。
- 正在进行的低优先级中断服务，能被高优先级中断请求中断。

【例 4.2】设置有如下要求。将 T1、外部中断 1 设置为高优先级，其他为低优先级，求 IP 的值。

根据 IP 的结构，设置如下：

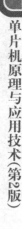

D7	D6	D5	D4	D3	D2	D1	D0
×	×	×	PS	PT1	PX1	PT0	PX0
0	0	0	0	0	1	1	0

即 0x06。

【例 4.3】 在上例中，如果 5 个中断请求同时发生，求中断响应的次序。

次序为 "定时/计数器 0→外部中断 1→外部中断 0→定时/计数器 1→串行中断"。

为了实现上述后两条原则，中断系统内部设有两个用户不能寻址的优先级状态触发器。其中一个置 1，表示正在响应高优先级的中断，它将阻断后来所有的中断请求；另一个置 1，表示正在响应低优先级中断，它将阻断后来所有的低优先级中断请求。

4.2 MCS-51 单片机中断处理过程

4.2.1 中断响应条件和时间

1. 中断响应条件

CPU 响应中断的条件是：

- 中断源有中断请求。
- 此中断源的中断允许位为 1。
- CPU 开中断(即 EA=1)。

同时满足这三个条件时，CPU 才有可能响应中断。

CPU 执行程序的过程中，在每个机器周期的 S5P2 期间，中断系统对各个中断源进行采样。这些采样值在下一个机器周期内按优先级和内部顺序被依次查询。如果某个中断标志在上一个机器周期的 S5P2 时被置为 1，那么，它将于当前的查询周期中及时被发现。接着，CPU 便执行一条由中断系统提供的硬件 LCALL 指令，转向被称作中断向量的特定地址单元，进入相应的中断服务程序。

遇到以下任一条件，硬件将受阻，不产生 LCALL 指令：

- CPU 正在处理同级或高优先级中断。
- 当前查询的机器周期不是所执行指令的最后一个机器周期。即在完成所执行的指令前，不会响应中断，从而保证指令在执行过程中不被打断。
- 正在执行的指令为 RET、RETI 和任何访问 IE 或 IP 寄存器的指令。即只有在这些指令后面至少再执行一条指令时，才能接受中断请求。

若由于上述条件的阻碍，中断未能得到响应，当条件消失时，该中断标志就不再有效，那么该中断将不被响应。就是说，中断标志曾经有效，但未获响应，查询过程在下个机器周期将重新进行。

2. 中断响应时序

某中断的响应时序如图 4-3 所示。

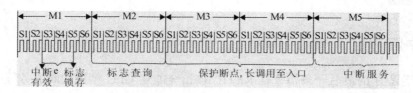

图 4-3　中断响应时序

若 M1 周期的 S5P2 前某中断生效,在 S5P2 期间,其中断请求被锁存到相应的标志位中去;M2 恰逢指令的最后一个机器周期,且该指令不是 RET、RETI 和访问 IE、IP 的指令;于是,M3 和 M4 便可以执行硬件 LCALL 指令,M5 周期将进入中断服务程序。

MCS-51 的中断响应时间(从标志置 1 到进入相应的中断服务),至少要 3 个完整的机器周期。

4.2.2　中断响应过程

CPU 的中断响应过程如下。

(1)　将相应的优先级状态触发器置 1(以阻断后来的同级或低级的中断请求)。

(2)　执行一条硬件 LCALL 指令,即把程序计数器 PC 的内容压入堆栈保存,再将相应的中断服务程序的入口地址送入 PC。

MCS-51 系列单片机各中断源的入口地址由硬件事先设定,分配表见表 4-2。

表 4-2　中断源入口地址分配表

中 断 源	入口地址
外部中断 $\overline{INT0}$	0003H
定时/计数器 T0 中断	000BH
外部中断 $\overline{INT1}$	0013H
定时/计数器 T0 中断	001BH
串行口中断	0023H

(3)　执行中断服务程序。

中断响应过程的前两步是由中断系统内部自动完成的,而中断服务程序则要由用户编写程序来完成。

编写中断服务程序时应注意:

● 由于 MCS-51 单片机的两个相邻中断源中断服务程序入口地址相距只有 8 个单元,一般的中断服务程序是不够存放的,通常是在中断服务程序的入口地址单元存放一条长转移指令 LJMP,这样,可以使中断服务程序能灵活地安排在 64KB 程序存储器的任何地方。若在 2KB 范围内转移,则可用 AJMP。

● 硬件 LCALL 指令,只是将 PC 内的断点地址压入堆栈保护,而对其他寄存器(如程序状态字寄存器 PSW、累加器 A 等)的内容并不做保护处理。所以,在中断服务程序中,首先用软件保护现场,在中断服务之后,中断返回前,恢复现场,以防止中断返回后丢失原寄存器中的内容。

4.2.3　中断返回

中断服务程序的最后一条指令是 RETI，该指令能使 CPU 结束中断服务程序的执行，返回到曾经被中断过的程序处，继续执行主程序。

RETI 指令的具体功能如下。

(1) 将中断响应时压入堆栈保存的断点地址从栈顶弹出，送回 PC，CPU 从原来中断的地方继续执行程序。

(2) 将相应的中断优先级状态触发器清 0，通知中断系统中断服务程序已执行完毕。

若外部中断定义为电平触发方式，中断标志位的状态随 CPU 在每个机器周期采样到的外部中断输入引脚的电平变化而变化，这样，能提高 CPU 对外部中断请求的响应速度。但外部中断源若有请求，必须把有效的低电平保持到请求获得响应时为止，不然就会漏掉；而在中断服务程序结束前，中断源又必须撤消其有效的低电平，否则，中断返回之后将再次产生中断。

电平触发方式适合于外部中断以低电平输入且中断服务程序能清除外部中断请求源的情况。例如，并行接口芯片 8255 的中断请求线在接受读或写操作后即被复位，便于以此消除请求电平触发的中断。

若外部中断定义为边沿触发方式，在相继连续的两次采样中，一个周期采样到外部中断输入为高电平，下一个周期采样到为低电平，则在 IE0 或 IE1 中将锁存一个逻辑 1。即便是 CPU 暂时不能响应，中断申请标志也不会丢失，直到 CPU 响应此中断时才清零。这样，为保证下降沿能被可靠地采样到，外中断引脚上的高低电平(负脉冲的宽度)均至少要保持一个机器周期(若晶振为 12MHz 时，为 1 微秒)。

边沿触发方式适合于以负脉冲形式输入的外部中断请求，如 ADC0809 的转换结束标志信号 EOC 为正脉冲，经反相后，就可以作为 MCS-51 的外部中断输入了。

4.2.4　中断程序举例

1. 主程序中相关寄存器的初始化

所谓初始化，是对将要用到的 MCS-51 系列单片机内部的部件或扩展芯片进行初始的工作状态的设定。

MCS-51 系列单片机复位后，特殊功能寄存器 IE、IP 的内容均为 00H，所以应对 IE、IP 进行初始化编程，以开放 CPU 中断，允许某些中断源中断和设置中断优先级。

2. 中断服务程序

在 C51 语言中，中断子程序是以子函数的方式出现的，完全不用像汇编语言那样处理地址跳转，其关键字是 interrupt，后跟一个中断序号，不同的中断具有唯一不同的编号，按照外中断 0、定时计数器 0、外中断 1、定时计数器 1、串行口中断的次序依次为 0~4。举例如下：

```
void ex_int0() interrupt 0
{
    ...
    中断处理事项
    ...
}
```

其中，ex_int0 为中断函数名称，可根据自己的需要随便更名，大小写没有限制，但后边的小括号不能少，interrupt 是中断函数标志关键字，必须小写。中断函数的处理是事件自然触发的，在主程序中绝不能主动地调用中断程序，不然，会出严重的错误。

【例 4.4】写出计数外部中断 1 引脚上下降沿脉冲的程序，外部中断 1 为最高优先级，要求写出中断系统的初始化程序和中断子程序。

程序如下：

```
#include <reg51.h>
unsigned long count;  //定义计数累加寄存器
main()
{
    EA = 1;        //开总中断允许
    EX1 = 1;       //开放外部中断 1 中断
    PX1 = 1;       //令外部中断 1 为高优先级
    IT1 = 1;       //令外部中断 1 为下降沿触发
    while(1)
    {
        ...        //处理通信或显示程序
    }
}            //主程序结束
void ex_int1() interrupt 2  //外中断 1 中断处理子程序
{
    count++;
}
```

【例 4.5】单片机外部中断源示例。

图 4-4 为采用单外部中断源的数据采集系统。

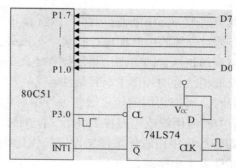

图 4-4　单中断源示例

将 P1 口设置成数据入口，外围设备每准备好一个数据时，发出一个选通信号(正脉冲)，将 D 触发器 Q 端置 1，经 $\overline{Q}$ 端向 $\overline{\text{INT1}}$ 送入一个低电平中断请求信号。如前所述，采用电平

触发方式时，外部中断请求标志 IE0(IE1)在 CPU 响应中断时不能由硬件自动清除，因此，在响应中断后，要设法清除 $\overline{INT1}$ 的低电平。

清除 $\overline{INT1}$ 的方法是，将 P3.0 线与 D 触发器复位端相连，只要在中断服务程序中由 P3.0 输出一个负脉冲，就能使 D 触发器复位，$\overline{INT1}$ 无效，从而清除了 IE0 标志。

程序如下：

```c
#include <reg51.h>
#include <intrins.h>          //包含 C51 内部函数
unsigned xdata information[];  //定义外部数据寄存器数组
unsigned int I = 0;            //定义外部数据寄存器数组地址变量，初值为 0
sbit CL = P3^0;               //定义 D 触发器清零端
main()
{
    IT1 = 0;          // 设为电平触发方式
    EA = 1;           // CPU 开放中断
    EX1 = 1;          // 允许中断
    while(1)
    {

    }
} //main end
void ex_int1() interrupt 2    //外中断 1 中断处理子程序
{
    CL = 0;           // 由 P3.0 输出 0
    _nop_();          // 做简短延时
    _nop_();
    CL = 1;           // 由 P3.0 输出 1，撤除中断请求信号
    information[I] = P1; // 存储数据
    I++;              // 修改数据指针，指向下一个单元
}
```

【例 4.6】多外部中断源的系统示例。

设有 5 个外部中断源，中断优先级排队顺序为 YI0、YI1、YI2、YI3、YI4。试设计它们与 MCS-51 单片机的接口。

MCS-51 单片机仅提供了两个外部中断源($\overline{INT0}$、$\overline{INT1}$)，而在实际应用中，可能有两个以上的中断源，这时，必须对外部的中断源进行扩展。扩展外部中断源的方法有：定时/计数器扩展法；采用中断和查询相结合的方法；采用硬件电路的扩展法。

下面介绍采用中断和查询相结合的外部中断扩展法。

系统有多个外部中断源时，可按它们的轻重缓急进行中断优先级排队，将最高优先级的中断源接在 $\overline{INT0}$ 端，其余中断源用线或电路接到 $\overline{INT1}$ 端，同时，分别将它们引向一个 I/O 接口，以便在 $\overline{INT1}$ 的中断服务程序中由软件按预先设定的优先级顺序查询中断的来源。这种方法，原则上可以处理任意多个中断源。

对上述 5 个中断源，可将 YI0 直接经非门接到 $\overline{INT0}$，其余的 YI1~YI4 经集电极开路的非门构成或非门电路，接到 $\overline{INT1}$ 端，并分别与 P1.0~P1.3 相连，如图 4-5 所示。在 $\overline{INT1}$ 的中断服务程序中，依次查询 P1.0~P1.3，就可以确定是哪个中断源发出的中断请求。

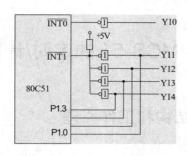

图 4-5　多外部中断源示例

程序如下：

```
#include <reg51.h>
sbit Y11 = P1^0;          //定义中断鉴别口名称
sbit Y12 = P1^1;          //定义中断鉴别口名称
sbit Y13 = P1^2;          //定义中断鉴别口名称
sbit Y14 = P1^3;          //定义中断鉴别口名称
main()
{
    EA = 1;        //开总中断
    EX0 = 1;       //允许外中断 0 中断
    EX1 = 1;       //允许外中断 1 中断
    IT0 = 1;       //外中断 0 为下降沿触发
    IT1 = 1;       //外中断 1 为下降沿触发
    while(1) {}
}
void ex_int0() interrupt 0      //外中断 0 中断处理子程序
{
    ...           //Y10 中断处理程序
}
void ex_int1() interrupt 2      //外中断 1 中断处理子程序
{
    if(Y11 == 0)
    {
        ...        //Y11 中断处理程序
    }
    if(Y12 == 0)
    {
        ...        //Y12 中断处理程序
    }
    if(Y13 == 0)
    {
        ...        //Y13 中断处理程序
    }
    if(Y14 == 0)
    {
        ...        //Y14 中断处理程序
    }
}
```

4.3　MCS-51 的定时/计数器

4.3.1　定时/计数器的结构和工作原理

1. 定时/计数器的结构

图 4-6 是定时/计数器的结构框图。

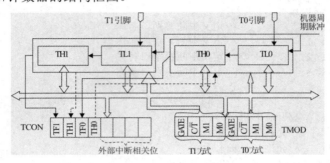

图 4-6　定时/计数器的结构框图

定时/计数器的实质是加 1 计数器(16 位)，由高 8 位和低 8 位两个寄存器组成。

TMOD 是定时/计数器的工作方式寄存器，确定工作方式和功能；TCON 是控制寄存器，控制 T0、T1 的启动和停止及设置溢出标志。

2. 定时/计数器的工作原理

加 1 计数器输入的计数脉冲有两个来源，一个是由系统的时钟振荡器输出脉冲经 12 分频后送来；一个是 T0(P3.4)或 T1(P3.5)引脚输入的外部脉冲源。每来一个脉冲，计数器加 1，当加到计数器为全 1 时，再输入一个脉冲，就使计数器回零，且计数器的溢出使 TCON 中的 TF0 或 TF1 置 1，向 CPU 发出中断请求(定时/计数器中断允许时)。如果定时/计数器工作于定时模式，则表示定时时间已到；如果工作于计数模式，则表示计数值已满。

可见，由溢出时计数器的值减去计数初值才是加 1 计数器的计数值。

设置为定时器模式时，加 1 计数器是对内部机器周期计数(1 个机器周期等于 12 个振荡周期，即计数频率为晶振频率的 1/12)。计数值 N 乘以机器周期 T_{cy} 就是定时时间 t。

设置为计数器模式时，外部事件计数脉冲由 T0(P3.4)或 T1(P3.5)引脚输入到计数器。在每个机器周期的 S5P2 期间采样 T0、T1 引脚电平。当某周期采样到一高电平输入，而下一周期又采样到一低电平时，则计数器加 1，更新的计数值在下一个机器周期的 S3P1 期间装入计数器。由于检测一个从 1 到 0 的下降沿需要 2 个机器周期，因此，要求被采样的电平至少要维持一个机器周期。当晶振频率为 12MHz 时，最高计数频率不超过 0.5MHz，即计数脉冲的周期要大于 2μs。

4.3.2　定时/计数器的控制

MCS-51 单片机定时/计数器的工作由两个特殊功能寄存器控制。TMOD 用于设置其工作方式；TCON 用于控制其启动和中断申请。

1. 工作方式寄存器 TMOD

工作方式寄存器 TMOD 用于设置定时/计数器的工作方式，低四位用于 T0，高四位用于 T1。其格式如下：

位号	7	6	5	4	3	2	1	0	
字节地址：89H	GATE	C/$\overline{\text{T}}$	M1	M0	GATE	C/$\overline{\text{T}}$	M1	M0	TMOD

- GATE：门控位。GATE=0 时，只要用软件使 TCON 中的 TR0 或 TR1 为 1，就可以启动定时/计数器工作；GATA=1 时，要用软件使 TR0 或 TR1 为 1，同时，外部中断引脚 $\overline{\text{INT0}}$ 或 $\overline{\text{INT1}}$ 也为高电平时，才能启动定时/计数器工作，即此时定时器的启动条件，加上了 $\overline{\text{INT0}}$ 或 $\overline{\text{INT1}}$ 引脚为高电平这一条件。
- C/$\overline{\text{T}}$：定时/计数模式选择位。C/$\overline{\text{T}}$=0 为定时模式；C/$\overline{\text{T}}$=1 为计数模式。
- M1M0：工作方式设置位。定时/计数器有 4 种工作方式，由 M1M0 进行设置，如表 4-3 所示。

表 4-3　定时/计数器工作方式设置

M1M0	工作方式	说　明
00	方式 0	13 位定时/计数器
01	方式 1	16 位定时/计数器
10	方式 2	8 位自动重装定时/计数器
11	方式 3	T0-分成两个独立的 16 位定时/计数器；T1-此方式停止计数

2. 控制寄存器 TCON

TCON 的低 4 位用于控制外部中断，已在前面介绍。TCON 的高 4 位用于控制定时/计数器的启动和中断申请。其格式如下：

位	7	6	5	4	3	2	1	0	
字节地址：88H	TH1	TR1	TF0	TR0					TCON

- TF1(TCON.7)：T1 溢出中断请求标志位。T1 计数溢出时，由硬件自动置 TF1 为 1。CPU 响应中断后，TF1 由硬件自动清 0。T1 工作时，CPU 可随时查询 TF1 的状态。所以，TF1 可用作查询测试的标志。TF1 也可以用软件置 1 或清 0，跟硬件置 1 或清 0 的效果一样。
- TR1(TCON.6)：T1 运行控制位。TR1 置 1 时，T1 开始工作；TR1 置 0 时，T1 停止工作。TR1 由软件置 1 或清 0。所以，用软件可控制定时/计数器的启动与停止。
- TF0(TCON.5)：T0 溢出中断请求标志位，其功能与 TF1 类同。

● TR0(TCON.4)：T0 运行控制位，其功能与 TR1 类同。

4.3.3 定时/计数器的工作方式

MCS-51 单片机定时/计数器 T0 有 4 种工作方式，T1 有 3 种工作方式。T1 的 3 种工作方式与 T0 的前三种工作方式，除了所使用的寄存器不同外，其他操作完全相同。下面以定时/计数器 T0 为例进行介绍。

1. 方式 0

当 TMOD 的 M1M0 为 00 时，定时/计数器工作于方式 0，如图 4-7 所示。

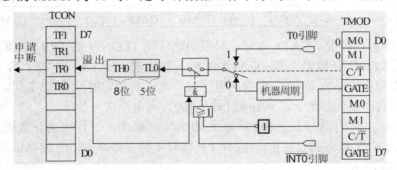

图 4-7 T0 方式 0 的逻辑结构

方式 0 为 13 位计数，由 TL0 的低 5 位(高 3 位未用)和 TH0 的 8 位组成。TL0 的低 5 位溢出时，向 TH0 进位，TH0 溢出时，置位 TCON 中的 TF0 标志，向 CPU 发出中断请求。

$C/\overline{T}$ =0 时，为定时器模式，且有：

$$N = t / T_{cy}$$

式中，t 为定时时间，N 为计数个数，T_{cy} 为机器周期。

计数初值计算的公式为 $X = 2^{13} - N$。式中，X 为计数初值，计数个数为 1 时，初值 X 为 8191；记数个数为 8192 时，初值 X 为 0；即初值范围在 0~8191 时，计数范围在 8192~0。

$C/\overline{T}$ =0 时，为计数模式，计数脉冲是 T0 引脚上的外部脉冲。

门控位 GATE 具有特殊的作用。当 GATE=0 时，经反相后，使或门输出为 1，此时，仅由 TR0 控制与门的开启，与门输出 1 时，控制开关接通，计数开始；当 GATE=1 时，由外中断引脚信号控制或门的输出，此时，与门的开启由外中断引脚信号和 TR0 共同控制。当 TR0=1 时，外中断引脚信号的高电平启动计数，外中断引脚信号的低电平停止计数。这种方式常用来测量外中断引脚上正脉冲的宽度。

2. 方式 1

当 TMOD 的 M1M0 为 01 时，定时/计数器工作于方式 1，如图 4-8 所示。

方式 1 的计数位数是 16 位，由 TL0 作为低 8 位、TH0 作为高 8 位，组成了 16 位加 1 计数器。

计数个数与计数初值的关系为：

$$X = 2^{16} - N$$

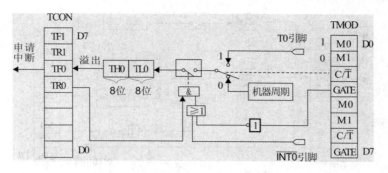

图 4-8　T0 方式 1 的逻辑结构

计数个数为 1 时，初值 X 为 65535；记数个数为 65536 时，初值 X 为 0；即初值范围在 0~65535 时，计数范围在 65536~0。

3. 方式 2

当 TMOD 的 M1M0 为 10 时，定时/计数器工作于方式 2，如图 4-9 所示。

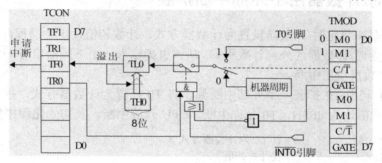

图 4-9　T0 方式 2 的逻辑结构

方式 2 为自动重装初值的 8 位计数方式。TH0 为 8 位初值寄存器。当 TL0 计满溢出时，由硬件使 TF0 置 1，向 CPU 发出中断请求，并将 TH0 中的计数初值自动送入 TL0。TL0 从初值重新进行加 1 计数。

计数个数与计数初值的关系为：

$$X = 2^8 - N$$

计数个数为 1 时，初值 X 为 6255，记数个数 256 时，初值 X 为 0，即初值范围在 0~255 时，计数范围在 256~0。

由于工作方式 2 省去了用户在软件中重装计数初值的程序，特别适合用作较精确的脉冲信号发生器和串口通信中的波特率发生器。

4. 方式 3

方式 3 只适用于定时/计数器 T0，定时器 T1 处于方式 3 时，相当于 TR1=0，停止计数，如图 4-10 所示。

工作方式 3 将 T0 分成为两个独立的 8 位计数器 TL0 和 TH0，TL0 使用 T0 的所有控制位：C/$\overline{T}$、GATE、TR0、TF0 和 $\overline{INT0}$。

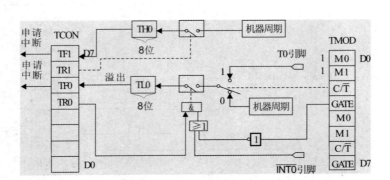

图 4-10　T0 方式 3 的逻辑结构

当 TL0 计满溢出时，由硬件使 TF0 置 1，向 CPU 发出中断请求。而 TH0 只能用作定时器，并且占 T1 的控制位 TR1、TF1。因此，TH0 的启、停受 TR1 控制，TH0 的溢出将置位 TF1，且占用 T1 的中断源。

4.3.4　定时/计数器用于外部中断扩展

扩展方法是，将定时/计数器设置为计数器方式，计数初值设定为满程，将待扩展的外部中断源接到定时/计数器的外部计数引脚。从该引脚输入一个下降沿信号，计数器加 1 后，便产生定时/计数器溢出中断。

【例 4.7】利用 T0 扩展一个外部中断源。将 T0 设置为计数器方式，按方式 2 工作，TH0、TL0 的初值均为 0FFH，T0 允许中断，CPU 开放中断。其初始化程序如下：

```
TMOD = 0X06;        //置 T0 为计数器方式 2
TL0 = 0XFF;         //置计数初值
TH0 = 0XFF;
TR0 = 1;            //启动 T0 工作
EA = 1;             //CPU 开中断
ET0 = 1;            //允许 T0 中断
```

4.3.5　定时/计数器应用举例

初始化程序应完成如下工作：
- 对 TMOD 赋值，以确定 T0 和 T1 的工作方式。
- 计算初值，并将其写入 TH0、TL0 或 TH1、TL1。
- 中断方式时，则对 IE 赋值，开放中断。
- 使 TR0 或 TR1 置位，启动定时/计数器定时或计数。

【例 4.8】利用定时/计数器 T0 的方式 1，产生 10ms 的定时，并使 P1.0 引脚上输出周期为 20ms 的方波，采用中断方式，设系统时钟频率为 12MHz。

解：

① 计算计数初值 X。

由于晶振为 12MHz，所以机器周期 T_{cy} 为 1μs。所以：

$$N = t / T_{cy} = 10 \times 10^{-3} / 1 \times 10^{-6} = 10000$$

$$X = 65536 - 10000 = 55536 = 0xD8F0$$

即应将 0xD8 送入 TH0 中，0xF0 送入 TL0 中。

② 求 T0 的方式控制字 TMOD。

M1M0=01，GATE=0，C/$\overline{\text{T}}$=0，可取方式控制字为 0x01。

程序如下：

```c
#include <reg51.h>
sbit output = P1^0;        //定义输出口名称
main()
{
    TMOD = 0x01;           //置 T0 工作于方式 1
    TH0 = 0x0D8;           //装入计数初值
    TL0 = 0x0F0;
    ET0 = 1;               //T0 开中断
    EA = 1;                //CPU 开中断
    TR0 = 1;               //启动 T0
    while(1)               //等待中断
    {
    }
}
void t0() interrupt 1      //定时计数器 0 中断处理子程序
{
    output = ~output;      //P1.0 取反输出
    TH0 = 0XD8;            //重新装入计数初值
    TL0 = 0XF0;
}
```

【例 4.9】已知单片机的晶振频率为 12MHz，利用 T0 产生时、分、秒的计时。

解：

本例要求计时分秒，应当采用较为精确的方式 2 来进行，故 TMOD=0x02，方式 2 采用 8 位定时器，其最大的定时时间为 256×1μs=256μs，所以，定时时间可以选择为 200μs，再循环 5000 次，就可以达到 1s 的延时效果，之后再累加出分与时，则定时器 0 的初值为：

$$X = M - N = 256 - 200 = 56 = 0x38$$

所以，TH0 = TL0 = 0x38。

程序如下：

```c
#include <reg51.h>
unsigned char hour;          //定义时寄存器
unsigned char minute;        //定义分寄存器
unsigned char second;        //定义秒寄存器
unsigned int count;          //定义 200 微秒计数寄存器
main()
{
    TMOD = 0x02;     //置 T0 工作于方式 1
    TH0 = 0x38;      //装入计数初值
    TL0 = 0x38;
    ET0 = 1;         //T0 开中断
```

```
    EA=1 ;              //CPU 开中断
    TR0=1;              //启动 T0
    while(1)            //等待中断
    {
    }
}
void t0() interrupt 1  //定时计数器 0 中断处理子程序
{
    count++;               //200 微秒中断累加
    if(count >= 5000)      //计到 1 秒处理程序
    {
        count = 0;
        second++;
        if(second >= 60) { minute++; second=0; }
        if(minute >= 60) { hour++; minute=0; }
        if(hour >= 24) { hour=0; }
    }
}
```

【例 4.10】已知系统晶振为 6MHz，采用定时器 T0 的工作方式 1 实现延时，实现 P1 口控制的 8 只发光二极管以 1s 的间隔时间循环点亮。

解：

无论采用方式 0，还是方式 1，都不能直接实现 1s 的延时，因此，应该通过多次的溢出，实现 1s 的延时。比如，使用方式 1，每次的溢出的时间为 100ms，这样，连续溢出 10 次就可以得到 1s 的定时。已知系统的晶振为 6MHz，可知晶振周期为 2ms，则：

$$X = 2^{16} - 100\text{ms}/\text{晶振周期} = 65536 - 100000 / 2 = 15536 = 0x3CB0$$

即定时 100ms 的时间初值为：TH0 = 0x3C，TL0 = 0x0B0。

程序清单如下：

```
#include <reg51.h>
unsigned char count;    //定义 100 毫秒计数寄存器
unsigned int a;         //定义移位寄存器
main()
{
    a = 1;                 //移位寄存器的初状态
    TMOD = 0X01;           //定时计数器 0，定时方式工作方式 1
    TH0 = 0X3C;            //定时器初值
    TL0 = 0X0B0;
    TR0 = 1;               //开启定时器
    IE = 0X82;             //开总中断允许，允许定时计数器 0 中断
    while(1)               //等待中断
    {
    }
}
void t0() interrupt 1  //定时计数器 0 中断处理子程序
{
    count++;               //100 毫秒中断计数
    if(count >= 10)
```

```
    {
        count = 0;              //100 毫秒中断计数清零
        a = a<<1;               //每次左移一位
        if(a>128) a=1;          //如果超临界值则复初值
        P1 = a;                 //输出
    }
}
```

【例 4.11】某啤酒自动生产线上，需要每生产 10 瓶啤酒就执行装箱操作，实现对生产出的啤酒自动装箱。试用单片机的计时器实现控制要求。

解：

如果啤酒自动生产线上装有传感器装置，每检测到一瓶啤酒，就会向单片机发出一个脉冲信号，每累计够 10 个脉冲，单片机就发出一个包装信号，这样，使用计数功能就可以实现控制要求。设用 T0 的工作方式 2 来实现。

程序如下：

```
#include <reg51.h>
sbit  baozhuang = P1^0;
void delay500ms(void)    //输出信号宽度
{
    unsigned char a, b, c;
    for(c=23; c>0; c--)
        for(b=152; b>0; b--)
            for(a=70; a>0; a--)
                ;
}
main()
{
    TMOD = 0X06;      //计数器计数方式，工作方式 2
    TH0 = 0XF6;
    TL0 = 0XF6;
    EA = 1;
    ET0 = 1;
    while(1);
}
Timer0() interrupt 1
{
    baozhuang = 0;
    delay500ms();
    baozhuang = 1;
}
```

【例 4.12】单片机的晶振为 12MHz，利用定时器测量某一外部信号的频率，要求连续测量 5 次，取其平均值作为实测值，从 P2P1 口以二进制的方式输出。

解：

根据题意，利用 T0、T1 联合工作，可以实现题目的设计要求。选择 T0 作为计数模式，工作在方式 2 下，其输入端 P3.4(T0)接收外部脉冲信号，每次计数 10 个脉冲，计数满时，产生中断请求。

选择 T1 为定时模式，工作在方式 1，T0 开始计数的同时启动 T1 开始定时，T0 中断时，在中断服务程序中停止 T1 定时，这时，T1 定时值即为 10 个脉冲所需的时间，两者之比即为被测频率，连续测量 5 次计算出平均值，即可实现题中的要求。

根据以上对 T0、T1 功能的设定，TMOD 的控制字为 16H。

T0 的计数初值为：

$$X = 2^8 - 10 = 246 = \text{F6H}$$

T1 的定时初值为 00H。

主程序及中断服务程序如下：

```c
#include <reg51.h>
unsigned char count = 0;        //定义频率计算次数寄存器
unsigned int T[5];              //定义寄存器数组
unsigned long average;          //定义平均周期寄存器
main()
{
    TMOD = 0X16;        //T1 为 16 位定时模式，T0 为 8 位计数模式，工作方式 2
    TH0 = 0XF6;
    TL0 = 0XF6;
    EA = 1;             //开启总中断功能
    ET0 = 1;            //计数中断，计时不中断
    TCON = 0X50;        //启动计时与计数功能
    while(1)
    {
        P2 = (1000000/average)/256;   //平均值分出高 8 位，输出到 P2，单位：赫兹
        P1 = (1000000/average)%256;   //平均值分出低 8 位，输出到 P1
    }
}
void t0() interrupt 1   //定时计数器 0 中断处理子程序
{
    T[count] = TH1*256 + TL1;       //单位：微秒，十个脉冲间的时长
    TH1 = TL1 = 0;                  //计时数清除
    count++;
    if(count >= 4)
    {
        count = 0;
        average = (T[0]+ T[1]+ T[2]+ T[3]+ T[4])/45; //求平均值，单位：微秒
    }
}
```

习 题 4

(1) MCS-51 有几个中断源？各中断标志是如何产生的？又是如何复位的？CPU 响应各中断时，中断入口地址是多少？

(2)　某系统有三个外部中断源：1、2、3，当某一中断源变低电平时，便要求 CPU 处理，它们的优先处理次序由高到低为 3、2、1，处理程序的入口地址分别为 2000H、2100H、2200H。试编写主程序及中断服务程序(转至相应的入口即可)。

(3)　外部中断源有电平触发和边沿触发两种触发方式，这两种触发方式所产生的中断过程有何不同？怎样设定？

(4)　定时/计数器工作于定时和计数方式时有何异同点？

(5)　定时/计数器的 4 种工作方式各有何特点？

(6)　要求定时/计数器的运行控制完全由 TR1、TR0 确定和完全由高低电平控制时，其初始化编程应做何处理？

第 5 章　MCS-51 单片机的串口通信

MCS-51 单片机具有一个采用通用异步接收/发送器(UART)工作方式的全双工串行通信接口，可以同时发送和接收数据。利用它，MCS-51 单片机可以方便地与其他计算机或具有串行接口的外围设备实现双机、多机通信。

本章主要介绍串行口的概念、MCS-51 串行口的结构、原理和应用。

5.1　串口通信的基本知识

5.1.1　通信的基本概念

计算机通信是将计算机技术与通信技术相结合，完成计算机与外部设备或计算机与计算机之间的信息交换。

计算机通信可以分为两大类：并行通信与串行通信。并行通信即数据的各位同时传送；串行通信即数据一位一位地顺序传送。图 5-1 为这两种通信方式的示意图。

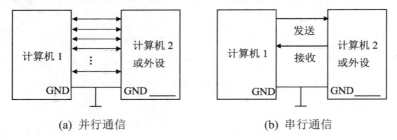

(a) 并行通信　　　　　　　　　　(b) 串行通信

图 5-1　两种通信方式的示意图

并行通信的特点是控制简单、传输速度快，但由于传输线较多，长距离传送时成本高且接收方的各位同时接收存在困难；串行通信的特点是传输线少，长距离传送时成本低，且可以利用电话网等现成的设施，但数据的传送控制比并行通信复杂。

5.1.2　串行通信的分类

按照串行数据的时钟控制方式，串行通信可分为同步通信和异步通信两类。

1. 异步通信(Asynchronous Communication)

异步通信是指通信的发送设备与接收设备使用各自的时钟控制数据的发送和接收过程。为使双方的收发协调，要求发送设备和接收设备的时钟尽可能一致。

异步通信的示意图如图 5-2 所示。

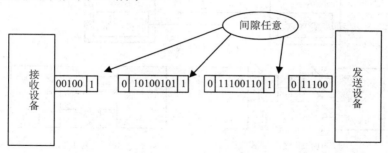

图 5-2　异步通信的示意图

异步通信是以字符(构成的帧)为单位进行传输，字符与字符之间的间隙(时间间隔)是任意的，但每个字符中的各位是以固定的时间传送的，即字符之间是异步的(字符之间不一定有"位间隔"的整数倍的关系)，但同一字符内的各位是同步的(各位之间的距离均为"位间隔"的整数倍)。

异步通信的特点是：不要求收发双方时钟的严格一致。实现容易，设备开销较小，但每个字符要附加 2~3 个起止位，各帧之间还有间隔，因此传输效率不高。

2. 同步通信(Synchronous Communication)

同步通信是一种连续串行传送数据的通信方式，一次通信只传输一帧信息。这里的信息帧与异步通信的字符帧不同，通常有若干个数据字符，如图 5-3 所示。

同步 字符 1	数据 字符 1	数据 字符 2	数据 字符 3	…	数据 字符 n	CRC1	CRC2

(a) 单同步字符帧格式

同步 字符 1	同步 字符 2	数据 字符 1	数据 字符 2	…	数据 字符 n	CRC1	CRC2

(b) 双同步字符帧格式

图 5-3　同步通信的字符帧格式

图 5-3(a)所示为单同步字符帧结构，图 5-3(b)所示为双同步字符帧结构，但它们均由同步字符、数据字符和校验字符 CRC 三部分组成。在同步通信中，同步字符可以采用统一的标准格式，也可以由用户约定。

5.1.3　串行通信的制式

在串行通信中，数据是在两个站之间进行传送的，按照数据传送方向，串行通信可分为单工(Simplex)、半双工(Half Duplex)和全双工(Full Duplex)三种制式。图 5-4 所示为三种制式的示意图。

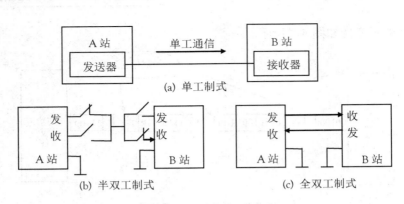

图 5-4　单工、半双工和全双工三种制式

在单工制式下，通信线的一端接发送器，一端接接收器，数据只能按照一个固定的方向传送，如图 5-4(a)所示。

在半双工制式下，系统的每个通信设备都由一个发送器和一个接收器组成，它允许两个方向的数据传递，但不能同时传输，只能交替进行，如图 5-4(b)所示。

在全双工制式下，它允许两个方向同时进行数据传输，如图 5-4(c)所示。

5.1.4　串行通信接口标准

1. RS-232C 接口

RS-232C 是使用最早、应用最多的一种异步串行通信总线标准。它是美国电子工业协会(EIA)1962 年公布，1969 年最后修订而成的。其中，RS 表示 Recommended Standard，232 是该标准的标识号，C 表示最后一次修订。

RS-232C 主要用来定义计算机系统的一些数据终端设备(DTE)和数据电路终接设备(DCE)之间的电气性能。

(1) 机械特性。

RS-232C 接口规定使用 25 针连接器，连接器的尺寸及每个插针的排列位置都有明确的定义。然而，RS-232C 标准在连接器方面没有严格规定，在一般应用中，并不一定用到全部 RS-232C 标准的全部信号，所以，在实际应用中，常常使用 9 针连接器代替 25 针连接器。连接器的引脚定义如图 5-5 所示。

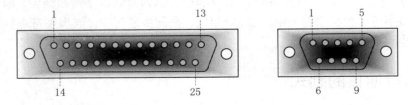

图 5-5　DB-25(阳头)和 DB-9(阳头)连接器定义

(2) 功能特性。

RS-232C 标准接口的主要引脚定义如表 5-1 所示。

表 5-1　RS-232C 标准接口的主要引脚定义

插针序号	信号名称	功　　能	信号方向
1	PGND	保护接地	
2(3)	TXD	发送数据(串行输出)	DTE → DCE
3(2)	RXD	接收数据(串行输入)	DTE ← DCE
4(7)	RTS	请求发送	DTE → DCE
5(8)	CTS	允许发送	DTE ← DCE
6(6)	DSR	DCE 就绪(数据建立就绪)	DTE ← DCE
7(5)	SGND	信号接地	
8(1)	DCD	载波检测	DTE ← DCE
20(4)	DTR	DTE 就绪(数据终端准备就绪)	DTE → DCE
22(9)	RI	振铃指示	DTE ← DCE

(3) 电气特性。

RS-232C 采用负逻辑电平，规定 DC($-3 \sim -15$V)为逻辑 1，DC($+3 \sim +15$V)为逻辑 0。-3V ~ $+3$V 为过渡区，不做定义。RS-232C 的逻辑电平与通常的 TTL 和 CMOS 电平不兼容，为实现与 TTL 或 CMOS 电路的连接，要外加电平转换电路。

(4) 过程特性。

过程特性规定了信号之间的时序关系，以便正确地接收和发送数据。

远程通信的 RS-232C 总线连接如图 5-6 所示。

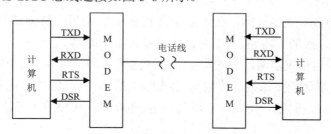

图 5-6　远程通信的 RS-232C 总线连接

近程通信时(通信距离≤15m)，可以不用调制解调器，其连接如图 5-7 所示。

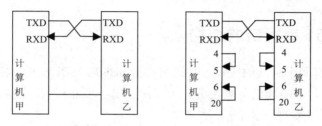

图 5-7　近程通信的 RS-232C 总线连接

(5) RS-232C 电平与 TTL 电平转换驱动电路。

MCS-51 单片机串行接口与 RS-232C 接口不能直接对接，必须进行电平转换。

常用的电平转换集成电路是传输线驱动器 MC1488 和传输线接收器 MC1489。

MC1488 芯片输入的是 TTL 信号，输出的是 RS-232 信号；MC1489 芯片输入的是 RS-232 信号，输出的是 TTL 信号。

(6) 采用 RS-232C 接口存在的问题。

① 传输距离短，传输速率低。RS-232C 总线标准受电容允许值的约束，使用时，传输距离一般不要超过 15 米(线路条件好时，也不超过几十米)。最高传送速率为 20kbps。

② 有电平偏移。RS-232C 总线标准要求收发双方共地。通信距离较大时，收发双方的地电位差别较大，在信号地上将有比较大的地电流并产生压降。

③ 抗干扰能力差。

2. RS-422A 接口

RS-422A 输出驱动器为双端平衡驱动器。如果其中一条线为逻辑"1"状态，另一条线就为逻辑"0"，比采用单端不平衡驱动对电压的放大倍数大一倍。差分电路能从地线干扰中拾取有效信号，差分接收器可以分辨 200mV 以上的电位差。若传输过程中混入了干扰和噪声，由于差分放大器的作用，可使干扰和噪声相互抵消。因此可以避免或大大减弱地线干扰和电磁干扰的影响。

RS-422A 的传输速率在 90kbps 时，传输距离可达 1200 米。

3. RS-485 接口

RS-485 是 RS-422A 的变型：RS-422A 用于全双工，而 RS-485 则用于半双工。

RS-485 是一种多发送器标准，在通信线路上最多可以使用 32 对差分驱动器/接收器。如果在一个网络中连接的设备超过 32 个，还可以使用中继器。

RS-485 的信号传输采用两线间的电压来表示逻辑 1 和逻辑 0。由于发送方需要两根传输线，接收方也需要两根传输线。传输线采用差动信道，所以它的干扰抑制性极好，又因为它的阻抗低，无接地问题，所以传输距离可达 1200 米，传输速率可达 1Mbps。

5.2 MCS-51 单片机的串口及控制寄存器

5.2.1 MCS-51 串行口的结构

MCS-51 内部有两个独立的接收、发送缓冲器 SBUF。SBUF 属于特殊功能寄存器。发送缓冲器只能写入，不能读出，接收缓冲器只能读出，不能写入，两者共用一个字节地址(99H)。串行口的结构如图 5-8 所示。

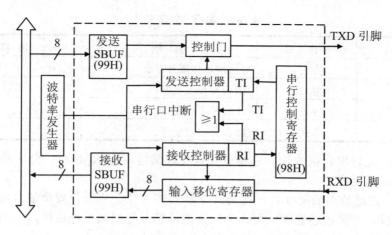

图 5-8　串行口的结构

5.2.2　MCS-51 串行控制寄存器

与 MCS-51 串行口有关的特殊功能寄存器有 SBUF、SCON、PCON。

1. 串行口数据缓冲器 SBUF

SBUF 是两个在物理上独立的接收、发送寄存器，一个用于存放接收到的数据，另一个用于存放欲发送的数据，可同时发送和接收数据。两个缓冲器共用一个地址 99H，通过对 SBUF 的读、写指令来区别是对接收缓冲器还是发送缓冲器进行操作。CPU 在写 SBUF 时，就是修改发送缓冲器；读 SBUF，就是接收缓冲器的内容。接收或发送数据，是通过串行口对外的两条独立收发信号线 RXD(P3.0)、TXD(P3.1) 来实现的，因此可以同时发送、接收数据，其工作方式为全双工制式。

2. 串行口控制寄存器 SCON

SCON 是一个特殊功能寄存器，用以设定串行口的工作方式、接收/发送控制以及设置状态标志，可以位寻址，字节地址为 98H。单片机复位时，所有位为 0。

位号	7	6	5	4	3	2	1	0	
字节地址：98H	SM0	SM1	SM2	REN	TB8	RB8	TI	RI	SCON

对各位的说明如下。

- SM0、SM1：串行方式选择位，其定义如表 5-2 所示。
- SM2：多机通信控制位，用于方式 2 和方式 3 中。在方式 2 和方式 3 处于接收方式时，若 SM2=1，且接收到的第 9 位数据 RB8 为 0 时，不激活 RI；若 SM2=1，且 RB8=1 时，则置 RI=1。在方式 2、3 处于接收或发送方式时，若 SM2=0，不论接收到的第 9 位 RB8 为 0 还是为 1，TI、RI 都以正常方式被激活。在方式 1 处于接收时，若 SM2=1，则只有收到有效的停止位后，RI 置 1。在方式 0 中，SM2 应为 0。

表 5-2　串行方式定义

SM0	SM1	工作方式	功　能	波　特　率
0	0	方式 0	8 位同步移位寄存器	$f_{osc}/12$
0	1	方式 1	10 位异步收发器	可变
1	0	方式 2	11 位异步收发器	$f_{osc}/64$ 或 $f_{osc}/32$
1	1	方式 3	11 位异步收发器	可变

- REN：允许串行接收位。它由软件置位或清零。REN=1 时，允许接收；REN=0 时，禁止接收。
- TB8：发送数据的第 9 位。在方式 2 和方式 3 中，由软件置位或复位，可做奇偶校验位。在多机通信中，可作为区别地址帧或数据帧的标识位，一般约定地址帧时，TB8 为 1，数据帧时，TB8 为 0。
- RB8：接收数据的第 9 位。功能同 TB8。
- TI：发送中断标志位。在方式 0 中，发送完 8 位数据后，由硬件置位；在其他方式中，在发送停止位之初由硬件置位。因此，TI 是发送完一帧数据的标志，可以用指令 "JBC TI, rel" 来查询是否发送结束。当 TI=1 时，也可向 CPU 申请中断，响应中断后，必须由软件清除 TI。
- RI：接收中断标志位。在方式 0 中，接收完 8 位数据后，由硬件置位；在其他方式中，在接收停止位的中间由硬件置位。与 TI 一样，也可以通过 "JBC RI, rel" 来查询是否接收完一帧数据。当 RI=1 时，也可申请中断，响应中断后，必须由软件清除 RI。

3. 电源控制寄存器 PCON

PCON 主要是为单片机的电源控制设置的专用寄存器，不可位寻址，字节地址为 87H。

位号	7	6	5	4	3	2	1	0	
字节地址：87H	SMOD								PCON

PCON 中只有一位 SMOD 与串行口工作有关，SMOD(PCON.7)为波特率倍增位，在串行口方式 1、方式 2、方式 3 时，波特率与 SMOD 有关，当 SMOD=1 时，波特率提高一倍。复位时，SMOD=0。

5.3　串口的工作方式

5.3.1　方式 0

方式 0 时，串行口为同步移位寄存器的输入输出方式。主要用于扩展并行输入或输出口。数据由 RXD(P3.0)引脚输入或输出，同步移位脉冲由 TXD(P3.1)引脚输出。发送和接收均为 8 位数据，低位在先，高位在后。波特率固定为 $f_{osc}/12$。

1. 方式 0 输出

当一个数据写入串行口发送缓冲器 SBUF 时，串行口将 8 位数据以 $f_{osc}/12$ 的波特率从 RXD 引脚输出(低位在前)，发送完置中断标志 TI 为 1，请求中断。

方式 0 的输出时序如图 5-9 所示。

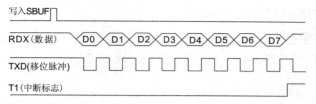

图 5-9　方式 0 的输出时序

2. 方式 0 输入

在满足 REN=1 和 RI=0 的条件下，串行口即开始从 RXD 端以 $f_{osc}/12$ 的波特率输入数据(低位在前)，当接收完 8 位数据后，置中断标志 RI 为 1，请求中断。在再次接收数据之前，必须由软件清 RI 为 0。方式 0 的输入时序如图 5-10 所示。

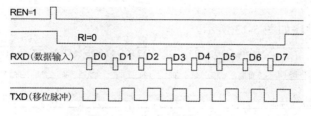

图 5-10　方式 0 输入时序

串行控制寄存器 SCON 中的 TB8 和 RB8 在方式 0 中未用。

值得注意的是，每当发送或接收完 8 位数据后，硬件会自动置 TI 或 RI 为 1，CPU 响应 TI 或 RI 中断后，必须由用户用软件清 0。方式 0 时，SM2 必须为 0。

5.3.2　方式 1

方式 1 是 10 位数据的异步通信口。TXD 为数据发送引脚，RXD 为数据接收引脚，传送一帧数据的格式如图 5-11 所示，其中有 1 位起始位、8 位数据位、1 位停止位。

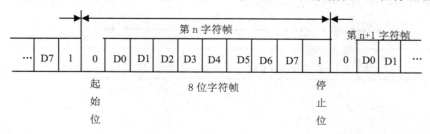

图 5-11　方式 1 的 10 位数据格式

1. 方式 1 输出

发送时，数据从 TXD 端输出，当数据写入发送缓冲器 SBUF 后，启动发送器发送。当发送完一帧数据后，置中断标志 TI 为 1。方式 1 所传送的波特率取决于定时器 1 的溢出率和 PCON 中的 SMOD 位。

方式 1 的输出时序如图 5-12 所示。

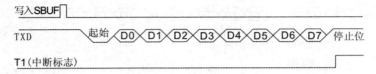

图 5-12　方式 1 的输出时序

2. 方式 1 输入

接收时，由 REN 置 1，允许接收，串行口采样 RXD，当采样由 1 到 0 跳变时，确认是起始位"0"，开始接收一帧数据。当 RI=0，且停止位为 1 或 SM2=0 时，停止位进入 RB8 位，同时置中断标志 RI；否则信息将丢失。所以，方式 1 接收时，应先用软件清除 RI 或 SM2 标志。

方式 1 的输入时序如图 5-13 所示。

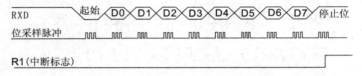

图 5-13　方式 1 输入时序

5.3.3　方式 2 和方式 3

方式 2 或方式 3 时，为 11 位数据的异步通信口。TXD 为数据发送引脚，RXD 为数据接收引脚。发送或接收一帧数据包括 1 位起始位 0、8 位数据位、1 位可编程位(用于奇偶校验)和 1 位停止位 1。除了波特率以外，方式 3 与方式 2 完全相同，方式 2 的波特率固定为晶振频率的 1/64 或 1/32，方式 3 的波特率由定时器 T1 的溢出率决定。传送一帧数据的格式如图 5-14 所示。

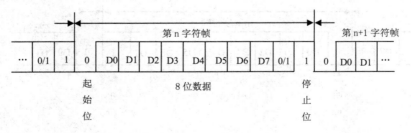

图 5-14　方式 2、3 的 11 位数据格式

1. 方式 2、3 输出

发送时，先根据通信协议，由软件设置 TB8，然后用指令将要发送的数据写入 SBUF，启动发送器。写 SBUF 的指令时，除了将 8 位数据送入 SBUF 外，同时还将 TB8 装入发送移位寄存器的第 9 位，并通知发送控制器进行一次发送。一帧信息即从 TXD 发送，在送完一帧信息后，TI 被自动置 1，在发送下一帧信息之前，TI 必须由中断服务程序或查询程序清 0。方式 2、3 的输出时序如图 5-15 所示。

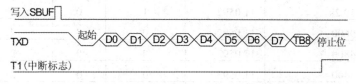

图 5-15　方式 2、3 的输出时序

2. 方式 2、3 输入

当 REN=1 时，允许串行口接收数据。数据由 RXD 端输入，接收 11 位的信息。当接收器采样到 RXD 端的负跳变，并判断起始位有效后，开始接收一帧信息。当接收器接收到第 9 位数据后，若同时满足以下条件：RI=0 和 SM2=0 或接收到的第 9 位数据为 1，则接收数据有效，8 位数据送入 SBUF，第 9 位送入 RB8，并置 RI=1。若不满足上述条件，则信息丢失。方式 2、3 的输入时序如图 5-16 所示。

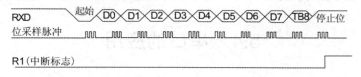

图 5-16　方式 2、3 的输入时序

5.3.4　波特率的计算

在串行通信中，收发双方对发送或接收数据的速率要有约定。通过软件，可对单片机串行口编程为 4 种工作方式。其中，方式 0 和方式 2 的波特率是固定的，而方式 1 和方式 3 的波特率是可变的，由定时器 T1 的溢出率来决定。

串行口的 4 种工作方式对应三种波特率。由于输入的移位时钟的来源不同，所以，各种方式的波特率计算公式也不相同：

- 方式 0 的波特率 $= f_{osc}/12$
- 方式 2 的波特率 $= (2^{SMOD}/64) \times f_{osc}$
- 方式 1 的波特率 $= (2^{SMOD}/32) \times (T1\ 溢出率)$
- 方式 3 的波特率 $= (2^{SMOD}/32) \times (T1\ 溢出率)$

当 T1 作为波特率发生器时，最典型的用法是使 T1 工作在自动再装入的 8 位定时器方式(即方式 2，且 TCON 的 TR1=1，以启动定时器)。这时溢出率取决于 TH1 中的计数值。

$$T1\ 溢出率 = f_{osc} / \{12 \times [255-(TH1)]\}$$

在单片机的应用中，常用的晶振频率为 12MHz 和 11.0592MHz。所以，选用的波特率也相对固定。常用的串行口波特率以及各参数的关系如表 5-3 所示。

表 5-3　常用波特率与定时器 1 的参数关系

串口工作方式及波特率(bps)		f_{osc}(MHz)	SMOD	定时器 T1		
				$C/\bar{T}$	工作方式	初　值
方式 1、3	62.5k	12	1	0	2	FFH
	19.2k	11.0592	1	0	2	FDH
	9600	11.0592	0	0	2	FDH
	4800	11.0592	0	0	2	FAH
	2400	11.0592	0	0	2	F4H
	1200	11.0592	0	0	2	E8H

串行口工作之前，应对其进行初始化，主要是设置产生波特率的定时器 1、串行口控制和中断控制。具体步骤如下。

(1)　确定 T1 的工作方式(编程 TMOD 寄存器)。

(2)　计算 T1 的初值，装载 TH1、TL1。

(3)　启动 T1(编程 TCON 中的 TR1 位)。

(4)　确定串行口控制(编程 SCON 寄存器)。

(5)　串行口在中断方式工作时，要进行中断设置(编程 IE、IP 寄存器)。

5.4　串口的应用

5.4.1　双机通信

如果两个 MCS-51 单片机系统距离较近，那么，就可以将它们的串行口直接相连，实现双机通信。

1. 硬件连接

双机通信的硬件连接如图 5-17 所示。

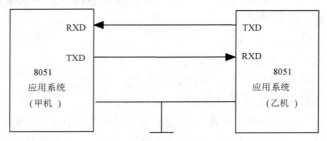

图 5-17　双机通信的接口电路

2. 双机通信的软件编程

对于双机通信的程序，通常采用两种方法：查询方式和中断方式。

(1) 查询方式。

① 甲机发送。

编程将甲单机片外 1000H~101FH 单元的数据块从串口输出。定义方式 2 发送，TB8 为奇偶校验位。若发送错误，则重新发送。发送波特率为 375kbps，晶振为 12MHz，SMOD=1。

参考发送子程序如下：

```c
#include <reg51.h>        //发送程序
unsigned char xdata information[32];    //定义片外存储器中的数组
unsigned char i;    //数组变量
bit send = 0;       //发送允许：0-允许，1-不允许
main()
{
    EA = 1;     //开总中断
    ES = 1;     //开串口中断
    SCON = 0X90;  //设置串行口为方式 2，固定波特率 12/32=375，允许接收
    PCON = 0X80;  //SMOD=1，波特率加倍
    while(1)
    {
        if(send == 0)      //如果允许发送
        {
            for(i=0X1000; i<0X1020; i++)
            {
                ACC = information[i];       //发送数据送入 ACC 以求得 P 的正确状态
                TB8 = P;                    //给发送的第 9 位赋值
                SBUF = information[i];
                while(TI == 0);
                TI = 0;
            }
            send = 1;     //全部数据发送结束，禁止发送
        }
    }
}

void communication() interrupt 4 using 2  //串行口中断子程序
{
    if(RI == 1)       //如果是接收产生的中断，则进一步处理
    {
        RI = 0;       //清接收中断标志
        if(SBUF==0xff) send=0;   //如果接收到发送错误信息，则重新发送
    }
}
```

② 乙机接收。

编程使乙机接收甲机发送过来的数据块，并存入片内 RAM 单元。接收过程要求判断

RB8，若出错，置 F0 标志为 1，正确则置 F0 标志为 0，接收全部数据后，如果出错，向主机发送 0xFF，要求主机重发。在进行双机通信时，两机应采用相同的工作方式和波特率。

参考接收子程序如下：

```c
#include <reg51.h>              //接收程序
unsigned char data information[32];    //定义 RAM 中的数组
unsigned char i = 0;            //数组变量
bit send = 1;                   //发送使能：0-发送，1-不发送
main()
{
    EA = 1;                     //开总中断
    ES = 1;                     //开串行口中断
    SCON = 0X90;                //设置串行口为方式 2，固定波特率 12/32=375，允许接收
    PCON = 0X80;                //SMOD=1，波特率加倍
    while(1)
    {
        if(send == 0)           //如果允许发送
        {
            SBUF = 0XFF;        //发送重发标志
            while(TI == 0);
            TI = 0;
            send = 1;           //只发送一次
        }
    }
}
void communication() interrupt 4 using 1    //串行口中断子程序
{
    if(RI == 1)        //如果是接收产生的中断，则进一步处理
    {
        RI = 0;        //清接收中断标志
        information[i] = SBUF;    //接收信息
        ACC = SBUF;                //接收到的信息送入 ACC，以求得正确的 P 值
        P2 = information[3];      //接收到的第四位送 P2 显示
        if(P!=RB8) F0=1;          //如果奇偶校检错误，置标志位为 1
        i++;
        if(i==32 && F0==1) { i=0; send=0; }    //接收数据错误，使能重新发送
    }
}
```

在上述查询方式的双机通信中，因为发送双方单片机的串行口均按方式 2 工作，所以帧格式是 11 位的，收发双方均是采用奇偶位 TB8 来进行校验的。传送数据的波特率与定时器无关，所以程序中没有涉及定时器的编程。

(2) 中断方式。

在很多应用中，双机通信的接收方都采用中断的方式来接收数据，以提高 CPU 的工作效率；发送方仍然采用查询方式发送。

① 甲机发送。

上面的通信程序，收发双方是采用奇偶位 TB8 来进行校验的，这里介绍一种用累加和

进行校验的方法。

　　编程将甲单机片内连续 16 个单元的数据块从串行口发送，在发送之前，将数据块长度发送给乙机，当发送完 16 个字节后，再发送一个累加校验和。定义双机串行口按方式 1 工作，晶振为 11.059MHz，波特率为 2400b/s，定时器 1 按方式 2 工作。经计算或查表 5-3，得到定时器预置值为 0x0F4，SMOD=0。

　　参考发送子程序如下：

```c
#include <reg52.h>

//要发送的数据
unsigned char datd[16] = {0,1,2,3,4,5,6,7,8,9,10,11,12,13,14,15};

unsigned char SUM;           //发送数据校检和
unsigned char i;             //数组位置变量
bit right_wrong = 0;         //发送正确标志位：1-正确，0-错误
main()
{
    SCON = 0X50;             //串行口方式1，允许接收
    TMOD = 0x20;             //定时器1工作方式2
    TH1 = 0xF4;
    TL1 = TH1;
    TR1 = 1;
    EA = 1;
    ES = 1;                  //允许串口中断
    while(1)
    {
        if(right_wrong == 0)
        {
            SUM = 0;
            SBUF = 16;                   //发送数据长度
            while(TI == 0);
            TI = 0;
            for(i=0; i<16; i++)
            {
                SBUF = datd[i];          //发送数据
                while(TI == 0);
                TI = 0;
                SUM = SUM + datd[i];     //求校检和
            }
            SBUF = SUM;                  //发送校验和
            while(TI == 0);
            TI = 0;
            P2 = SUM;   //终校检和送到 P2 显示
        }  // if(right_wrong == 0)结束
    }  // while(1)结束
}  // 主程序结束
void communication() interrupt 4 using 2 //串行口接收中断子程序
{
```

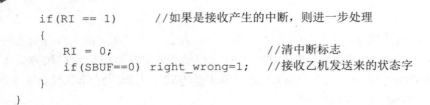

```
    if(RI == 1)          //如果是接收产生的中断，则进一步处理
    {
        RI = 0;                               //清中断标志
        if(SBUF==0) right_wrong=1;    //接收乙机发送来的状态字
    }
}
```

② 乙机接收。

乙机接收甲机发送的数据，并存入数组存储器中。首先接收数据长度，接着接收数据，当接收完 16 个字节后，接收累加和校验码，进行校验。数据传送结束后，根据校验结果，向甲机发送一个状态字，00H 表示正确，0FFH 表示出错，出错则甲机重发。

接收采用中断方式。设置两个标志位(7FH，7EH 位)来判断接收到的信息是数据块长度、数据还是累加校验和。

参考接收程序如下：

```
#include <reg52.h>
unsigned char data datd[17];          //要接收的数据存储数组
unsigned char SUM;            //接收数据校检和
unsigned char j = 0;          //数组位置变量
bit right_wrong = 0;          //接收正确标志位，1 正确，0 错误
bit end = 0;         //任务完成标志
bit flag;            //接收完成标志
main()
{
    SCON = 0X50;      //串行口方式 1，允许接收
    TMOD = 0x20;      //定时器 1 工作方式 2
    TH1 = 0xF4;
    TL1 = TH1;
    TR1 = 1;
    EA = 1;
    ES = 1;           //允许串口中断
    while(1)
    {
        if(end==0 && flag==1)    //如果接收到 18 个数据
        {

            if(right_wrong==1) //接收正确回复 0 后中止
            { SBUF=0; while(TI==0); TI=0; end=1; }
            else //接收错误回复 0XFF 后继续
            { SBUF=0XFF; while(TI==0); TI=0; SUM=0; j=0; flag=0; }
        }  // if(end==0 && flag==1)结束
    }  // while(1)结束
}  //主程序结束
void communication() interrupt 4 using 2  //串行口接收中断子程序
{
    if(RI == 1)  //如果是接收产生的中断，则进一步处理
    {
        RI = 0;      //清接收中断标志
```

```
    if(j>0 && j<17)   //第 2~17 个是接收数据
    { datd[j]=SBUF; SUM=SUM+SBUF; }
    P2 = SUM;     //校检和送 P2 显示
    if(j==17 && SUM==SBUF) //最后一个是校检和
    { right_wrong=1; flag=1; }
    if(j==17 && SUM!=SBUF)
    { right_wrong=0; flag=1; }
    j++;
    }
}
```

5.4.2　多机通信

1. 硬件连接

MCS-51 串行口的方式 2 和方式 3 有一个专门的应用领域，即多机通信。这一功能通常采用主从式多机通信方式，在这种方式中，要用一台主机和多台从机。主机发送的信息可以传送到各个从机或指定的从机，各从机发送的信息只能被主机接收，从机与从机之间不能进行通信。图 5-18 是多机通信的一种连接示意图。

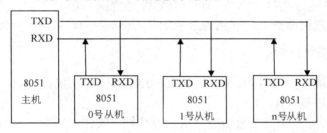

图 5-18　多机通信连接示意图

2. 通信协议

多机通信的实现，主要是依靠主、从机之间正确地设置与判断 SM2 和发送或接收的第 9 位数据(TB8 或 RB8)来完成的。首先将上述二者的作用总结如下。

在单片机串行口以方式 2 或方式 3 接收时，一方面，若 SM2=1，表示置多机通信功能位。这时有两种情况：

● 接收到第 9 位数据为 1，此时数据装入 SBUF，并置 RI=1，向 CPU 发中断请求。

● 接收到第 9 位数据为 0，此时不产生中断，信息将被丢失，不能接收。另一方面，若 SM2=0，则接收到的第 9 位信息无论是 1 还是 0，都产生 RI=1 的中断标志，接收的数据装入 SBUF。根据这个功能，就可以实现多机通信。

在编程前，首先要为各从机定义地址编号，如分别为 00H、01H、02H 等。在主机想发送一个数据块给某个从机时，它必须先送出一个地址字节，以辨认从机。编程实现多机通信的过程如下。

(1) 主机发送一帧地址信息，与所需的从机联络。主机应置 TB8 为 1，表示发送的是地址帧。例如：

```
MOV  SCON, #0D8H            ;设串行口为方式3，TB8=1，允许接收
```

(2) 所有从机初始化设置 SM2=1，处于准备接收一帧地址信息的状态。例如：

```
MOV  SCON, #0F0H           ;设串行口为方式3，SM2=1，允许接收
```

(3) 各从机接收到地址信息，因为 RB8=1，则置中断标志 RI。中断后，首先判断主机送过来的地址信息与自己的地址是否相符。对于地址相符的从机，置 SM2=0，以接收主机随后发来的所有信息。对于地址不相符的从机，保持 SM2=1 的状态，对主机随后发来的信息不理睬，直到发送新的一帧地址信息。

(4) 主机发送控制指令和数据信息给被寻址的从机。其中，主机置 TB8 为 0，表示发送的是数据或控制指令。对于没选中的从机，因为 SM2=1，RB8=0，所以不会产生中断，对主机发送的信息不接收。

(5) 主机接收数据时，先判断数据接收标志(RB8)，若 RB8=1，表示数据传送结束，并比较此帧校验和，若正确，则回送正确信号 00H，此信号命令该从机复位(即重新等待地址帧)；若校验和出错，则发送 0FFH，命令该从机重发数据。若接收帧的 RB8=0，则存数据到缓冲区，并准备接收下帧信息。

(6) 主机收到从机应答地址后，确认地址是否相符，如果地址不符，发复位信号(数据帧中 TB8=1)；如果地址相符，则清 TB8，开始发送数据。

(7) 从机收到复位命令后，回到监听地址状态(SM2=1)。否则，开始接收数据和命令。

3. 多机通信的软件编程

主机发送的地址联络信号为：00H，01H，02H，…(即从机设备地址)，地址 FFH 为命令各从机复位，即恢复 SM2=1。

主机命令编码为：01H，主机命令从机接收数据；02H，主机命令从机发送数据。其他都按 02H 对待。

从机状态字格式为：

位号	7	6	5	4	3	2	1	0
	ERR	0	0	0	0	0	TRDY	RRDY

- RRDY=1：表示从机准备好接收。
- TRDY=1：表示从机准备好发送。
- ERR=1：表示从机接收的命令是非法的。

程序分为主机程序和从机程序。约定一次传递数据为 16 个字节。

(1) 主机程序清单。

设从机地址号存于 40H 单元，命令存于 41H 单元。主机程序已用汇编语言编写出来，请读者把它转化为 C 语言，代码如下：

```
       ORG  0000H
       AJMP MAIN
       ORG  0030H
MAIN:
```

```
        MOV   TMOD, #20H        ; T1 方式 2
        MOV   TH1, #0FDH        ; 初始化波特率 9600
        MOV   TL1, #0FDH
        MOV   PCON, #00H
        SETB  TR1
        MOV   SCON, #0F0H       ; 串口方式 3，多机，准备接收应答
LOOP1:
        SETB  TB8
        MOV   SBUF, 40H         ; 发送预通信从机地址
        JNB   TI, $
        CLR   TI
        JNB   RI, $             ; 等待从机对联络应答
        CLR   RI
        MOV   A, SBUF           ; 接收应答，读至 A
        XRL   A, 40H            ; 判应答的地址是否正确
        JZ    AD_OK
AD_ERR:
        MOV   SBUF, #0FFH       ; 应答错误，发命令 FFH
        JNB   TI, $
        CLR   TI
        SJMP  LOOP1             ; 返回重新发送联络信号
AD_OK:
        CLR   TB8               ; 应答正确
        MOV   SBUF, 41H         ; 发送命令字
        JNB   TI, $
        CLR   TI
        JNB   RI, $             ; 等待从机对命令应答
        CLR   RI
        MOV   A, SBUF           ; 接收应答，读至 A
        XRL   A, #80H           ; 判断应答是否正确
        JNZ   CO_OK
        SETB  TB8
        SJMP  AD_ERR            ; 错误处理
CO_OK:
        MOV   A, SBUF           ; 应答正确，判断是发送还是接收命令
        XRL   A, #01H
        JZ    SE_DATA           ; 从机准备好接收，可以发送
        MOV   A, SBUF
        XRL   A, #02H
        JZ    RE_DATA           ; 从机准备好发送，可以接收
        LJMP  SE_DATA
RE_DATA:
        MOV   R6, #00H          ; 清校验和接收 16 个字节数据
        MOV   R0, #30H
        MOV   R7, #10H
LOOP2:
        JNB   RI, $
        CLR   RI
        MOV   A, SBUF
```

```
            MOV  @R0, A
            INC  R0
            ADD  A, R6
            MOV  R6, A
            DJNZ R7, LOOP2
            JNB  RI, $
            CLR  RI
            MOV  A, SBUF            ; 接收校验和并判断
            XRL  A, R6
            JZ   XYOK               ; 校验正确
            MOV  SBUF, #0FFH        ; 校验错误
            JNB  TI, $
            CLR  TI
            LJMP RE_DATA
XYOK:
            MOV  SBUF, #00H         ; 校验和正确, 发00H
            JNB  TI, $
            CLR  TI
            SETB TB8                ; 置地址标志
            LJMP RET_END
SE_DATA:
            MOV  R6, #00H           ; 发送16个字节数据
            MOV  R0, #30H
            MOV  R7, #10H
LOOP3:
            MOV  A, @R0
            MOV  SBUF, A
            JNB  TI, $
            CLR  TI
            INC  R0
            ADD  A, R6
            MOV  R6, A
            DJNZ R7, LOOP3
            MOV  A, R6
            MOV  SBUF, A            ; 发校验和
            JNB  TI, $
            CLR  TI
            JNB  RI, $
            CLR  RI
            MOV  A, SBUF
            XRL  A, #00H
            JZ   RET_END            ; 从机接收正确
            SJMP SE_DATA            ; 从机接收不正确, 重新发送
RET_END:
            JMP  LOOP1
            END
```

(2) 从机程序清单。

设本机号存于 40H 单元, 41H 单元存放"发送"命令, 42H 单元存放"接收"命令。

代码如下：

```
            ORG   0000H
            LJMP  MAIN
            ORG   0023H
            LJMP  SERVE
            ORG   0030H
MAIN:
            MOV   TMOD, #20H          ; 初始化串行口
            MOV   TH1, #0FDH
            MOV   TL1, #0FDH
            MOV   PCON, #00H
            SETB  TR1
            MOV   SCON, #0F0H
            SETB  EA                  ; 开中断
            SETB  ES
            SETB  RRDY                ; 发送与接收准备就绪
            SETB  TRDY
MAIN_LOOP:
            NOP
            SJMP  MAIN_LOOP
;****************************************************************
;中断服务程序
SERVE:
            PUSH  PSW
            PUSH  ACC
            CLR   ES
            CLR   RI
            MOV   A, SBUF
            XRL   A, 40H              ; 判断是否本机地址
            JZ    SER_OK
            LJMP  ENDI                ; 非本机地址，继续监听
SER_OK:
            CLR   SM2                 ; 是本机地址，取消监听状态
            MOV   SBUF, 40H           ; 本机地址发回
            JNB   TI, $
            CLR   TI
            JNB   RI, $
            CLR   RI
            JB    RB8, ENDII          ; 是复位命令，恢复监听
            MOV   A, SBUF             ; 不是复位命令，判断是"发送"还是"接收"
            XRL   A, 41H
            JZ    SERISE              ; 收到"发送"命令，发送处理
            MOV   A, SBUF
            XRL   A, 42H
            JZ    SERIRE              ; 收到"接收"命令，接收处理
            SJMP  FFML                ; 非法命令，转非法处理
SERISE:
            JB    TRDY, SEND          ; 从机发送是否准备好
```

```
            MOV   SBUF, #00H
            SJMP  WAIT01
    SEND:
            MOV   SBUF, #02H              ; 返回"发送准备好"
    WAIT01:
            JNB   TI, $
            CLR   TI
            JNB   RI, $
            CLR   RI
            JB    RB8, ENDII             ; 主机接收是否准备就绪
            LCALL SE_DATA                ; 发送数据
            LJMP  S_END
    FFML:
            MOV   SBUF, #80H             ; 发非法命令，恢复监听
            JNB   TI, $
            CLR   TI
            LJMP  ENDII
    SERIRE:
            JB    RRDY, RECE             ; 从机接收是否准备好
            MOV   SBUF, #00H
            SJMP  WAIT02
    RECE:
            MOV   SBUF, #01H             ; 返回"接收准备好"
    WEIT02:
            JNB   TI, $
            CLR   TI
            JNB   RI, $
            CLR   RI
            JB    RB8, ENDII             ; 主机发送是否就绪
            LCALL RE_DATA                ; 接收数据
            LJMP  S_END
    ENDII:
            SETB  SM2
    ENDI:
            SETB  ES
    S_END:
            POP   ACC
            POP   PSW
            RETI
;**********************************************************************
;发送数据块子程序
SE_DATA:
            CLR   TRDY
            MOV   R6, #00H
            MOV   R0, #30H
            MOV   R7, #10H
    LOOP2:
            MOV   A, @R0
            MOV   SBUF, A
```

```
        JNB  TI, $
        CLR  TI
        INC  R0
        ADD  A, R6
        MOV  R6, A
        DJNZ R7, LOOP2          ; 数据块发送完毕?
        MOV  A, R6
        MOV  SBUF, A
        JNB  TI, $              ; 发送校验和
        CLR  TI
        JNB  RI, $
        CLR  RI
        MOV  A, SBUF
        XRL  A, #00H            ; 判发送是否正确
        JZ   SEND_OK
        SJMP SE_DATA            ; 发送错误，重发
SEND_OK:
        SETB SM2                ; 发送正确，继续监听
        SETB ES
        RET
;***********************************************************
; 接收数据块子程序
RE_DATA:
        CLR  RRDY
        MOV  R6, #00H
        MOV  R0, #30H
        MOV  R7, #10H
LOOP3:
        JNB  RI, $
        CLR  RI
        MOV  A, SBUF
        MOV  @R0, A
        INC  R0
        ADD  A, R6
        MOV  R6, A
        DJNZ R7, LOOP3          ; 接收数据块完毕?
        JNB  RI, $              ; 接收校验和
        CLR  RI
        MOV  A, SBUF
        XRL  A, R6             ; 判断校验和是否正确
        JZ   RECE_OK
        MOV  SBUF, #0FFH        ; 校验和错误，发 FFH
        JNB  TI, $
        CLR  TI
        LJMP RE_DATA           ; 重新接收
RECE_OK:
        MOV  A, #00H           ; 校验和正确，发 00H
        MOV  SBUF, A
        JNB  TI, $
```

```
CLR   TI
SETB  SM2                    ; 继续监听
SETB  ES
RET
END
```

习　题　5

(1) MCS-51 单片机串行口有几种工作方式？如何选择？简述其特点。

(2) 串行通信的接口标准有哪几种？

(3) 在串行通信中，通信速率与传输距离之间的关系如何？

(4) 简述 MCS-51 单片机多机通信的特点。

(5) 串口通信是程序开发时常用到的功能，请结合单片机小精灵，开发几个异步串口通信用头文件。

① 12T 单片机、11.0592MHz 晶振、57600 波特率、允许接收。

② 12T 单片机、12MHz 晶振、4800 波特率、不允许接收。

③ 1T 单片机、11.0592MHz 晶振、115200 波特率、允许接收。

④ 1T 单片机、12MHz 晶振、57600 波特率、不允许接收。

格式：UART1T12M57600.h

第6章 单片机的系统扩展

单片机应用系统总要实现这样或那样的功能，所以，单片机最小系统往往是不能胜任的，这就需要进行系统的扩展，根据实际需要连接外围设备(外设)，以实现单片机与外设之间信号的传输与控制，从而达到预期的目的。

单片机与外设的连接，不但涉及接口技术(不同的外设有不同的接口方法和控制电路)，而且功能的实现方法也各不相同。本章将分别介绍简单 I/O 控制、键盘、段型及点阵型显示屏、实时时钟、红外及无线遥控、温湿度测控、语音芯片和大容量存储器的扩展等技术，并通过实例讲述它们的使用方法。

6.1 简单 I/O 口的控制

6.1.1 简单输出控制

简单输出控制对象是独立的单输入口的器件，如独立的 LED、继电器、固态继电器等，LED 常用作系统的状态指示，如电源、运行、停止等，继电器、固态继电器则直接用来驱动大功率的负载。

简单输出控制较为简单，可分为高电平控制和低电平控制两种。对于 LED 来说，由于单片机结构的原因，传统型单片机高电平驱动能力很差，不足以点亮一颗 LED(某些品牌的新型单片机可把端口设置为强上拉型，具有 20mA 的驱动能力，足以点亮 LED)，如果一定要用高电平控制，就要增加硬件进行电流放大。相反地，低电平有 20mA 的驱动能力，所以用传统型单片机点亮 LED 时，用低电平较为合适。用具有强上拉功能的单片机时，高低电平都合适；对于继电器，由于工作电流大、电压高，无论高低电平控制，都需要用放大器(如光耦加三极管、SSR)进行放大和隔离。

由 LED 的伏安特性曲线可以看出，它工作时有一个较合适的工作电压范围，超过了这个电压范围，电流会急剧上升而很快烧毁 LED，所以，当电源电压超过这个范围时，要加限流电阻限流，以使 LED 可以正常工作。以下是几种直径为 5mm 的常见单色 LED 的工作电压与电流范围，可供设计电路时参考。

- 红色：压降为 1.82~1.88V，电流 5~8mA。
- 绿色：压降为 1.75~1.82V，电流 3~5mA。
- 橙色：压降为 1.7~1.8V，电流 3~5mA。
- 蓝色：压降为 3.1~3.3V，电流 8~10mA。
- 白色：压降为 3~3.2V，电流 10~15mA。

【例 6.1】如图 6-1 所示，在 P1 口接有 8 个直径为 5mm 的红色 LED 灯，请计算 LED

的工作电流，并编程实现 LED 从上到下再从下到上的闪烁效果，每次点亮时间为 1 秒。

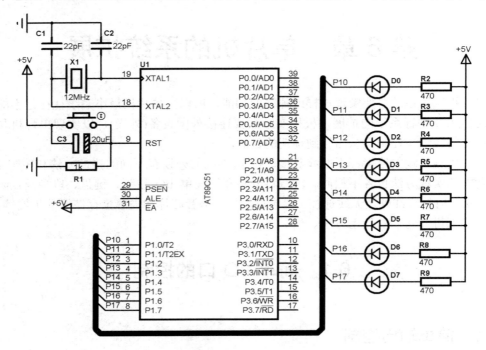

图 6-1　流水灯的电路图

解：

从图 6-1 中可以看出，系统电源为+5V，所以 LED 的工作电流可以计算得到约为 (5-1.85)/470A = 0.0067A = 6.7mA，所以工作电流是合适的。从图 6-1 中还可以看出，此处的 LED 是低电平控制(低电平有效)，需要点亮的 LED 对应端口置低电平，否则置高电平。

闪烁效果的实现不止一种方法，可以以每一个 LED 作为控制对象，按节拍对每一个 LED 对应的端口进行高低电平的位输出控制，也可以把整个端口作为控制对象，按节拍对 P1 口进行字节的输出控制，状态的计算上可以直接给出，也可以应用循环移位指令，时间控制上，可以手工编制延时子程序，也可以应用单片机小精灵编制得到，还可以应用单片机的定时计数器进行时间控制。如下所示的程序是应用左右移位指令进行上下移位的控制，是用单片机小精灵计算得到的延时子程序来实现的。

参考程序清单如下：

```
#include <reg51.h>
#include <intrins.h>     //包含内部函数库才可以应用左右移循环指令
unsigned char a;         //定义循环变量
void delay1s(void)       //单片机小精灵编的延时子程序，写在主程序前不用进行声明
{
    unsigned char a, b, c;
    for(c=23; c>0; c--)
        for(b=152; b>0; b--)
            for(a=70; a>0; a--);
}
```

```
void main()              //主程序
{
    P1 = 0xfe;           //初始状态
    while(1)             //无条件循环
    {
        for(a=0; a<7; a++)        //向下移位 7 次
        {
            P1 = _crol_(P1, 1);   //左移，每次 1 位
            delay1s();
        }
        for(a=0; a<7; a++)        //向上移位 7 次
        {
            P1 = _cror_(P1, 1);   //右移，每次 1 位
            delay1s();
        }
    } //while(1) end
} //main end
```

6.1.2　简单输入控制

实际上，由于输出是主动的，完全可以称为控制。而输入时，CPU 作为控制中心，本不知道何时会来信号(除非有严格的节拍)，所以更确切地，应称为输入读取，有则读之，无则待之，实有查询之意。之所以说简单，是由于只单一地从一个端口低速地读取一个信号。简单输入控制在编程处理上的不简单之处有三点：其一，误读，即读到了错误的信号；其二，信号丢失，即端口上出现的信号没有被及时拾取；其三，反复执行，在不需要一直执行的要求下执行了多次。

第一点，以前章节中已有提及，这就是在读取端口之前，应先向端口写"1"，如此才不会误读；第二点，与读取端口的三种方式有关，在主程序扫描式读取时，如果扫描周期过长，可能会出现信号丢失，在时间中断中读取时，如果中断间隔时间大于信号存在的时间，也会出现信号丢失现象，在外中断中读取时，如果外中断的优先级过低，也可能产生信号丢失；第三点，在不需要一直执行时，可设置一个标志，无信号时使标志复位(或置位)，只有当标志复位(或置位)且有信号时才执行输入响应，输入响应执行了就置位(或复位)标志，这实际上是用程序实现了一个边沿响应过程。

简单输入的硬件有独立按键、干簧管、机械式位置开关、速度继电器、电压电流继电器触点、电感式接近开关、光电式接近开关、磁接近开关(霍尔开关)等。其中，后三种是有源式的。

【例 6.2】如图 6-2 所示，在 P1 口接有两个按钮，启动按钮 SB1 和急停按钮 SB2，在 P2 口接有 LED 指示灯和驱动单相交流电动机的 SSR，在 P3.7 口接有光电开关，感应计数产品数量，在 P0 口以二进制显示当前产品计数量。今要实现产品计数包装，按下 SB1，电动机起动，LED1 点亮，LED2 和 LED3 熄灭，传送带运送产品并通过光电开关计数，每计够 10 件，电动机停 5 秒，同时，LED1 和 LED3 熄灭，LED2 点亮。5 秒后再次自动启动电动机，如此一直循环工作……当按下急停按钮时，LED1 和 LED2 熄灭，LED3 点亮，无论

当前电动机是否转动，都中止循环不再运行，直到再次按下起动按钮。请编制程序实现。

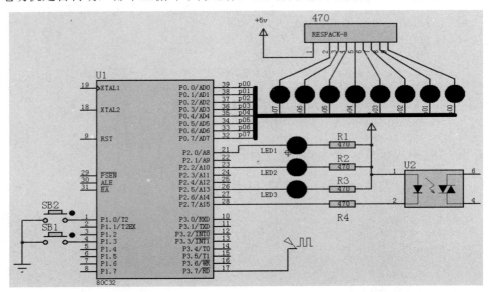

图 6-2　产品计数包装电原理图

解：

本例的实质，是设计继电逻辑控制电路，对于学过机电控制技术的人应当不是难题，但例中的驱动都是低电平驱动，如果综合地用继电逻辑控制的方法，很容易出错。故本例是结合继电逻辑控制方法与 C 语言的判断语句进行设计的。

程序清单如下：

```c
#include <reg51.h>         //包含 C51 头方法
#include <intrins.h>        //包含内部函数
unsigned char count;       //产品计数寄存器
sbit SB2 = P1^0;           //停止按钮地址
sbit SB1 = P1^3;           //起动按钮地址
sbit rundisplay = P2^0;    //电动机运行指示地址
sbit pausedisplay = P2^2;  //产品满 10 指示地址
sbit stopdisplay = P2^5;   //急停指示地址
sbit SSR = P2^7;           //固态继电器位置
sbit lightswitch = P3^7;   //光电开关位置
bit flag;                  //光电开关边沿触发执行用的标志
void delay5s(void)         //暂停延时 5 秒子程序
{
    unsigned char a, b, c;
    for(c=165; c>0; c--)
        for(b=100; b>0; b--)
            for(a=150; a>0; a--)
                ;
    _nop_(); //if Keil, require use intrins.h
    _nop_(); //if Keil, require use intrins.h
}
```

```
main()              //主函数
{
    P1 = P2 = 0XFF;      //初始状态
    while(1)
    {
        SSR = SB1&(!SB2|SSR);     //继电逻辑控制部分
        if(SSR==0 && flag==0 && lightswitch==0) //光电开关计数
        { count++; P0=~count; flag=1; }
        if(lightswitch==1) flag=0;              //标志复位
        if(count >= 10)                         //计满处理
        {
            count = 0;
            SSR=1; rundisplay=1; pausedisplay=0; stopdisplay=1;
            delay5s();
            SSR=0; rundisplay=0; pausedisplay=1; stopdisplay=1;
        }
        if(SB1==0)  //运行指示
        { rundisplay=0; pausedisplay=1; stopdisplay=1; }
        if(SB2==0)  //停止指示
        { SSR=1; rundisplay=1; pausedisplay=1; stopdisplay=0; }
    }
}
```

简单输入控制还存在去抖动和抗干扰问题，详见后面的章节。

6.2　LED 和 LCD 段型显示屏

单片机控制系统的输出显示部分，除了最简单的 LED 指示灯外，应用较为普遍的就是段型数码管了。之所以称为段型，是由于它的最小显示单位是一个字段。从段的数目来分有 7 段、14 段和 16 段数码管；从显示原理来分，有 LED 型和 LCD 型。LED 型有独立的，也有数个组合成一体的；可以根据自己的需要灵活选择与组合。LED 型功耗高、体积大，但是亮度也较高。LCD 则是数位一体的整体造型，不可组合，大多应用于开发出来的定型产品，具有体积小、集成度高、功耗低、界面美观的优点，但是亮度较低。

6.2.1　段型数码管

1. 数码管的工作原理

图 6-3 所示为七段 LED 数码管的原理图。

数码管由 8 个发光二极管构成，通过不同的组合，可用来显示数字 0~9、字符 A~F、H、L、P、R、U、Y、符号“−”及小数点“.”。

共阳极数码管的 8 个发光二极管的阳极(二极管正端)连接在一起。通常，公共阳极接高电平(一般接电源)，其他管脚接段驱动电路输出端，属于低电平控制，当某段驱动电路的输出端为低电平时，则该端所连接的字段导通并点亮，根据发光字段的不同组合，可显

示出各种数字或字符。

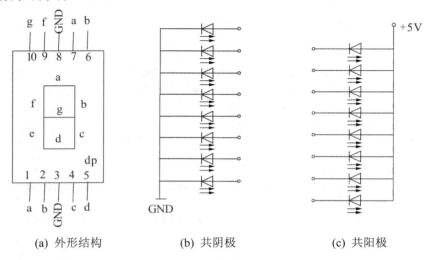

图 6-3　数码管的原理图

共阴极数码管的 8 个发光二极管的阴极(二极管负端)连接在一起。通常，公共阴极接低电平(一般接地)，属于高电平控制，其他管脚接段驱动电路的输出端。当某段驱动电路的输出端为高电平时，则该端所连接的字段导通并点亮，根据发光字段的不同组合，可显示出各种数字或字符。

要使数码管显示出相应的数字或字符，必须使段数据口输出相应的字形编码。

对照图 6-3(a)，字形码各位定义为：数据线 D0 与 a 字段对应，D1 与 b 字段对应……，依此类推。

要显示出某一数字或字符，共阴极和共阳极数码管的字形编码恰好对应相反，使用共阳极数码管，数据为 0 表示对应字段亮，数据为 1 表示对应字段暗，而使用共阴极数码管，数据为 0 表示对应字段暗，数据为 1 表示对应字段亮。如要显示"0"，共阳极数码管的字形编码应为 11000000B(即 0xC0)，共阴极数码管的字形编码应为 00111111B(即 0x3F)。在表 6-1 中，列出了共阳极数码管的字形编码。

表 6-1　共阳极数码管的字形编码

显示字符	dp	g	f	e	d	c	b	a	字 形 码
0	1	1	0	0	0	0	0	0	C0H
1	1	1	1	1	1	0	0	1	F9H
2	1	0	1	0	0	1	0	0	A4H
3	1	0	1	1	0	0	0	0	B0H
4	1	0	0	1	1	0	0	1	99H
5	1	0	0	1	0	0	1	0	92H
6	1	0	0	0	0	0	1	0	82H
7	1	1	1	1	1	0	0	0	F8H
8	1	0	0	0	0	0	0	0	80H

续表

显示字符	dp	g	f	e	d	c	b	a	字 形 码
9	1	0	0	1	0	0	0	0	90H
A	1	0	0	0	1	0	0	0	88H
B	1	0	0	0	0	0	1	1	83H
C	1	1	0	0	0	1	1	0	C6H
D	1	0	1	0	0	0	0	1	A1H
E	1	0	0	0	0	1	1	0	86H
F	1	0	0	0	1	1	1	0	8EH
-	1	0	1	1	1	1	1	1	BFH
.	0	1	1	1	1	1	1	1	7FH
熄灭	1	1	1	1	1	1	1	1	FFH

需要说明的是，由于制板布线的需要，D0~D7 与 a~dp 的关系并不会总是一一对应的，不同的对应关系会有不同的显示码，通过简单的测试，即可得到各个字符的显示码，在实际应用时，既不要对不是这个对应关系的硬件感到疑惑，也不要在自己设计电路时死搬硬套这里的对应关系。

2. 静态显示原理

静态显示是指数码管显示某一字符时，相应的发光二极管恒定导通或恒定截止。

这种显示方式的各位数码管相对控制器件相互独立，公共端恒定接地(共阴极)或接正电源(共阳极)。每个数码管的 8 个字段分别与一个 8 位 I/O 口地址相连，I/O 口只要有段码输出，相应字符即显示出来，并保持不变，直到 I/O 口输出新的段码。

采用静态显示方式，较小的电流即可获得较高的亮度，且占用 CPU 时间少，编程简单，显示便于监测和控制。

实际应用的有两种静态显示形式：一种是相对单片机并行的静态显示型数码管，另一种是相对驱动器件并行而相对单片机为串行的数码管。前者占用的 I/O 口多，一个 40 脚的单片机最多只能接 4 个数码管，后者可用串行移位寄存器(如 74595、74164 等)级联组成，也可用专用的集成电路，占用 2~3 个 I/O 口，即可驱动足够多的七段数码管。

市场上成熟的产品有 LED 型的，也有 LCD 型的，位数多少也可选择，集成度高、体积小，具有较高的性价比。

3. 动态显示原理

动态显示是一位一位地轮流点亮各位数码管，这种逐位点亮显示器的方式称为位扫描。

通常，各位数码管的段选线相应地并联在一起，由一个 8 位的 I/O 口控制，也可通过一个移位寄存器来串行输出，可以节省更多的端口，称为数码管的数据端口；各位的位选线(公共阴极或阳极)由另外的 I/O 口线控制，也可以通过译码器来控制，可以节省更多的端口，称为数码管的控制端口。动态方式显示时，各数码管分时轮流选通，要使其稳定显示，必须采用扫描方式，即在某一时刻只选通一位数码管，并送出相应的段码，在另一时刻选通另一位数码管,并送出相应的段码。依此规律循环,即可使各位数码管显示将要显示的字符。这些字符是在不同的时刻分别显示的,但由于人眼存在视觉暂留效应,只要每位显示间隔足够短,就可给人以同时显示的感觉。

采用动态显示方式比较节省 I/O 口,硬件电路也较静态显示方式简单,但其亮度不如静态显示方式,而且在显示位数较多时,CPU 要依次扫描,会占用 CPU 较多的时间。

4. 数码管显示电路图

图 6-4 和图 6-5 分别为静态显示和动态显示的原理图,它们都能完成相同的工作,但在实现方法上有所不同。在静态显示时,计数的值发生改变时,才进行数据的显示更新;而在动态显示时,由于数据端公用,所以需要循环显示,并且要在 20ms 内完成一次循环,才能保证显示的字符不闪烁。

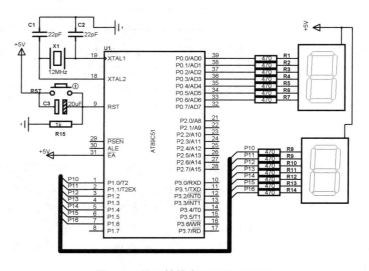

图 6-4　数码管静态显示的原理图

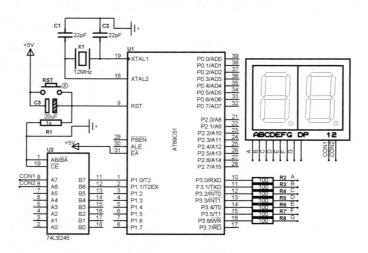

图 6-5　数码管动态显示的原理图

6.2.2　控制程序及流程图

使用静态显示和动态显示，可以实现相同的功能。除了硬件的区别外，两者在程序实现上也有很大的差别。在静态显示时，只需要在数据改变时更新显示，一般在主程序中完成；而在动态显示时，更新显示的频率很高，在主程序中实现的话，会影响单片机处理其他任务，或者会影响显示的稳定性，在程序较长时尤其如此，所以一般用定时中断来完成，以避免单片机资源的浪费。

下面是针对图 6-4 的静态显示和针对图 6-5 的动态显示的两种实现 00~99 秒循环计时的程序。

1. 数码管静态显示程序

数码管静态显示程序如下：

```
#include <reg51.h>                //包含 C51 文件头
unsigned int microsecond250;      //每 250 微秒中断次数寄存器
unsigned char second;             //秒计数寄存器
unsigned char led[] = {0xc0,0xf9,0xa4,0xb0,0x99,0x92,0x82,0xf8,0x80,0x90};
main()    //主函数
{
    EA = 1;            //开总中断
    ET0 = 1;           //开定时器 0 中断
    TMOD = 0X02;       //定时器 0 工作方式 2
    TL0 = 0x06;        //250 微秒定时初值
    TH0 = 0X06;        //250 微秒定时初值
    TR0 = 1;           //启动定时器 0
    while(1)
    {
    }
}

timer0() interrupt 1 using 2        //定时计数器 0 中断子程序
{
    microsecond250++;               //250 微秒中断次数累加
    if(microsecond250 >= 4000)      //够 1 秒累加
    {
        second++; microsecond250=0;
    }
    if(second>=100) second=0;       //0~99 控制
    P0 = led[second/10];            //显示时间的十位数
    P1 = led[second%10];            //显示时间的个位数
}
```

2. 数码管动态显示程序

数码管动态显示程序如下：

```c
#include <reg51.h>                    //包含 C51 头文件
#include <intrins.h>                  //包含内部函数
unsigned int microsecond250;          //每 250 微秒中断次数寄存器
unsigned char second;                 //秒计数寄存器
unsigned char led[] = {0xc0,0xf9,0xa4,0xb0,0x99,0x92,0x82,0xf8,0x80,0x90};
void delay2ms(void)      //显示用延时
{
    unsigned char a, b;
    for(b=4; b>0; b--)
        for(a=248; a>0; a--)
            ;
    _nop_();           //if Keil, require use intrins.h
}
void delay10us(void)     //熄灭用延时
{
    unsigned char a, b;
    for(b=1; b>0; b--)
        for(a=2; a>0; a--)
            ;
}
main()                //主函数
{
    EA = 1;            //开总中断
    ET0 = 1;           //开定时器 0 中断
    PT0 = 1;           //定时器 0 中断为高优先级
    ET1 = 1;           //开定时器 1 中断
    TMOD = 0X22;       //定时器 0 与 1 的工作方式为 2
    TL0 = 0x06;        //250 微秒定时初值
    TH0 = 0X06 ;       //250 微秒定时初值
    TR0 = 1;           //启动定时器 0
    TH1 = 236;         //自动重装初值,定时 20 毫秒
    TL1 = 236;         //自动重装初值,定时 20 毫秒
    TR1 = 1;           //启动定时器 1
    while(1) { }       //此处写主处理程序
}
timer0() interrupt 1 using 2          //定时器 0 中断子程序
{
    microsecond250++;                 //250 微秒累加
    if(microsecond250>=4000) { second++; microsecond250=0; } //够 1 秒累加
    if(second>=100) second=0;         //0~99 控制
}
timer1() interrupt 3 using 3          //定时器 1 中断子程序
{
    P3=led[second/10]; P1=1;          //显示时间的十位
    delay2ms();          //点亮 2 秒
    P1 = 0;              //显示时间的十位
    delay10us();         //熄灭 10 微秒,在 Proteus 仿真中无此熄灭,会出现乱码
    P3=led[second%10]; P1=2;          //显示时间的个位数
```

```
Delay2ms();
P1 = 0;                    //显示时间的个位
delay10us();
}
```

6.3　键盘及接口

6.3.1　键盘原理及控制电路

1. 键盘的分类

键按照结构原理可分为两类：一类是触点式开关按键，如机械式开关、导电橡胶式开关等；另一类是无触点式开关按键，如电气式按键，磁感应按键等。前者造价低，后者寿命长。目前，微型计算机系统中最常见的是触点式开关按键。

按键按照识别键的原理，可分为编码键盘与非编码键盘两类，这两类键盘的主要区别是如何识别键符及给出相应键码的方法。编码键盘主要是用硬件来实现对键的识别，非编码键盘主要是由软件来实现键盘的定义与识别。考虑造价及灵活性的原因，单片机键盘多采用非编码键盘。但是，如果实际需要，完全可以把计算机的通用键盘设计为单片机的输入键盘。

键盘按照连接方式不同，还可分为独立式键盘和矩阵式键盘。前者各自独立，每一个键占用一个 I/O 口，结构简单，按键识别也简单，仅在需要的键较少的场合采用；后者是在两组行列线的交点上安装按键，较节省 I/O 口，8 个 I/O 口即可组成最多 16 个按键，但布线稍有点复杂，按键识别也比独立式按键难一点。

独立式按键属于简单输入控制，此处主要介绍矩阵式键盘。

单片机的键盘通常使用机械触点式按键开关，其主要功能是把机械上的通断转换成为电气上的逻辑关系。也就是说，它能提供标准的 TTL 逻辑电平，以便与通用数字系统的逻辑电平相容。

机械式按键在按下或释放时，由于机械弹性作用的影响，通常伴随着一定时间的触点机械抖动，然后其触点才稳定下来。抖动过程如图 6-6 所示，抖动时间的长短与开关的机械特性有关，一般为 5~10ms。

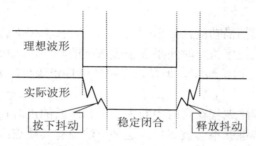

图 6-6　按键触点的机械抖动

在触点抖动期间检测按键的通与断状态，可能导致判断出错，即按键一次按下或释放被错误地认为是多次操作，这种情况是不允许出现的。为了克服按键触点机械抖动所致的检测误判，必须采取措施消除这种干扰。有硬件方法和软件方法：硬件方法主要是采用 RS 触发器，速度高，但结构复杂，成本高；软件方法正好相反，对于手动输入键盘采用软件方法去抖动即可，在检测到按键输入端有预定的电平出现时，执行一个 10ms 左右的延时后(具体时间应视所使用的按键进行调整)，再确认该键电平是否仍存在，若是，则确认该键处于操作状态，可以进行下一步的操作。

2. 编制键盘程序时应处理的问题

一个完善的键盘控制程序应处理好以下问题。

(1) 无论采用扫描的方法，还是中断的方法，都能不遗漏地及时检测到有键按下。

(2) 无论采用软件方法还是硬件的方法，须具有去抖动功能。

(3) 当一个键长时间按下时如何处理，即只响应一次，还是隔一段时间响应一次。

(4) 当有多个键同时按下时如何处理。

3. 按键扩展

当实际的按键数少于预定功能数时，就需要进行扩展。扩展的方法有多种。

(1) 组合键：采用几个按键同时按下，组成一个功能。如此，可以极大地扩展键盘功能，但是，多按键同时按下不够方便，也不够直观。

(2) 第二功能键：如通用计算机键盘一样，设置一个上挡键，当上挡键起作用时，即为有第二功能的按键开启了第二个功能，这样，键盘的按键数可以扩展一倍。上挡键可以设计成自锁方式，也可以设计成点动方式。

(3) 长按：一个按键可以在时间上定义两个功能，短时按下启动一个功能，长时间按下则启动另一个功能。显然，长按时的操作速度较低，可以定义不需要高频操作的功能，如开机与关机。

(4) 双击：如通用计算机的鼠标一样，可以对一个按键定义双击功能，这局限于操作者的灵活性与按键种类

选择方法时，在满足用户需要的前提下，按键功能设置和位置布局要合理，软件上处理要简单，硬件选择上要可靠；最后，还要考虑硬件的成本问题。

4. 按键工作方式

(1) 主程序扫描。

在主程序中编写按键扫描功能及处理程序，如果有按键按下就处理，否则跳过这一步执行下一步程序，只要主程序执行时间小于按键按下的时间，就可以保证键按下时不会漏扫。这种方法占用的 CPU 时间较多，但是，占用软硬件资源少，处理简单。

(2) 定时中断扫描。

把按键扫描及处理程序编程在定时中断中，进行间断的定时扫描，只要键按下的时间大于定时中断的间隔，按键就不会被漏扫。这种方法也有其缺点：其一，一旦启动，就会一直执行下去，无论有无按键按下；其二，如果有高一级的中断，会被高一级的中断短时

间屏蔽，可能会产生漏扫的情况，所以，如果程序中需要多个中断，其优先级需要处理得当；其三，要占用定时计数器软件资源。

(3) 外中断扫描。

这种方法是把键盘行线或列线与外中断口(或扩展外中断)通过一个多输入与门联系起来，一旦有按键按下，就会产生中断，然后扫描判断与处理即可。这种方法占 CPU 资源最小，即时性也最好，但是占用一个外中断资源，并增加了硬件投入(最少也要几个二极管来组成一个多输入与门)。

6.3.2 矩阵键盘的按键识别方法

按键的识别方法有两种，逐行扫描式和反转式。前者过程多、速度低，实际应用不多，后者则较为简单，所以建议使用后者。以下结合图 6-7，说明按键识别的方法。

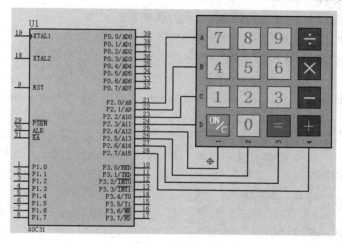

图 6-7 键盘控制原理

图 6-7 中是 4×4 的矩阵式键盘，4 行接在 P2.0～P2.3，4 列接在 P2.4～P2.7。需要说明的是，这 8 根线在单片机上没有固定的接法，只要一对一地接 8 个 I/O 口即可(接在 P0 口时，要保证能读到高电平)，但是，接线越有规律，程序处理上越简单，并且，不同的接法某个键对应的键值是不相同的。

在处理程序上要先设置三个寄存器，例如 jianzhi、hangzhi、liezhi。

按键识别的步骤如下。

(1) 在按键识别程序中置 P2=0xF0。读 P2，如果是 0xF0，则跳过按键识别程序往下执行其他程序，否则开始延时。

(2) 延时结束，再读 P2，如果还是 0xF0，则跳过按键识别程序往下执行其他程序，否则，读 liezhi=P2。

(3) P2=0xFF，反转预读。

(4) 反转 P2 电平再读 hangzhi=P2。

(5) 执行 jianzhi=hangzhi+liezhi，即可取得当前的按键值。

根据按键识别原理，容易知道，图 6-7 中各键的键值如表 6-2 所示。

表 6-2　4×4 键盘各键的键值

		各列特征值			
		0xE0	0xD0	0xB0	0x70
各行特征值	0x0E	0xEE	0xDE	0xBE	0x7E
	0x0D	0xED	0xDD	0xBD	0x7D
	0x0B	0xEB	0xDB	0xBB	0x7B
	0x07	0xE7	0xD7	0xB7	0x77

【例 6.3】对于如图 6-7 所示的电路图，请编写程序实现如下功能。

① 键盘扫描以定时中断的方式实现。

② 当一个键长时间按下时，只响应一次。

③ 当多个键同时按下时，只有第一个键能响应。

④ 把判断出的键的键值以十六进制的方式显示于 P1 口。

⑤ 按"+"键时，P3 口的值加 1；按"-"键时，P3 口的值减 1。

解：

第一个功能需要开启一个定时器，此处开启的是 T0，时间为 250 微秒，足够短，实际以不大于最长有效按键时间为准。

第二个功能需要设置一个执行过标志，执行过置位，只有当按键释放时才复位，并且关键的一步是：如果此标志处于置位状态，就不扫描按键处理程序，这样，就可以保证长按按键时，只执行一次。

第三个功能，实际上，我们说的"同时"，对于单片机而言是不会出现的，因为它的速度足够高，总会有第一个，并且会有效执行，后再有键按下，就会出现非法值，而在按键功能执行程序中，非法键值是自然淘汰的，如果真地出现了绝对的同时，读到的也是一个非法键值，则一个键也不会被执行。

第四个功能，只需要把组合出来的键值输出到 P1 口即可。

第五个功能最常用的就是使用 switch 分支语句，对应键值，写其执行的功能即可。

程序清单如下：

```
#include <reg51.h>          //包含 C51 头文件
#include <intrins.h>        //包含内部函数
unsigned char jianzhi;      //键值寄存器
unsigned char hangzhi;      //行值寄存器
unsigned char liezhi;       //列值寄存器
bit flag;                   //按键执行标志：0-未执行过，1-执行过
void delay10ms(void)        //去抖动延时
{
    unsigned char a, b, c;
    for(c=1; c>0; c--)
        for(b=38; b>0; b--)
            for(a=130; a>0; a--)
                ;
}
```

```
main()                    // 主函数
{
    EA = 1;               //开总中断
    ET0 = 1;              //开定时器 0 中断，作为键盘的定时扫描
    TMOD = 0X02;          //定时器 0 工作方式 2
    TL0 = 0X00;           //250 微秒定时初值，可选
    TH0 = 0X00;           //250 微秒定时初值，可选
    TR0 = 1;              //启动定时器 0
    while(1)
    {
        if(P2 == 0XF0) //如果按键释放，复位按键执行过标志，可以保证长按只执行一次
            flag = 0;
        P1 = jianzhi;          //键值输出
    }
}
timer0() interrupt 1 using 2 //定时计数器 0 中断子程序
{
    TR0 = 0;                   //关闭定时器 0
    P2 = 0XF0;                 //置键盘输入口初值
    if(P2!=0XF0 && flag==0) //判有无键按下
    {
        delay10ms();           //有键按下延时 10ms
        if(P2!=0XF0 && flag==0) //再判信号是否存在，如果不存在，则认为是干扰，跳过
        {
            P2=0XF0; liezhi=P2;        //信号仍存在，读列值
            P2 = 0XFF;                 //反转预读，否则将读错键值
            P2=0X0F; hangzhi=P2;       //反转并读行值
            jianzhi = liezhi + hangzhi; //合成键值
            flag = 1;                  //置执行结束标志
            switch(jianzhi)            //按键功能执行
            {
                case 0x77: P3++; break;      //加号键使 P3 加 1
                case 0x7B: P3--; break;      //减号键使 P3 减 1
                default: break;              //其他按键无任务执行
            }
        }
    }
    TR0 = 1;   //一次扫描结束，重新开启定时中断
}
```

6.3.3　拨码盘

拨码盘又叫 BCD 码拨码盘，是在控制系统中常用到的一种输入设备，用于系统中预置数据的输入，但它同时具备输出显示的特点，因为它为系统输入的参数在盘面上就可以看到，非常直观。

拨码盘由一个个的短节(位)组成，根据实际需要，可选择不同的节数，每一个短节由 4 条字线和一条位线组成，所有的位线各自独立接至单片机的不同端口，4 条字线则前后贯

穿连接所有的字线，接至单片机的另外 4 个端口上，其实物与原理如图 6-8 所示。

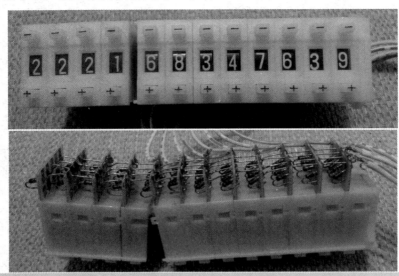

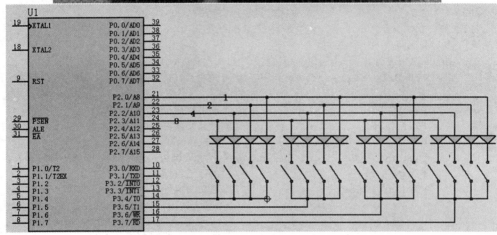

图 6-8　BCD 码拨码盘的实物和原理图

设置数据时，通过盘面上的"+"、"-"按键操作，当显示不同的阿接伯数字时，原理图中有对应不同的开关通断，如显示 3 时，1 和 2 线上的开关接通，显示 9 时，8 线与 1 线上的开关接通，4 个通断开关组成的逻辑数正好是这个阿拉伯数字的 BCD 码，故称 BCD 码拨码盘。

从 BCD 码拨码盘的原理图不难看出，单片机读取拨码盘的方法是：依次从高到低或从低到高读取各数位，读哪一位，哪一位的位线置低电平，预读并读取字线，取反，把这个数按进制累加到寄存器中，一位位地依次操作，最后，单片机就得到了预设的参数。参见如下的一个读拨码盘的程序，它实现了根据预设数据的大小控制闪烁灯快慢的功能。

程序清单：

```
#include <stc12c5a60s2.h>
#include <intrins.h>
#define uchar unsigned char
```

```
#define uint unsigned int
uint aa;
uint bb;
void delay10ms(void)    //闪灯基本延时
{
    unsigned char a, b, c;
    for(c=1; c>0; c--)
        for(b=38; b>0; b--)
            for(a=130; a>0; a--)
                ;
}
void main()
{
    while(1)
    {
        aa = 0;             //预设值更新前清零
        P3 = 0XEF;          //拨码盘的个位，P3.4 口置低电平
        P2 = 255;           //P2 口预读
        aa = aa+(~P2);      //个位数计入预设寄存器中
        P1 = 0XDF;          //拨码盘的十位，P3.5 口置低电平
        P2 = 255;           //预读
        aa = aa+(~P2)*10;   //十位数计入预设寄存器中
        P3 = 0XBF;          //拨码盘的百位，P3.6 口置低电平
        P2 = 255;           //预读数据口
        aa = aa + (255-P2)*100;   //百位数计入预设寄存器中
        P3 = 0X7F;          //拨码盘的千位，P3.7 口置低电平
        P2 = 255;           //预读数据口
        aa = aa + (255-P2)*1000;  //千位数计入预设寄存器中
        bb = aa;            //闪灯计时变量赋值
        while(bb--)         //闪烁间隔计时
        {
            delay10ms();
        }
        P0 = ~P0;           //闪烁灯取反
    }
}
```

6.4 红外线遥控

遥控在现代世界中已比比皆是。即使在普通家庭生活中，也应用颇多，如电视机、空调器、电风扇、台灯、儿童玩具、车库大门、汽车钥匙等。

那么，在单片机控制系统中，也往往会用到远程的控制，这就需要用到遥控技术。

手持式遥控器可有两种输出方式，即红外线和无线电波。红外线的特点是方向性强，控制距离短，干扰和抗干扰性能优良，小范围多机同时使用也互不干扰，最适合于近距离定向控制家电产品。无线电波则无定向性，控制距离可远可近，有一定的干扰性，调制方

式为数字调制，并具有多种通信协议，所以，即使是同一个频率，也可以为多对设备在一个范围内同时使用，还互不干扰。

单片机结合红外遥控的优点，在于仅用一个 I/O 口就可以扩展出几十个按键，同时，还具备了遥控功能。

6.4.1　红外遥控的工作原理

红外线遥控系统是由发送端和接收端两部分组成的，如图 6-9 和图 6-10 所示。

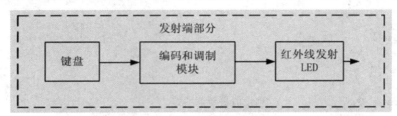

图 6-9　红外线发射端的工作框图

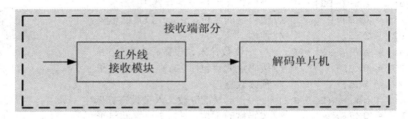

图 6-10　红外线接收端的工作框图

红外线发送端就是红外遥控器，主要包括键盘、编码调制芯片、红外线发送 LED。

当按下某一按键后，遥控器上的编码芯片便进行编码，编制码对载波进行键控调制，而成为调制信号，再经红外线发送二极管，将红外线信号发送出去。

红外线接收端主要包括红外线接收模块、解码单片机。其中，红外线接收模块里包含光电转换放大器、解调电路。当红外线发送信号进入接收模块后，在其输出端便可以得到原先的数字控制编码，再经过单片机解码程序进行解码，便可以得知按下了哪一按键，从而完成红外线遥控的动作。

6.4.2　红外遥控的编码协议

在我们设计红外控制系统时，根据需要，可以定制具有自己设计观和功能的遥控器，也可以借用现有的家电产品的遥控器来取代，不需要做任何的更改。接收部分则需要一个接收头。

图 6-11 所示的三只引脚的器件(二引脚的是发射管)，占用一个单片机的 I/O 口。

配正负两个电源线即可。关键的就是解码程序的编制。要想正确解码，必须知道红外遥控的编码协议。红外线遥控器的编码协议与所使用的编码芯片有关，不同的芯片，编码协议有所不同；但基本原理相似。不同遥控器生产商不会都用同一种编码芯片。以下是两种常见的编码协议。

图 6-11 红外接收与发送管

1. NEC 协议

NEC 开发的 NEC 红外协议的特征如下：

● 8 位地址码，8 位命令码。
● 完整发送两次地址码和命令码，以提高可靠性。
● 脉冲时间长短调制方式。
● 38kHz 载波频率。
● 位时间 1.12ms 或 2.25ms。

每个脉冲为 560μs 长的 38kHz 载波(约 21 个载波周期)。逻辑"1"为 560μs 长的脉冲加 1690μs 的间隔(共 2250μs)，逻辑"0"为 560μs 长的脉冲加 560μs 的间隔(共 1120μs)，如图 6-12 所示。

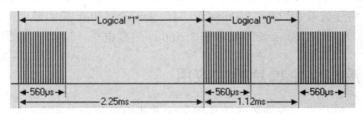

图 6-12 逻辑 1 与 0 的区别

每次发送的信息，首先是用于调整红外接收器增益的 9ms AGC(自动增益控制)高电平脉冲，接着是 4.5ms 的低电平，接下来便是地址码原码、地址码反码、命令码原码、命令码反码，正反码都发送用于验证接收的信息的准确性。因为每位都发送一次它的反码，所以，总体的发送时间是恒定的，如图 6-13 所示。如同一般的按键处理一样，如果一直按着某个按键，也有特殊的处理，这时发送的则是以 110ms 为周期的重复码，重复码是由 9ms 的 AGC 高电平和 4.5ms 的低电平及一个 560μs 的高电平组成。

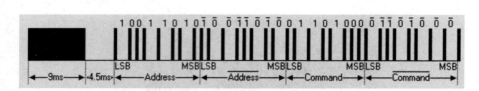

图 6-13   NEC 协议

2. Nokia NRC17 协议

Nokia 协议使用 17 比特位发送红外指令。这个协议设计用于 Nokia 系列的消费电子产品，即 Nokia 近年来生产的电视机、录像机和卫星接收机上。另外，一些衍生姊妹品牌，如 Finlux 和 Salora 的产品，也使用这个协议。协议特征如下：

- 8 位命令码，4 位地址码，地址扩展码的 4 位子码。
- 双向解码。
- 38kHz 载波。
- 位传送时间 1ms。

该协议采用 38kHz 载波，所有位的时间都相等，且都为 1ms，每位有一半的时间(500μs)是 38kHz 载波，另一半时间是空闲的低电平。逻辑 1 表示先 38kHz 载波，后低电平；逻辑 0 则正好相反。为降低功耗，38kHz 载波信号的占空比为 1/4，即 38kHz 载波信号的周期里，只有 1/4 是高电平。它的编码内容为：第一个脉冲叫作预脉冲，它由 0.5ms 的 38kHz 载波紧跟 2.5ms 的空闲低电平的 3 个位时间组成。接着发送的是值总为 1 的起始位，起始位后，接着发送的是以低位首先发送的 8 位命令码，紧接着的，是由 4 位组成的器件地址码。最后发送的，是可被看作地址扩展码的 4 位子码。一串信息由 3ms 预脉冲和每位 1ms 的 17 位值组成。时间总和为 20ms。

除了上述两种协议外，还有夏普协议、索尼 SIRC 协议、飞利浦 RC-5 协议、ITT 协议等。了解一个协议的目的是应用，如果拿到一个遥控器而不知它的协议，大可不必花费精力和时间开发它，换一个熟悉协议的遥控器就是了。当然，如为学习，还是要坚持下来的。

最后需要说明的是，以上所说的电平的长短是发送端的格式，到接收端后，由于接收器的原因，信号将正好反相过来，也即逻辑"1"为一个 560μs 长的低电平加 1690μs 的高电平，逻辑"0"为一个 560μs 长的低电平加 560μs 的高电平，这点一定要明白。

6.4.3   红外遥控结合单片机的应用

与键盘一样，单片机接收红外接收头信号的方式也可分为主程序扫描、定时扫描和外中断响应三种方式。以下以 NEC 协议为例，讲解它的编程方法。

接收的关键问题，是识别协议中的逻辑 1 和逻辑 0。各协议虽有不同，但有一点是相同的，那就是都用脉冲(高电平)与空白(低电平)长短不同以及出现的先后顺序来组合成 TTL电平中的逻辑 0 和 1，所以，在单片机接收时，就是以其长短和出现的先后来确定接收到的是 0 还是 1，之后，再依据其协议，识别出起始和结束码、地址和命令，再之后，使用不同的命令做不同的事情即可。

【例 6.4】已知一对红外发射接收设备，采用 NEC 通信协议，红外接收头安装于 P3.3

口，即第二外中断口，请以外中断响应的工作方式编制接收程序，并通过串行口，把接收的指令显示于串口调试软件界面。参考程序清单如下：

```c
/*红外摇控信号的格式：引导码、用户码、用户反码、命令原码、命令反码
引导码：900 微秒低电平加 450 微秒高电平
0：560 微秒低电平加 560 微秒高电平
1：560 微秒低电平加 1690 微秒高电平*/
#include <STC12C5A60S2.h>         //STC12C5A60S2 单片机的 12MHz 晶体
sbit P33 = P3^3;                  //P3.3 为红外信号接收端
unsigned char adder1;            //地址 1，原码
unsigned char adder2;            //地址 2，反码
unsigned char command1;          //命令 1，原码
unsigned char command2;          //命令 2，反码
unsigned char i, x;              //中间变量
send(unsigned char aa)           //串口发送子程序
{
    SBUF = aa;                   //向计算机发送一个字节
    while(TI == 0);
    TI = 0;
}
main()                           //主程序
{
    EA = 1;                      //开总中断
    EX1 = 1;                     //开启外中断 1
    TMOD = 0X01;                 //定时器 0 工作方式 1
    IT1 = 1;                     //外中断 1 下降沿工作方式
    while(1)                     //主程序无条件循环
    {
        WDT_CONTR = 0x31;        //软件看门狗，可保证来信号时不会意外死机
        P0 = ~command2;          //接收到的命令输出到 P0 口，P0 口接有低电平驱动 LED
    }
} //main end
/***********************中断接收程序***********************/
ex1() interrupt 2 using 1        //在外中断 1 中接收红外信号
{
    EX1 = 0;                     //接收处理期间，关闭外中断
    TH0 = TL0 = 0;               //定时器 0 的初值
    while(P33==0);   //接收到的第一个 900μs 低电平等待
    while(P33==1);   //接收到的第二个 450μs 高电平等待
    /*********判断地址和信号******************/
    adder1 = 0;                  //地址 1 寄存器清 0
    for(i=0; i<8; i++)           //判断地址 1 的 8 位
    {
        while(P33 == 0);         //560μs 低电平等待
        TR0 = 1;                 //开启定时器 0
        while(P33==1);           //高电平期间等待
        TR0 = 0;                 //关闭定时器 0

        /*逻辑 0 与 1 的高电平时间分别为 560μs 和 1690μs，所以，如果测到的高电平时间大于
```

```
        1000μs，可断定接收到的为逻辑 1，否则为逻辑 0*/
        if(TH0*256+TL0 > 1000) x = 0X80;
        else x = 0;

        //由于发送端是低位先发，所以右移一位，加上判断出来的 1/0
        adder1 = (adder1>>1) + x;
        TH0 = TL0 = 0;               //定时器 0 清零
    }
    adder2 = 0;
    for(i=0; i<8; i++)               //判断地址 2 的 8 位
    {
        while(P33==0);
        TR0 = 1;
        while(P33==1);
        TR0 = 0;
        if(TH0*256+TL0 > 1000) x = 0x80;      //先来的为低位
        else x = 0;
        adder2 = (adder2>>1) + x;
        TH0 = TL0 = 0;
    }
    command1 = 0;
    for(i=0; i<8; i++)               //判断命令 1 的 8 位，原码
    {
        while(P33==0);
        TR0 = 1;
        while(P33==1);
        TR0 = 0;
        if(TH0*256+TL0 > 1000) x = 0X80;
        else x = 0;
        command1 = (command1>>1) + x;
        TH0 = TL0 = 0;
    }
    command2 = 0;
    for(i=0; i<8; i++)               //命令 2，反码
    {
        while(P33==0);
        TR0 = 1;
        while(P33==1);
        TR0 = 0;
        if(TH0*256+TL0 > 1000) x = 0X80;
        else x = 0;
        command2 = (command2>>1) + x;
        TH0 = TL0 = 0;
    }
/****************以下串口输出程序，实际应用时可根据需要留存****************/
/*串口通信是我们开发硬件时编制程序的一个重要工具，通过它，可以从计算机上的串口调试
  软件界面直观地看到我们想看到的所有数据，尤其对于那些莫明其妙的现象，都可以从数据中
  判断其原因所在*/
    TMOD = 0x20;        //定时器 1 为波特率发生器
```

```
AUXR |= 0x40;        //单片机定时器采用1T 模式
TH1 = 0xd9;          //波特率为9600
TL1 = 0xd9;
SCON = 0x40;         //串口工作方式1，10 位异步发送
PCON = 0x00;         //不使用波特率加倍
TR1 = 1;             //开启定时器1
```

```
/*解码正确则执行输出。最初编制开发红外遥控器程序时，由于地址和命令的原反码之间的
 关系并不一定就与资料上的一样(如TCL 电视机的一个遥控器发送的两个地址是一样的，
 这并不重要，只要接收到的某个键的每一次的编码稳定不变，就具有实用价值)，所以，
 这个限定条件先不要加，等清楚其关系后，再加诸如此类的限定条件，以确保接收设备
 相对遥控器的针对性*/
if((adder1==adder2) && (command1+command2==0xff))
{
    send(adder1);
    send(adder2);
    send(command1);
    send(command2);
}
TR1 = 0;      //关闭波特率发生器
EX1 = 1;      //重启外中断1
}
```

6.5　LCD 点阵液晶显示器

6.5.1　TC1602A 简介

　　点阵字符型液晶显示器是专门用于显示数字、字母、图形符号及少量自定义符号的显示器。由于具有功耗低、体积小、重量轻、超薄等优点，自问世以来，LCD 就得到了广泛的应用。字符型液晶显示器模块在国际上已经规范化，在市场上，内核为HD44780 的较常见。本节以内核为HD44780 的 TC1602A 型 LCD 为例介绍其使用方法。

1. TC1602A 的特点

(1) 可与8 位或4 位微处理器直接相连。

(2) 内藏式字符发生器 ROM 可提供160 种工业标准字符，包括全部大小写字母、阿拉伯数字及日文假名，以及32 个特殊字符或符号的显示。

(3) 内藏 RAM 可根据用户的需要，由用户自行设计，定义字符或符号。

(4) 采用+5V 单电源供电。

(5) 拥有低功耗(10mW)。

2. 引脚及其功能

TC1602A 共有16 个引脚，其中，引脚15、16 为背光源输入。由于 TC1602A 液晶块

是不带背光的，因此，我们可以不用它，其引脚及功能如表 6-3 所示。

表 6-3　TC1602A 的引脚功能

引　脚	符　号	输入输出	功能说明
1	VSS		电源地：0V
2	VDD		电源：5V
3	VEE		LCD 驱动电压：0V~5V
4	RS	输入	寄存器选择：0 - 指令寄存器；1 - 数据寄存器
5	R/$\overline{W}$	输入	1 - 读操作；0 - 写操作
6	E	输入	使能信号：R/$\overline{W}$ =1，E 下降沿有效；R/$\overline{W}$ =0，E 高电平有效
7~10	D0~D3	输入/输出	数据总线的低 4 位，与 4 位 MCU 连接时不用
11~14	D4~D7	输入/输出	数据总线的高 4 位

3. 指令系统

内含 HD44780 控制器的液晶显示模块 TC1602A 有两个寄存器：一个是命令寄存器，另一个是数据寄存器。所有对 TC1602A 的操作必须先写命令字，再写数据。内含 HD44780 控制器的指令系统如表 6-4 所示，各指令功能介绍如下。

表 6-4　指令系统

控制信号		指令代码								功　能
RS	R/$\overline{W}$	D7	D6	D5	D4	D3	D2	D1	D0	
0	0	0	0	0	0	0	0	0	1	清屏
0	0	0	0	0	0	0	0	1	*	软复位
0	0	0	0	0	0	0	1	I/D	S	内部方式设置
0	0	0	0	0	0	1	D	C	B	显示开关控制
0	0	0	0	0	1	S/C	R/L	*	*	位移控制
0	0	0	0	1	DL	N	F	*	*	系统方式设置
0	0	0	1	ACG						CG RAM 地址设置
0	0	1	ADD							DD RAM 地址设置
0	1	BF	AC							忙状态检查
1	0	写数据								MCU→LCD
1	1	读数据								LCD←MCU

(1) 清屏指令。

清屏指令使 DDRAM 的内容全部被清除，光标回到左上角的原点，地址计数器 AC=0。

(2) 软复位指令。

本指令使光标和光标所在的字符回原点，但 DDRAM 单元的内容不变。

(3) 设置输入模式指令。

其中,I/D 用于控制当数据写入 DD RAM(CG RAM)或从 DD RAM(CG RAM)中读出数据时,AC 自动加 1 或自动减 1。I/D=1 时自动加 1;I/D=0 时自动减 1。而 S 则控制显示内容左移或右移:当 S=1 且数据写入 DD RAM 时,显示将全部左移(I/D=1)或右移(I/D=0),此时光标看上去未动,仅仅显示内容移动,但读出时显示内容不移动;当 S=0 时,显示不移动,光标左移或右移。

(4) 显示开关控制指令。

其中,D 是显示控制位。当 D=1 时,开显示;而 D=0 时则关显示,此时,DD RAM 的内容保持不变。

C 为光标控制位。当 C=1 时,开光标显示;C=0 时,则关光标显示。

B 是闪烁控制位。当 B=1 时,光标和光标所指的字符共同以 1.25Hz 的速率闪烁;B=0 时不闪烁。

(5) 位移控制指令。

此指令使光标或显示画面在没有对 DD RAM 进行读、写操作时被左移或右移。在两行显示方式下,光标或闪烁的位置从第一行移到第二行。移动真值表如表 6-5 所示。

表 6-5 移动真值表

S/C	R/L	说 明
0	0	光标左移,AC 自动减 1
0	1	光标右移,AC 自动加 1
1	0	光标和显示一起左移
1	1	光标和显示一起右移

(6) 系统方式设置指令。

这条指令设置数据接口位数等,即采用 4 位总线还是采用 8 位总线,显示行数及点阵是 5×7 还是 5×10。当 DL=1 时,选择数据总线为 8 位的,数据位为 D7~D0;当 DL=0 时,选择 4 位数据总线,这时,只用到了 D7~D4,而 D3~D0 不用。在此方式下,数据操作需要两次完成。当 N=1 时,两行显示;当 N=0 时为一行显示。当 F=0 时,为 5×7 点阵;当 F=1 时,为 5×10 点阵。

(7) CG RAM 地址设置指令。

这条指令设置 CG RAM 的地址指针,地址码 D5~D0 被送入 AC。在此后,就可以将用户自定义的显示字符数据写入 CG RAM 或从 CG RAM 中读出。

(8) DD RAM 地址设置指令。

此指令设置 DD RAM 地址指针的值,此后,就可以将要显示的数据写入到 DD RAM 中。在 HD44780 控制器中,由于内嵌有大量的常用字符,这些字符都集成在 CG ROM 中,当要显示这些点阵字符时,只须把该字符所对应的字符代码送到指定的 DD RAM 中即可。内含 HD44780 控制器的点阵字符型 LCD 显示器的字符代码如图 6-14 所示。

4. 操作时序

要想正确操作点阵字符型 LCD 液晶显示器,就必须满足它的时序要求,内嵌 HD44780

控制器的液晶显示器的读、写时序如图 6-15、6-16 所示，读写时序参数如表 6-6 所示。

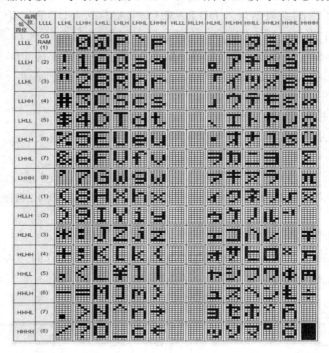

表 6-14　点阵字符型 LCD 的字符代码表

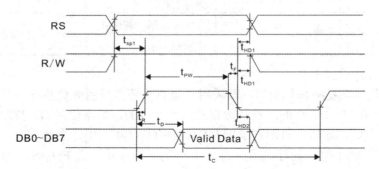

图 6-15　读操作时序

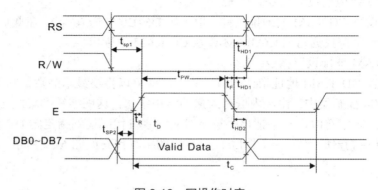

图 6-16　写操作时序

表 6-6 读写时序参数

时序参数	符 号	极 限 值			单 位	测试条件
		最 小 值	典 型 值	最 大 值		
E 信号周期	t_c	450	-	-	ns	引脚 E
E 脉冲宽度	t_{PW}	150	-	-	ns	
E 上升沿/下降沿时间	t_R, t_F	-		25	ns	
地址建立时间	t_{SP1}	30	-	-	ns	引脚 E、RS、
地址保持时间	t_{HD1}	10	-	-	ns	$R/\overline{W}$
数据建立时间(读操作)	t_D	-	-	100	ns	
数据保持时间(读操作)	t_{HD2}	20	-	-	ns	引脚
数据建立时间(写操作)	t_{SP2}	40	-	-	ns	DB0~DB7
数据保持时间(写操作)	t_{HD2}	10	-	-	ns	

在每次进行读写操作时，应首先检测上次操作是否完成，否则，将由于读写速度过快，而使一些命令丢失，或在每次读写操作后延时 1ms，等待读写完成。

6.5.2 控制电路

使用单片机的 P0 口传送数据。D0~D7、P2.0、P2.1、P2.2 分别控制 TC1602A 的 RS、$R/\overline{W}$ 和 E 引脚，即可完成对 TC1602A 的控制。控制电路如图 6-17 所示。

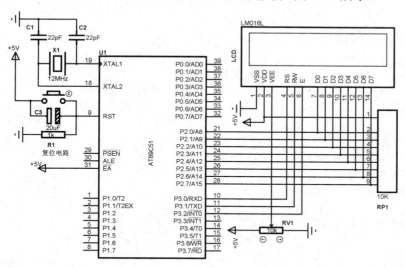

图 6-17 TC1602A 的控制电路

6.5.3 单片机对 LCD1602 的控制

【例 6.5】根据图 6-17 的硬件连接电路实现以下功能。

① 1602 屏的第一行正中央，显示实时时钟时分秒，并设置可以上下循环调整时分秒的值，且在第一行第一位有调节时分秒的指示和显隐功能。

② 在第二行正中显示"How are you!"。

解：

1602 在应用时要先进行初始化，设置各种工作方式。为了让程序简短、可读性强，最好把写命令和写数据的部分写成子程序。

时钟部分为了走时准确，较好的方法是让定时器工作于方式 2，为了可以调时，P1 口设计了三个按钮，第一个用于循环选择调节的对象，第二个用于增 1 调整，达上限值时，用软件置最小值，以实现上调的循环调整，第三个用于减 1 调整。当达到最小值时，再减 1 将会是 0xFF 的最大值，此时，需用软件置正常的最大值，以实现下调的循环调整。

第二个功能较为简单，只须直接把数据写入 1602 的 DDRAM 即可。

参考程序清单如下：

```
#include <reg51.h>
#include <intrins.h>
sbit RS = P3^0;          //1-数据寄存器；0-指令寄存器
sbit RW = P3^1;          //1-读；0-写
sbit E = P3^2;           //片选信号，写时下降沿有效，读时高电平有效

/*时分秒变量，循环显示变量，调整对象变量*/
unsigned char hour, minute, second, i, n=3;

unsigned char ha, hb, ma, mb, sa, sb;   //时分秒的十位与个位变量
unsigned int microsecond250;            //250 微秒中断计数变量
unsigned char code table[] = {"0123456789:How are you!MS"};//1602 的显示码
sbit reset = P1^7;       //调整对象循环变换按钮
sbit inc = P1^6;         //加 1 调整按钮
sbit dec = P1^5;         //减 1 调整按钮
bit flagreset, flaginc, flagdec;     //按钮执行过标志位
write_command(unsigned char a)       //1602 的写命令子程序
{
    P2 = a;
    RS = RW = E = 0;
    delay2ms();
    E=1; E=0;
}
write_data(unsigned a)    //1602 的写数据子程序
{
    P2 = a;
    RS = 1;
    RW = E = 0;
    delay2ms();
    E=1; E=0;
}
/////////////////////////////主程序/////////////////////////////
main()
```

```
{
    EA = 1;                     //开总中断
    ET0 = 1;                    //开定时器 T0 的中断
    TMOD = 0X02;                //定时器 0 工作方式 2
    TH0 = TL0 = 0X06;           //250μs 中断定时器 0 初值
    TR0 = 1;                    //开启定时器 0
    write_command(0x01);    //1602 初始化，清除屏幕，指令 1
    write_command(0x06);    //1602 初始化，移动光标，指令 3
    write_command(0x0f);    //1602 初始化，开显示，指令 4
    write_command(0x38);    //1602 初始化，8 位点阵方式，指令 6
    while(1)
    {
        /*n=0 调时，n=1 调分，n=2 调秒，n=3 关闭调整*/
        if(reset==0 && flagreset==0)
        { n++; if(n>=4) n=0; flagreset=1; }
        if(n==0 && inc==0 && flaginc==0)
        { hour++; if(hour>=24) hour=0; flaginc=1; }
        if(n==0 && dec==0 && flagdec==0)
        { hour--; if(hour>100) hour=23; flagdec=1; }
        if(n==1 && inc==0 && flaginc==0)
        { minute++; if(minute>=59) minute=0; flaginc=1; }
        if(n==1 && dec==0 && flagdec==0)
        { minute--; if(minute>100) minute=59; flagdec=1; }
        if(n==2 && inc==0 && flaginc==0)
        { second++; if(second>=59) second=0; flaginc=1; }
        if(n==2 && dec==0 && flagdec==0)
        { second--; if(second>100) second=59; flagdec=1; }
        if(reset==1) flagreset=0;       //执行过标志复位
        if(inc==1) flaginc=0;
        if(dec==1) flagdec=0;
        write_command(0x80);            //第一行第零位显示调整对象
        if(n==0) {write_data(table[11]);}   //显示 H，当前调整时
        if(n==1) {write_data(table[23]);}   //显示 M，当前调整分
        if(n==2) {write_data(table[24]);}   //显示 S，当前调整秒
        if(n==3) {write_data(table[14]);}   //不显示，关闭调整功能
        write_command(0x84);            //第一行第四位开始显示
        write_data(table[ha]);          //显示时 十位
        write_data(table[hb]);          //显示时 个位
        write_data(table[10]);          //显示:
        write_data(table[ma]);          //显示分 十位
        write_data(table[mb]);          //显示分 个位
        write_data(table[10]);          //显示:
        write_data(table[sa]);          //显示秒 十位
        write_data(table[sb]);          //显示秒 个位
        write_command(0xC2);            //第二行第二位开始显示
        for(i=11; i<23; i++)            //依次显示 How are you!
        {
            write_data(table[i]);
        }
```

```
    }
}
t0() interrupt 1 using 3    //时钟定时中断
{
    microsecond250++;
    if(microsecond250>=4000) { second++; microsecond250=0; }
    if(second==60) { second=0; minute++; }
    sa = second/10; sb = second % 10;
    if(minute==60) { minute=0; hour++; }
    ma = minute/10; mb = minute%10;
    if(hour==24) { hour=0; }
    ha=hour/10; hb=hour%10;
}
delay2ms()    //LCD执行延时子程序
{
    unsigned char a, b;
    for(b=8; b>0; b--)
        for(a=248; a>0; a--)
            ;
}
```

6.6 DS1302 实时时钟

6.6.1 实时时钟 DS1302

1. 实时时钟 DS1302 概述

DS1302 是 Dallas 公司推出的一款时钟/日历芯片。时钟操作可通过 AM/PM 指示决定采用 24 或 12 小时格式。

DS1302 与单片机之间能简单地采用同步串行的方式通信，仅须用到三个口线。

- $\overline{RST}$：复位。
- I/O：数据线。
- SCLK：串行时钟。

时钟 RAM 的数据读/写以一个字节或多达 31 个字节的字符组方式通信。DS1302 工作时功耗很低。保持数据和时钟信息时，功率小于 1mW。

DS1302 是由 DS1202 改进而来的，增加了以下的特性：双电源管脚，用于主电源和备份电源供电，Vcc1 为可编程涓流充电电源，附加 7 个字节存储器。

可见，DS1302 是一款性价比极高的时钟芯片。它已被广泛用于电表、水表、气表、电话、传真机、便携式仪器以及电池供电的仪器仪表等产品领域。其主要特性如下。

(1) 实时时钟具有能计算 2100 年之前的秒、分、时、天、月、年的能力，还有闰年调整的能力。

(2) 片内 8 位寄存器设有时间寄存器 7 个,写保护寄存器 1 个,涓流充电管理寄存器 1 个,时间寄存器突发模式管理寄存器 1 个,暂存数据存储(RAM)31 个。

(3) 串行 I/O 口方式使得管脚数量最少。

(4) 宽范围工作电压(2.0V~5.5V)。

(5) 当电压源电压为 2.0V 时,工作电流小于 300nA。

(6) 读/写时钟或 RAM 数据时,有两种传送方式:单字节传送和多字节传送方式。

(7) 可选工业级温度范围:$-40^{\circ}C \sim +85^{\circ}C$。

DS1302 的管脚排列及描述如图 6-18 及表 6-7 所示。

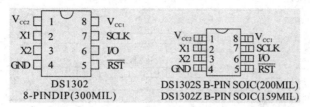

图 6-18　DS1302 的管脚排列

表 6-7　引脚功能

符　号	引　脚	功　能
X1、X2	2、3	32.768kHz 晶振管脚
GND	4	电源地
$\overline{\text{RST}}$	5	复位脚
V_{cc1}、V_{cc2}	1、8	电源供电管脚
I/O	6	串行数据 I/O
SCLK	7	串行时钟输入

2. 基本控制操作

为了初始化任何数据的传输,应先对 DS1302 进行复位操作,即给 $\overline{\text{RST}}$ 引脚一个上升沿脉冲,并且应将具有地址和控制信息的 8 位数据(控制字节)装入芯片的移位寄存器内,数据的读、写可以用单字节或多字节的突发模式进行。所有的数据应在时钟的下降沿写入端口,而在时钟的上升沿,从芯片或与之相连的设备进行输出。

3. 命令字节格式

命令字节的格式如下:

7	6	5	4	3	2	1	0
1	RAM/$\overline{\text{CK}}$	A4	A3	A2	A1	A0	RD/$\overline{\text{W}}$

每次数据的传输都是由命令字节开始,由它说明自己的身份,此字节是命令,要进行操作的对象,是时间寄存器还是 RAM 寄存器,要读写的地址,是读还是写。

位 7 必须是"1"。位 6 是读写寄存器的标识位:时间(0)、RAM(1)。位 5~1 以 5 位二进制数形式定义要进行读或写的片内寄存器的地址。位 0 决定对对象的操作类别：写操作(0)、读操作(1)。命令字节的传输总是从最低位开始。

4. 数据的写入或读出

对芯片的所有写入或读出操作都是由命令字节为引导的，每次仅写入或读出一个字节数据，称为单字节操作。每次对时钟/日历的 8 个字节或 31 个 RAM 字节进行全体写入或读出操作，称为多字节突发模式操作。数据传送格式如图 6-19 所示。

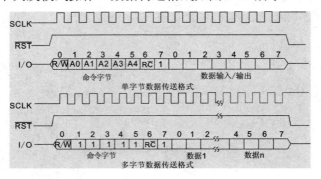

图 6-19　单字节和多字节数据传送格式

5. 片内寄存器地址及功能

DS1302 内部的各寄存器地址及功能如图 6-20 所示。

图 6-20　DS1302 内部的各寄存器地址及功能

其中，秒、分、时、日、月、星期、年的数据是以压缩的 8421 BCD 码形式存放的。

(1) 时钟/日历寄存器。

如图 6-20 所示，有秒、分、小时、日、月、星期和年共 7 个寄存器，其中，小时寄存器的最高位决定其为 12 小时制(1)或 24 小时制(0)。当为 12 小时制时，位 5 若为 0，就是上午(AM)，为 1 就是下午(PM)。

(2) 时钟暂停标志。

秒寄存器的最高位是时钟暂停标志。当该位被置 1 时，时钟振荡电路停止工作，DS1302 进入低功耗空闲状态，这时，芯片消耗电流将小于 100nA。当该位被置 0 时，时钟将会正常工作。

(3) 芯片写操作。

写保护寄存器的最高位是芯片的写保护位，位 0~6 应强制写 0，且读出时始终为 0。对任何片内时钟/日历寄存器或 RAM，在写操作之前，写保护位必须为 0，否则不可写入。通过置位写保护位，可提高数据的安全性。

(4) 涓流充电控制。

涓流充电寄存器控制着 DS1302 的涓流充电特性。寄存器的位 4~7 决定是否具备充电性能：仅在 1010 编码的条件下才具备充电性能，其他编码组合不允许充电。位 2 和位 3 选择在 V_{cc1} 和 V_{cc2} 之间是一个还是两个二极管串入其中。如果编码是 01，选择一个二极管；如果编码是 10，选择两个二极管；其他编码不允许充电。位 0 和位 1 用于选择与二极管相串联的电阻值，其中编码 01 为 2kΩ，10 为 4kΩ，11 为 8kΩ，而 00 将不允许充电。因此，根据涓流充电寄存器的不同编码，可得到不同的充电电流。充电电流的具体计算公式如下：

$$I = (5.0 - V_D - V_E) / R$$

式中：

- 5.0——V_{cc2} 所接入的工作电压。
- V_D——二极管压降，按 0.7V 计算。
- R——寄存器 0 和 1 为编码决定的电阻值。
- V_E——V_{cc1} 脚接入的电池电压。

(5) RAM 空间。

在 RAM 寻址空间依次排布的 31 字节静态 RAM 可为用户使用，如图 6-20 所示。

V_{cc1} 引脚的备用电源为 RAM 提供了失电保护功能，寄存器和 RAM 的操作通过命令字节的位 6 加以区分。当位 6 为 0 时，对 RAM 区寻址，为 1 时，对时钟/日历寄存器寻址。

6.6.2　控制电路

DS1302 的控制及显示电路如图 6-21 所示。

P1.5、P1.6 和 P1.7 分别连接 DS1302 的 $\overline{RST}$、SCLK 和 I/O 引脚，实现对 DS1302 的控制；P0 口连接 TC1602A 的 D0~D7，P2.0、P2.1、P2.2 分别连接 TC1602A 的 RS、R/$\overline{W}$ 和 E 引脚，实现对 TC1602A 的控制。

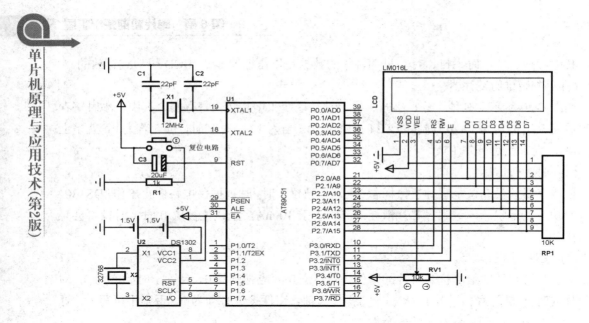

图 6-21　DS1302 的控制及显示电路

6.6.3　控制程序及流程图

【例 6.6】 用 DS1302 实现从 2016 年 3 月 1 日 13 时 29 分 31 秒开始计时,并在 1602 液晶屏上显示计时结果。参考程序清单如下:

```c
#include <reg51.h>
#define write_second_address   0x80        //秒的写命令字 80H
#define write_minute_address   0x82        //分的写命令字 82
#define write_hour_address     0x84        //时的写命令字 84H
#define write_day_address      0x86        //日的写命令字 86H
#define write_month_address    0x88        //月的写命令字 88H
#define write_week_address     0x8A        //周的写命令字 8AH
#define write_year_address     0x8C        //年的写命令字 8CH
#define read_second_address    0x81        //秒的读命令字 81H
#define read_minute_address    0x83        //分的读命令字 83H
#define read_hour_address      0x85        //时的读命令字 85H
#define read_day_address       0x87        //日的读命令字 87H
#define read_month_address     0x89        //月的读命令字 89H
#define read_week_address      0x8B        //周的读命令字 8BH
#define read_year_address      0x8D        //年的读命令字 8DH
#define write_control_address  0x8E        //控制寄存器写命令字 8EH
unsigned char bdata receive;     //串行接收寄存器
sbit receive_7 = receive^7;
sbit SCLK = P1^6;                //1302 时钟信号 6 脚
sbit DIO= P1^7;                  //1302 数据信号 7 脚
sbit CE = P1^5;                  //1302 片选 5 脚
unsigned char code table[] = {"0123456789- :"};     //1602 的显示码
unsigned char temp_a;
unsigned char temp_b;
```

```
sbit RS = P0^5;        //1-数据寄存器；0-指令寄存器
sbit RW = P0^6;        //1-读；0-写
sbit E = P0^7;          //写时下降沿有效，读时高电平有效
void delay500ms(void)   //误差 0μs
{
    unsigned char a, b, c;
    for(c=23; c>0; c--)
        for(b=152; b>0; b--)
            for(a=70; a>0; a--);
}
/*********************初始化用地址、数据写子程序 *********************/
void Write1302(unsigned char addr, dat)
{
    unsigned char i, temp;
    CE = 0;                //CE 引脚为低，数据传送中止
    SCLK = 0;              //清零时钟总线
    CE = 1;                //CE 引脚为高，逻辑控制有效
    for (i=8; i>0; i--)    //循环 8 次移位发送地址
    {
        SCLK = 0;
        temp = addr;       //地址写进暂存寄存器
        DIO = (bit)(temp&0x01); //低电平时，单片机把数据写进 I/O 口
        addr >>= 1;        //右移一位，准备发送下一位
        SCLK = 1;          //上升沿，1302 读取 I/O 口上的数据
    }
    for (i=8; i>0; i--)    //发送数据
    {
        SCLK = 0;
        temp = dat;
        DIO = (bit)(temp&0x01);  //低电平时，数据写进 I/O 口
        dat >>= 1;
        SCLK = 1;          //上升沿，1302 读取 I/O 口上的数据
    }
    CE = 0;
}
/************************ 数据读取子程序 **************************/
unsigned char Read1302(unsigned char addr)
{
    unsigned char i, temp;
    CE = 0;
    SCLK = 0;
    CE = 1;
    for (i=8; i>0; i--)    //循环 8 次，移位发送地址
    {
        SCLK = 0;
        temp = addr;
        DIO = (bit)(temp&0x01);   //每次传输低字节
        addr >>= 1;        //右移一位
        SCLK = 1;          //上升沿，1302 读取 I/O 口上的数据
```

```
    }
    for (i=8; i>0; i--)           //单片机读取 1302 的数据
    {
        receive_7 = DIO;
        SCLK = 1;
        receive >>= 1;
        SCLK = 0;
    }
    CE = 0;                       //1302 复位
    temp_a = receive / 16;    //压缩 BCD 码分解，高 4 位 BCD 码
    temp_b = receive % 16;    //低 4 位 BCD 码
}
/*************************初始化 DS1302*************************/
void initial_1302(void)
{
    //禁止写保护，最高位须为 0
    Write1302(write_control_address, 0X00);
    //秒初始化，最高位 0 启动时钟，初始值 18
    Write1302(write_second_address, 0x18);
    //分钟初始化，初始值 28 分
    Write1302(write_minute_address, 0x28);
    Write1302(write_hour_address, 0x23);  //小时初始化，为 24 小时模式，初始值 23
    Write1302(write_day_address, 0x01);   //日初始化，初始值 1 日
    Write1302(write_month_address, 0x03); //月初始化，初始值 03 月
    Write1302(write_week_address, 0x02);  //周初始化，初始值周 2
    Write1302(write_year_address, 0x16);  //年初始化，初始值 2016
    //允许写保护，写操作结束后，进行写保护
    Write1302(write_control_address, 0x80);
}
/************************与 1602 相关的函数*************************/
void delay2ms()
{
    unsigned char a, b, c;
    for(c=1; c>0; c--)
        for(b=222; b>0; b--)
            for(a=12; a>0; a--);
}
write_command(unsigned char a)    //写命令
{
    P2 = a;
    RS = RW = E = 0;
    delay2ms();
    E=1; E=0;
}
write_data(unsigned a)    //写数据
{
    P2 = a;
    RS = 1;
    RW = E = 0;
```

```
    delay2ms();
    E=1; E=0;
}
Initial_1602()    //1602初始化
{
    write_command(0x01);    //清除屏幕，指令1
    write_command(0x06);    //移动光标，指令3
    write_command(0x0f);    //开显示，指令4
    write_command(0x38);    //8位点阵方式，指令6
}
///////////////////////主程序///////////////////////////
main()
{
    initial_1302();
    initial_1602();
    while(1)
    {
        Read1302(read_year_address );    //读年
        write_command(0x83);             //第一行第3位
        write_data(table[2]);            //2
        write_data(table[0]);            //0
        write_data(table[temp_a]);       //年份，十位
        write_data(table[temp_b]);       //年份，个位
        write_data(table[10]);           //-
        Read1302(read_month_address);    //读月
        write_data(table[temp_a]);       //月份，十位
        write_data(table[temp_b]);       //月份，个位
        write_data(table[10]);           //-
        Read1302(read_day_address);      //读日
        write_data(table[temp_a]);       //日，十位
        write_data(table[temp_b]);       //日，个位
        write_data(table[11]);           //" "
        Read1302(read_week_address);     //读周
        write_data(table[temp_b]);       //星期一位数
        write_command(0xc3);             //从第2行第3位开始显示
        Read1302(read_hour_address);     //读时
        write_data(table[temp_a]);       //时，十位
        write_data(table[temp_b]);       //时，个位
        write_data(table[12]);           //:
        Read1302(read_minute_address);   //读分
        write_data(table[temp_a]);       //分，十位
        write_data(table[temp_b]);       //分，个位
        write_data(table[12]);           //:
        Read1302(read_second_address);   //读秒
        write_data(table[temp_a]);       //秒，十位
        write_data(table[temp_b]);       //秒，个位
        delay500ms();                    //信息刷新间隔
    }
}
```

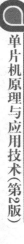

6.7 ADC 功能

包括单片机在内的计算机 CPU 只能识别数字信号。当计算机需要对模拟量进行输入与输出处理时，需要在外围增加模拟量到数字量转换的 ADC 和数字量到模拟量转换的 DAC，以实现对模拟量的测量、存储和控制。

早期的单片机功能较为单一，而大多数现在品牌的单片机都集成有 ADC 或 DAC 功能，应用起来也非常方便。限于篇幅，在此仅讲述常用的 ADC 芯片 ADC0809。对于单片机集成 ADC 和 DAC 功能的讨论，读者可参阅相关的资料。

6.7.1 A/D 转换器概述

A/D 转换器用于实现"模拟量→数字量"的转换，按转换原理，可分为 4 种，即：

- 计数式 A/D 转换器。
- 双积分式 A/D 转换器。
- 逐次逼近式 A/D 转换器。
- 并行式 A/D 转换器。

目前，最常用的是双积分式 A/D 转换器和逐次逼近式 A/D 转换器。双积分式 A/D 转换器的主要优点，是转换精度高、抗干扰性能好、价格便宜。其缺点是转换速度较慢。因此，这种转换器主要用于速度要求不高的场合。另一种常用的 A/D 转换器是逐次逼近式的，逐次逼近式 A/D 转换器是一种速度较快，精度较高的转换器，其转换时间大约在几 μs 到几百 μs 之间。

通常使用的逐次逼近式 A/D 转换器芯片如下：

- ADC0801~ADC0805 型 8 位 MOS 型 A/D 转换器(美国国家半导体公司的产品)。
- ADC0808/0809 型 8 位 MOS 型 A/D 转换器。
- ADC0816/0817。这类产品除了输入通道数增加至 16 个外，其他与 ADC0808/0809 型基本相同。

A/D 转换器的主要技术指标如下。

(1) 分辨率。

ADC 的分辨率是指使输出数字量变化一个相邻数码所需输入模拟电压的变化量。常用二进制的位数表示。例如 12 位 ADC 的分辨率就是 12 位，或者说分辨率为满刻度 FS 的 $1/2^{12}$。一个 10V 满刻度的 12 位 ADC 能分辨的输入电压变化最小值是 $10V \times 1/2^{12} = 2.4mV$。

(2) 量化误差。

ADC 把模拟量变为数字量，用数字量近似表示模拟量，这个过程称为量化。量化误差是 ADC 的有限位数对模拟量进行量化而引起的误差。

实际上，要准确地表示模拟量，ADC 的位数需要很大，甚至无穷大。一个分辨率有限的 ADC 的阶梯状转换特性曲线与具有无限分辨率的 ADC 转换特性曲线(直线)之间的最大偏差，即是量化误差。

(3) 偏移误差。

偏移误差是指输入信号为零时，输出信号不为零的值，所以有时又称为零值误差。假定 ADC 没有非线性误差，则其转换特性曲线各阶梯中点的连线必定是直线，这条直线与横轴相交点所对应的输入电压值就是偏移误差。

(4) 满刻度误差。

满刻度误差又称为增益误差。ADC 的满刻度误差是指满刻度输出数码所对应的实际输入电压与理想输入电压之差。

(5) 线性度。

线性度有时又称为非线性度，它是指转换器实际的转换特性与理想直线的最大偏差。

(6) 绝对精度。

在一个转换器中，任何数码所对应的实际模拟量输入与理论模拟输入之差的最大值，称为绝对精度。对于 ADC 而言，可以在每一个阶梯的水平中点进行测量，它包括了所有的误差。

(7) 转换速率。

ADC 的转换速率是能够重复进行数据转换的速度，即每秒转换的次数。而完成一次 A/D 转换所需的时间(包括稳定时间)，则是转换速率的倒数。

6.7.2 典型 A/D 转换器芯片 ADC0809

1. ADC0809 的主要性能

ADC0809 是典型的 8 位 8 通道逐次逼近式 A/D 转换器，为 CMOS 工艺。

主要性能有：

- 分辨率为 8 位。
- 精度——ADC0809 小于±1LSB。
- 单+5V 供电，模拟输入电压范围为 0 ~ +5V。
- 具有锁存控制的 8 路输入模拟开关。
- 可锁存三态输出，输出与 TTL 电平兼容。
- 功耗为 15mW。
- 不必进行零点和满度调整。
- 转换速度取决于芯片外接的时钟频率。时钟频率范围是 10~1280(kHz)，典型值为 640kHz，转换时间约为 100μs。

2. ADC0809 的内部结构及引脚功能

ADC0809 的内部逻辑结构如图 6-22 所示。

图 6-22 中，多路开关可选通 8 个模拟通道，允许 8 路模拟量分时输入，共用一个 A/D 转换器进行转换。

地址锁存与译码电路完成对 A、B、C 三个地址位进行锁存和译码，其译码输出用于通道选择，如表 6-8 所示。

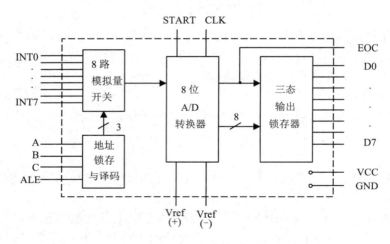

图 6-22　ADC0809 的内部逻辑结构

表 6-8　通道选择表

C	B	A	选择的通道
0	0	0	IN0
0	0	1	IN1
0	1	0	IN2
0	1	1	IN3
1	0	0	IN4
1	0	1	IN5
1	1	0	IN6
1	1	1	IN7

ADC0809 芯片为 28 引脚双列直插式封装，其引脚排列如图 6-23 所示。

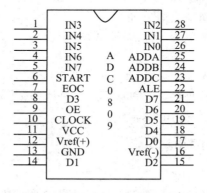

图 6-23　ADC0809 的引脚排列

ADC0809 引脚的功能如下。

(1)　IN7~IN0：模拟量输入通道。ADC0809 对输入模拟量的要求主要有：信号单极性，电压范围 0~5(V)，若信号过小，还需进行放大。另外，在 A/D 转换过程中，模拟量输入的值不应变化太快，因此，对变化速度快的模拟量，在输入前，应增加采样保持电路。

(2) D7~D0：数据输出线。为三态缓冲输出形式，可以与单片机的数据线直接相连。

(3) ALE：地址锁存允许信号输入端。通常向此引脚输入一个正脉冲时，可将三位地址选择信号A、B、C锁存于地址寄存器内并进行译码，选通相应的模拟输入通道。

(4) START：转换启动信号。START上升沿时，所有内部寄存器清0；START下降沿时，开始进行A/D转换；在A/D转换期间，START应保持低电平。

(5) CLK：时钟信号。ADC0809的内部没有时钟电路，所需时钟信号由外界提供，因此有时钟信号引脚。通常使用频率为500kHz的时钟信号。

(6) EOC：转换结束状态信号。EOC=0，正在进行转换；EOC=1，转换结束。该状态信号既可作为查询的状态标志，又可以作为中断请求信号使用。

(7) OE：输出允许信号。用于控制三态输出锁存器向单片机输出转换得到的数据。OE=0，输出数据线呈高电阻；OE=1，输出转换得到的数据。

(8) C、B、A：地址线。A为低位地址，C为高位地址，用于对模拟通道进行选择。图6-24中为ADDA、ADDB和ADDC，其地址状态与通道相对应的关系见表6-8。

(9) VCC：+5V电源。

(10) Vref：参考电源。参考电压用来与输入的模拟信号进行比较，作为逐次逼近的基准。其典型值为+5V(Vref(+)=+5V，Vref(−)=0V)。

3. ADC0809与单片机的接口

ADC0809与单片机的接口可以采用查询方式和中断方式。

ADC0809与单片机的接口电路如图6-24所示。ADC0809片内无时钟，利用89C51提供的地址锁存允许信号ALE经D触发器二分频获得。

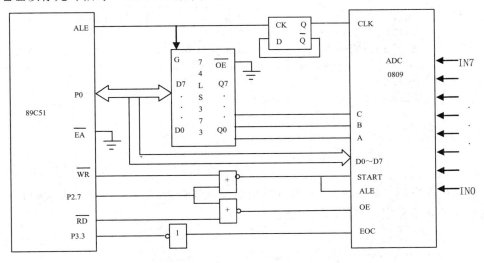

图6-24　ADC0809与单片机的接口电路

ALE的引脚的频率是单片机时钟频率的1/6，如果单片机的时钟频率为6MHz，则ALE引脚的频率为1MHz。再经二分频后，为500kHz，所以ADC0809能可靠地工作。

ADC0809具有输出三态锁存器，故其8位数据输出线可直接与单片机的数据总线相连。

单片机的低 8 位地址信号在 ALE 的作用下锁存在 74LS373 中。74LS373 输出的低 3 位信号分别与 ADC0809 的通道选择端 A、B、C 相连，作为通道编码。

单片机的 P2.7 口作为片选信号，与 $\overline{WR}$ 进行或非操作，得到一个正脉冲，加到 ADC0809 的 ALE 和 START 引脚。由于 ALE 和 START 是在一起相连的，ADC0809 在锁存信道地址的同时，也启动转换。在读取结果时，用单片机的读信号 $\overline{RD}$ 和 P2.7 引脚经或非操作，得到一个正脉冲，加到 ADC0809 的 OE 引脚，用以打开三态输出锁存器。在上述操作中，P2.7 应为低电平，所以 8 路通道 IN0~IN7 的地址分别为 7FF8H~7FFFH。

ADC0809 的 EOC 端经反相器连接到 P3.3($\overline{INT1}$)引脚，作为查询和中断信号。

最终对 ADC0809 操作依次是，写外部数据存储器选择模拟通道并启动转换，等待转换结束，读外部数据存储器，以使转换来的结果输出到单片机引脚，读取引脚上的数据。

(1) 查询方式。

下面的程序采用查询方式，分别对 8 路信号轮流采样一次，并把转换结果一对一地存储到片内 RAM 区的连续单元中。具体程序如下：

```
#include <reg51.h>
unsigned xdata xdt[];          //定义外部数据存储器空间
unsigned data idt[8];          //定义内部数据存储器空间
unsigned char n, m, d;         //中间变量
sbit EOC = P3^3;               //转换完成标志
main()
{
    while(1)
    {
        for(n=0x7ff8; n<=0x7fff; n++)
        {
            xdt[n] = 0;        //写外部虚拟存储器，以选择模拟量通道，并启动转换
            while(EOC==1);     //等待转换结束
            d = xdt[n];        //读外部虚拟存储器，使转换得到的数据输出到单片机引脚
            idt[m] = d;        //存储读到的数据到内部 RAM 区
            m++;               //下一单元
            if(m>=8) m=0;      //范围控制
        }
    }
}
```

(2) 中断方式。

下面的程序采用中断方式，读取 IN0 信道的模拟量转换结果，并送至片内 RAM 以 DAT 为首地址的连续单元中。具体程序如下：

```
#include <reg51.h>
unsigned xdata xdt[];          //定义外部数据存储器空间
unsigned data *gg = 0x40;      //定义内部数据存储器空间，首址 0x40
unsigned char n, d;            //中间变量
sbit EOC = P3^3;               //转换完成标志
main()
{
```

```
    EA = 1;                        //开总中断允许
    EX1 = 1;                       //允许外中断 1 中断
    IT1 = 1;                       //响应方式为下降沿
    n = 0X7FF8;                    //外部存储器首址
    xdt[n] = 0;                    //写外部虚拟存储器，以选择模拟量通道并启动转换
    while(1);                      //等待中断
}
ex_int1() interrupt 2
{
    d = xdt[n];                    //读外部虚拟存储器，以读取转换得到的数据
    *gg = P0;                      //存储读到的数据到内部 RAM 区
    gg++;                          //下一个单元
    if(gg>0x48) gg=0x40;           //范围控制
    xdt[n] = 0;                    //再次启动转换
    n++;                           //下一个模拟通道
    if(n>0x7fff) n=0x7ff8;         //范围控制
}
```

6.7.3　ADC0809 电压测量电路

ADC0809 电压测量电路的原理如图 6-25 所示。

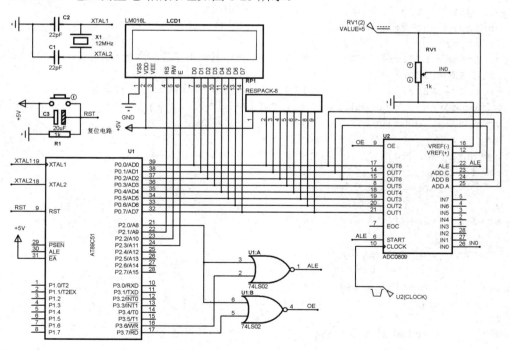

图 6-25　ADC0809 电压测量电路的原理

P0 口作为数据端口，为 ADC0809 和 TC1602A 提供 8 位数据线，除此之外，ADC0809 的通道选择引脚 A、B、C 也连接在 P0.0 ~ P0.2 上，进行信道的选择；P2.0 口作为片选信

号与 $\overline{WR}$ 和 $\overline{RD}$ 控制 ADC0809 的读写；ADC0809 的时钟信号由外部提供，频率为 500kHz。P2.1~P2.3 分别连接 TC1602A 的 RS、R/$\overline{W}$ 和 E 引脚，控制 TC1602A 的读写操作。

在数据转换过程中，需要使 TC1602A 处于无效状态，不占用数据总线，可以置 E=0、R/$\overline{W}$=1、RS=1，使得 TC1602A 无效。因此，通道 0 的地址为 F6F8H。

6.7.4　控制程序示例

【例 6.7】结合图 6-25 测量 RV1 电阻的电压，把结果在主程序中显示到 1602 上。ADC0809 的转换采用查询方式，在定时器中，每 0.5 秒完成一次采样。

解：

由于 ADC0809 的分辨率为 8 位，$5V×1/2^8=20mV$，所以：

$$测量的电压 = (采样值 / 256) × 5$$

从而可得到测量电压的真值。

参考程序清单如下：

```
#include <stc12c5a60s2.h>
#include <intrins.h>
unsigned xdata xdt[];                    //定义外部数据存储器空间
unsigned char voltage_digital;           //定义内部数据存储器空间
unsigned int n_250us;                    //中间变量
unsigned int v;                          //中间变量
float u;
sbit RS = P2^1;                          //1-数据寄存器；0-指令寄存器
sbit RW = P2^2;                          //1-读；0-写
sbit E = P2^3;         //1602 的片选信号，写时下降沿有效，读时高电平有效
unsigned char code table[] = { "0123456789.Voltage:" };  //1602 的显示码
void delay100us(void)            //误差 0μs
{
    unsigned char a, b;
    for(b=1; b>0; b--)
        for(a=47; a>0; a--);
}
void delay2ms()   //stc12c5a60s2/12MHz
{
    unsigned char a, b;
    for(b=4; b>0; b--)
        for(a=248; a>0; a--);
    _nop_();  //if Keil, require use intrins.h
}
write_command(unsigned char a)        //1602 写命令子程序
{
    P0 = a;
    RS = RW = E = 0;
    delay2ms();
    E=1; E=0;
}
```

```
write_data(unsigned char a)              //1602 写数据子程序
{
    P0 = a;
    RS = 1;
    RW = E = 0;
    delay2ms();
    E=1; E=0;
}
Initial_1602()    //1602 初始化
{
    write_command(0x01);                 //清除屏幕，指令 1
    write_command(0x06);                 //移动光标，指令 3
    write_command(0x0f);                 //开显示，指令 4
    write_command(0x38);                 //8 位点阵方式，指令 6
}
main()
{
    EA = 1;                              //开总中断允许
    ET0 = 1;                             //定时器 0 开中断
    TMOD = 0X02;                         //定时器 0 工作方式 2
    TH0 = TL0 = 6;      //250 微秒定时初值，500 毫秒需要中断 200 次
    TR0 = 1;                             //启动定时器 0
    Initial_1602();                      //1602 初始化
    while(1)
    {
        u = voltage_digital*500.0/255;   //计算真实电压值，500 需要写成 500.0
        v = (int)u;                      //转成整型
        write_command(0X80);             //写命令，第一行第一位开始显示
        write_data(table[11]);           //显示 Voltage
        write_data(table[12]);
        write_data(table[13]);
        write_data(table[14]);
        write_data(table[15]);
        write_data(table[16]);
        write_data(table[17]);
        write_data(table[18]);
        write_data(table[v/100]);        //显示个位
        write_data(table[10]);           //显示"."
        write_data(table[v%100/10]);     //显示十分位
        write_data(table[v%10]);         //显示百分位
        write_data(table[11]);           //显示"v"
    }
}

t0() interrupt 1 using 2                 //定时中断子程序
{
    n_250us++;                           //250 微秒中断计数
    if(n_250us >= 2000)                  //是否启动转换
    {
```

```
            n_250us = 0;
            TR0 = 0;                        //关定时器
            xdt[0XF6F8] = 0;                //启动转换
            delay100us();                   //等待转换完成
            voltage_digital = xdt[0XF6F8];  //读取转换值
            TR0 = 1;                        //开启定时器
        }
    }
```

6.8　温湿度测控

出于单独以及单片机控制系统的附加功能的需要，单片机控制系统往往除了具有显示日期时间的附加功能外，大多还会显示环境的温度和湿度，这就需要检测环境温度和湿度的传感器。

简单的是用热电偶、热敏或湿敏电阻取得模拟电压(流)量，通过 A/D 转换，之后再根据函数或查表得到温湿度值。这种方法成本低，但精度不高，可用于要求不高的场合。

另一种方法采用别人已高度开发出来的器件，如 DS18B20、TC74、AM2303 等，这些器件集成有智能芯片，可以直接把测得的物理量通过通信功能输出，通信方式多是单线、I^2C 总线、SPI 总线，它们具有集成度高、体积小、精度高、开发容易、占用 CPU 和接口少的特点，已得到广泛应用。在实际应用中，只需要单片机与这些芯片建立通信，并定期访问，读取发送来的数据即可。在此，以 AM2303 为例，讲解一下环境温湿度的测控。

6.8.1　AM2303 的发送字含义

AM2303 可同时测量环境的温度与湿度值，采用单总线通信方式，仅有三个端口，只需要占用单片机的一个 I/O 口。

通信时，单片机为主机，AM2303 仅作为从机使用，每一次通信，从机向主机传送 5 个字节的信息，分别是温度的高 8 位数、温度的低 8 位数、湿度的高 8 位数、湿度的低 8 位数、前 4 个字节的校验和等 5 个字节，温度(湿度)的高低 8 位合成一个数据后，再除以 10，就是读取到的温度(湿度)值。其中，如果温度的最高位为 1，表示负温度。

例如，温度的高字节为 0x01，低字节为 0x32，则这个双字节字为 0x0132=306，即温度为 30.6 度。

再如，温度的高字节为 0x80，低字节为 0x23，则这个温度为负温度，值为双字节字 0x23=35，即温度为-3.5 度。

第 5 字节为前 4 字节的和(如果高位溢出，则丢弃)，如果不等，则接收数据错误，可重新读数。

6.8.2　AM2303 的通信协议

通信时，主机先进行呼叫，格式为先 0.8~20ms 低电平后 20~200μs 高电平，从机 AM2303

响应呼叫的格式是先 75~85μs 低电平再 75~85μs 高电平，从机响应呼叫后即开始串行移出数据，移出时，高位在前，它输出数据的 0 与 1 不是单纯的高低电平，而是用先 48~55μs 时间的低电平后 22~30μs 的高电平表示 0；先 48~85μs 低电平后 68~75μs 高电平表示 1。所以，判断接收到的是 0 或者 1 的方法，是低电平期间等待(第一个等待，后面的低电平时间要用于判断处理)，高电平时计时，再来低电平时关闭计时，并检验计的时间，如果大于 39μs (30 与 48 的中间值)则接收到的是一个 1，否则接收到的是一个 0。在判断出来的同时，把从头到尾的每 8 个一组从高位到低位放到一个字节里，即完成了一个字节数据的接收。

AM2303 的读数间隔要大于 2 秒，温度测量范围为-40~125℃，精度为±0.3℃，湿度范围为 0~100，精度为±2%，主机从 AM2303 读取的温湿度数据总是前一次的测量值，如果两次测量间隔时间很长，应连续读两次，以第二次获得的值为实时温湿度值。编制程序与选择测控对象时要注意。

6.8.3　AM2303 测温湿度的示例

【例 6.8】试用 AM2303 与 LCD1602 组合成为一个测量与显示环境温湿度的系统，要求 1602 的第一行显示类似 "WenDu:12.3" 的字样，第二行显示类似 "ShiDu:40.5" 的字样，当温度高于 25 摄氏度时，点亮 P1.0 口的灯，当温度低于 15 摄氏度时，点亮 P1.1 口的灯，同时，要求单片机与 PC 机的串口调试软件进行通信，把接收到的 5 个字节发送到 PC 机。

参考程序清单如下：

```
#include <STC12C5A60S2.h>
#include <intrins.h>
sbit AM2303DATA = P0^0;            //P00 为 AM2303 的数据端
sbit AM2303GND = P0^1;             //P01 为 AM2303 的地，正电源端接+5V
unsigned char shigao;              //湿度高 8 位
unsigned char shidi;               //湿度低 8 位
unsigned char wengao;              //温度高 8 位
unsigned char wendi;               //温度低 8 位
unsigned char jiaoyan;             //前 4 个数的校检和
unsigned char i, x;                //中间变量
sbit RS = P0^5;                    //1-数据寄存器；0-指令寄存器
sbit RW = P0^6;                    //1-读；0-写
sbit E = P0^7;                     //写时下降沿有效，读时高电平有效
sbit Lamphigh = P1^0;              //超温指示灯，低电平有效
sbit Lamplow = P1^1;               //欠温指示灯，低电平有效
unsigned char code table[] = { "0123456789WenDuShi:.-" }; //1602 的显示码

/*************************各种延时函数**************************/
void delay30us(void)               //主机呼叫高电平时间
{
    unsigned char a, b;
    for(b=3; b>0; b--)
        for(a=28; a>0; a--);
}
void delay1ms()                    //主机呼叫低电平时间
```

```
{
    unsigned char a, b, c;
    for(c=1; c>0; c--)
        for(b=222; b>0; b--)
            for(a=12; a>0; a--);
}
void delay2ms()                        //LCD1602 工作延时
{
    unsigned char a, b, c;
    for(c=1; c>0; c--)
        for(b=222; b>0; b--)
            for(a=12; a>0; a--);
}
void delay2s500ms(void)                //读 AM2303 的间隔
{
    unsigned char a, b, c, n;
    for(c=165; c>0; c--)
        for(b=218; b>0; b--)
            for(a=207; a>0; a--);
    for(n=11; n>0; n--);
    _nop_();  //if Keil, require use intrins.h
}


/***********************1602 的相关函数***************************/
write_command(unsigned char a)    //写命令
{
    P2 = a;
    RS = RW = E = 0;
    delay2ms();
    E=1; E=0;
}
write_data(unsigned char a)       //写数据
{
    P2 = a;
    RS = 1;
    RW = E = 0;
    delay2ms();
    E=1; E=0;
}
/***********************串口通信子程序***************************/
send(unsigned char s)
{
    SBUF = s;
    while(TI==0);
    TI = 0;
}
/***********************AM2303 的子程序***************************/
readAM2303DATA()    //读取温湿度数据的子程序
{
```

```
    unsigned char cc = 0;
    for(i=0; i<8; i++)                   //判断接收数据
    {
        AM2303DATA = 1;                  //预读数据
        while(AM2303DATA==0);            //低电平等待
        AM2303DATA = 1;                  //预读数据
        TR0 = 1;                         //高电平开启计时
        while(AM2303DATA==1);            //高电平等待
        TR0 = 0;                         //关闭计时
        if(TL0>39) x=0X01;               //大于 39 接收到的是 1
        else x = 0;                      //否则接收到的是 0
        cc = (cc<<1) + x;                //从高到低拼成一个字节
        TH0 = TL0 = 0;                   //计时器清零
    }
    return cc;                           //返回接收到的字节
}
/*****************************主程序****************************/
main()
{
    AUXR = AUXR|0x40;     //STC12C5A60S2，1T 计时模式
    TMOD = 0x20;          //定时器 1 工作方式 2，波特率发生器，定时器 0 模式 0
    SCON = 0x40;          //串口工作方式 1，10 位异步收发
    TH1 = 0xF3;           //波特率定时器初值
    TL1 = TH1;
    PCON = 0x80;          //波特率加倍
    TR1 = 1;              //启动定时器
    /*--------------------1602 初始化------------------------*/
    write_command(0x01);                 //清除屏幕，指令 1
    write_command(0x06);                 //移动光标，指令 3
    write_command(0x0f);                 //开显示，指令 4
    write_command(0x38);                 //8 位点阵方式，指令 6
    /*--------------------AM2303 启动----------------------*/
    AM2303GND = 0;                       //AM2303 的电源地接通
    while(1)   //大循环
    {
        read_display_send();             //读、显、发
        if((wengao*256+wendi)/10 > 250)  //高电平以驱动
            Lamphigh = 0;
        else
            Lamphigh = 1;
        if((wengao*256+wendi)/10 < 150)  //低电平以驱动
            Lamplow = 0;
        else
            Lamplow = 1;
    } //while(1) END
} //main END
/***********************以下为子程序***********************/
read_display_send()                      //AM2303 的读与串口发送子程序
{
```

```
delay2s500ms();
AM2303DATA = 0;                //主机呼叫，低电平 0.8~20ms
delay1ms();
AM2303DATA = 1;                //主机呼叫，高电平 20~200µs
delay30us();
AM2303DATA = 1;                //预读数据
while(AM2303DATA==0);          //AM2303 的低电平为 75~85µs 等待
AM2303DATA = 1;                //预读数据
while(AM2303DATA==1);          //AM2303 的高电平 75~85µs 等待
/*---------------------------判断地址和信号---------------------------*/
shigao = readAM2303DATA();     //读湿度高 8 位
shidi = readAM2303DATA();      //读湿度低 8 位
wengao = readAM2303DATA();     //读温度高 8 位
wendi = readAM2303DATA();      //读温度低 8 位
jiaoyan = readAM2303DATA();    //读校验和
/*---------------------------串口输出---------------------------*/
if(shigao+shidi+wengao+wendi == jiaoyan)
  //接收正确则发送，可根据实际需要增减此功能
{
   send(shigao);
   send(shidi);
   send(wengao);
   send(wendi);
   /*--------------------- 1602 液晶屏显示---------------------*/
   write_command(0x80);           //第一行从头开始显示温度信息
   write_data(table[10]);         //W
   write_data(table[11]);         //e
   write_data(table[12]);         //n
   write_data(table[13]);         //D
   write_data(table[14]);         //u
   write_data(table[18]);         //:
   if(wengao>=128)
      //如果温度的高 8 位的最高位为 1，则为负温度需要进行如下处理
   {
      wengao = wengao - 128;      //把数据的负标志去掉
      write_data(table[20]);      //在 1602 上显示一个负号
   }
   write_data(table[(wengao*256+wendi)/100]);      //温度的十位
   write_data(table[(wengao*256+wendi)%100/10]);   //温度的个位
   write_data(table[19]);                          //小数点
   write_data(table[(wengao*256+wendi)%10]);       //温度的十分位
   write_command(0xC0);           //第二行从头显示湿度信息
   write_data(table[15]);         //S
   write_data(table[16]);         //h
   write_data(table[17]);         //i
   write_data(table[13]);         //D
   write_data(table[14]);         //u
   write_data(table[18]);         //:
   write_data(table[(shigao*256+shidi)/100]);      //湿度的十位
```

```
    write_data(table[(shigao*256+shidi)%100/10]);      //湿度的个位
    write_data(table[19]);                             //小数点
    write_data(table[(shigao*256+shidi)%10]);          //湿度的十分位
  }
}
```

6.9　单片机与无线遥控

6.9.1　无线遥控编码方式

前面的章节中，已结合单片机讲述了红外线遥控技术。红外线遥控仅适用于近距离定向控制。那么，远程非定向遥控就需要用无线电控制技术了。

由于无线电频段资源严格的管控，所以可以用到的频率极其有限，但为了在有限的资源上开发出更多的通信对，发送的电波都是用数字调制的信号，这样，不但可以直接接收和解码出来发送时的数据，同时，还可以有许多种通信协议，每一种通信协议中又可以有许多地址，只有协议和地址完全相同的一对设备才可以进行通信。这样，即使在一个狭小的地域内，也可以满足几乎无上限的通信需要。

从编码的方式来讲，可以分为三种。

- 固定码方式：常见的芯片有 PT2262、PT2264、SC2262、SC2260、HS2262、LX2262 等。
- 学习码方式：常见的芯片有 EV1527、PT2240、EV527、SC1527 等。
- 滚动码方式：常见的芯片有 HCS200、HCS300、HCS301 等。

三种方式之间的区别在于，所编的地址码不同、安全保密性不同。

(1) 固定码编码方式：就这里所列的固定码编码芯片，其协议已固化在芯片中，用户是无法变更的。所以，可用的工作对就仅取决于地址了。

地址又决定于地址脚的多少，这几种芯片最多可以有 12 个地址脚，每个脚有高、低电平与脚悬空三种状态。所以，最多可有 $3^{12}=531441$ 种编码。

而实际应用中，还可以通过与芯片配套的振荡电阻来区分工作对。同样的地址，振荡电阻不一样，彼此间也难以进行通信。所以，即使同一个频率，对于固定码编码方式来说，其可容纳的通信对也是非常惊人的。

(2) 学习码编码方式：常见的学习码芯片都有百万组不同的编码。

(3) 滚动码编码方式：这种方式的地址是随机的，而且，地址编码不可能重复，保密性能最好。

比较常见的通信频率是 315MHz 和 433MHz，这是国家规定的开放频率，它们已有相关公司开发出来的发送/接收模块的编码与解码芯片，应用非常方便，也比较廉价，并且不需要向任何单位申请和付费。

本节以固定编码方式的编码与解码芯片为例，讲解它们的应用方法。

6.9.2　PT2262 与 PT2272 的通信协议

PT2262 与 PT2272 是一对一的编码解码芯片，PT2262 是编码芯片，PT2272 是解码芯片。编码时，按照规定好的协议，有如下的"0"、"1"、"悬空"的格式，如图 6-26 所示。图中，T 为 2 倍的 PT2262 的时钟周期。

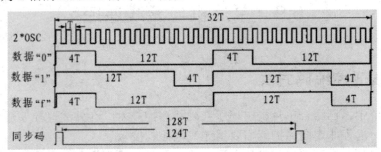

图 6-26　数据 0、1、悬空格式

时钟频率由下式决定：

$$F = 2×1000×16/R_{osc}(kHz)$$

R_{osc}——振荡电阻，单位是 kΩ。

对于 PT2262 编制的字码来说，每个字码由地址和数据，共 12 位组成，每一位由两个脉冲表示，两窄表示"0"，两宽表示"1"，一宽一窄表示"悬空"。

从图 6-26 中可以看出，"0"、"1"和"悬空"所用时间是一样的。如此，无论发送的地址和内容如何变化，只要振荡电阻一样，发送一个字码所用时间也一样。

PT2262 发送时，重复发送 4 次字码，字码与字码之间用同步码隔开，PT2272 只有连续两次接收到相同的地址码与数据码时，才确认接收成功。之后，才把数据输出到输出脚，并置接收成功标志。由于无线发送的特点，第一个字码很容易受到低电平干扰，所以，第一组可以丢弃不用。

PT2262 与 PT2272 的引脚功能对比如图 6-27 所示。

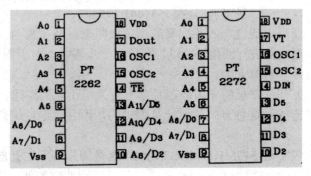

图 6-27　PT2262 与 PT2272 引脚功能的对比

1~8 脚为地址脚。编解码芯片二者的地址脚的状态有三种：低电平、高电平与悬空，二者必须完全相同，才具备配对的第一个条件。

7~8 和 10~13 脚为 PT2262 发送数据的引脚，为 PT2272 解码出来的数据的输出引脚。7~8 脚做地址脚时，有三种状态；做数据脚时，只能有高低电平两种。

需要说明的是，PT2272 芯片以后缀表明不同的类型，如 L4/M4/L6/M6，L 表示锁存，PT2272 一旦接收数据成功，数据便会一直保存在输出数据端上，M 表示非锁存，信号只出现一瞬时，之后消失，4 表示输出 4 位数据 8 位地址，6 表示 6 位数据 6 位址。

在配套单片机应用时，采用 L4/M4 较合适，4 位正好是半字节，一个字节正好可以两次发送、两次接收。

14 脚对于编码和解码二者来说都是输入脚。

PT2262 的 TE 端输入的是编码与发送命令，低电平有效，只要处于低电平状态，PT2262 即会一直编码与发送数码流，从 17 脚输出到调制器并放大发送出去；PT2272 的 DIN 端输入的是接收模块接收 PT2262 发送来的数字调制波并解调出来的数码流，PT2272 解码后，从 7~8 与 10~13 输出。

15~16 脚为振荡电阻接线端。编码解码二者都必须在此两端接振荡电阻，才能工作，并且电阻要配套，否则，通信不易实现。这是二者配对的第二个重要条件。这两种条件缺一不可。配套电阻(Ω)一般可选的有：

| PT2262 | 1.2M | 1.5M | 2.2M | 3.3M | 4.7M |
| PT2272 | 200k | 270k | 390k | 680k | 820k |

17 脚对于编码解码二者来说都是输出脚。PT2262 输出的是编码出来的数码流，PT2272 输出的是接收成功信号标志——一个正脉冲，与单片机配套应用时，可用此端的数据变化，作为信号到来的标志。

9 脚和 18 脚：9 脚为电源地，18 脚为正电源。

综上所述，应用 PT2262 和 PT2272 进行通信，需要至少 4 种器件。

- 编码芯片 PT2262：按协议，把地址和数据编制成一串宽窄不一的脉冲，来调制发送模块。
- 发送模块：振荡以产生载波、调制和功率放大。
- 接收模块：从载波上把那一串脉冲从载波上解调出来。
- 解码芯片 PT2272：把那一串脉冲解码出数据并输出。

在实际应用时，由于发送接收模块的频率稳定性问题(一来，不稳定会影响正常使用，二来，超出 315MHz 或 433MHz 将是不允许的)，不宜自行开发。编解码芯片可以由单片机编程来取代，如果二者都不用了，我们完全可以开发出自己的一套编解码协议。

发送模块的工作电压可宽至 3~12V，电压的高低决定了发送功率，也就决定了传输距离。在空旷地带，3V 时约为 20~50 米，5V 时约为 100~200 米，9V 时约为 300~500 米，12V 时约为 700~800 米。实际应用时，由于环境条件的限制，距离会少很多，开发时要注意。

6.9.3 无线遥控的应用实例

从上面的内容可以看出，PT2262 结合 PT2272 的应用并不复杂，简单的手动控制就可以完成。但在控制复杂的场合，例如一路控多路、多路控一路、双向无线通信和大数据量传送时，仅靠手工就难以完成，需辅以高速智能中心。最佳的选择就是单片机了。在此，仅以一路控制四路的一个例子进行编程讲解。

【例6.9】现在有四套设备，每个设备上有 ABCD 四台直流电动机，需要在远程(50 米左右)进行无线控制，要求主控中心发出指令，这四套设备从一号到四号，每隔 10 秒响应一个，响应的内容是从 A 到 B 每隔 2 秒启动一个电动机，同时，要求主控中心手动可以单独地启停 16 个电动机中的任何一个，还可以一键急停所有的电动机。

解：

本例属于一对多的集中控制，其动作可以全部由主控中心来完成，也可以主控中心只发送各设备的起始时间点命令，每套设备再各自完成自己的时序动作。在此，我们选择前者，即所有的动作都由主控中心来完成，如此，只需要主控中心有一个单片机控制，而各设备上有一个接收模块和一个 8 地址 4 数据的 PT2272-L4 接收解码芯片即可(PT2262 也需要以 8 地址 4 数据设置)，要求各引脚驱动电动机时要进行光电隔离与放大，所以这里最佳的选择是 SSR。如果电动机功率不大，可以直接控制，功率较大时，可以再加一级接触器。从发送距离看，发送模块的工作电压暂定为 5V，可根据实际需要增减。四套设备需要以地址来区分，分别为 0x01~0x04，各设备上的四台电动机的控制码从 A~D 分别为 0x01、0x02、0x04、0x08，这四套设备的控制时序如表 6-9 所示。

表 6-9 四台设备的控制时序

设 备	电动机	时 刻	地 址	启动状态	急停数据
1 号	A	0	0x01	0x01	
	B	2		0x03	
	C	4		0x07	
	D	6		0x0F	
2 号	A	10	0x02	0x01	
	B	12		0x03	
	C	14		0x07	
	D	16		0x0F	0x00
3 号	A	20	0x03	0x01	
	B	22		0x03	
	C	24		0x07	
	D	26		0x0F	
4 号	A	30	0x04	0x01	
	B	32		0x03	
	C	34		0x07	
	D	36		0x0F	

从时序分析中可以知道，自动群控时，只需要按时序选择地址发送数据即可，手动控制时需要选择地址，再启用相关按键发送相关的命令。发送端的键盘需要设置启动群控键 1 个、停止群控键 1 个、单控启动键 1 个、单控停止键 1 个、地址选择键 4 个、电动机选

择键 4 个。键盘的功能分布如表 6-10 所示。

表 6-10　主按键盘的功能分布

1 号设备	2 号设备	3 号设备	4 号设备
A 电动机	B 电动机	C 电动机	D 电动机
手动单启	键盘锁	键盘锁	手动单停
自动群启	键盘锁	键盘锁	自动群停

参考程序清单如下：

```c
/*P0 低 4 位接 PT2262 数据端 10~13 脚，P0.4 口为发送控制位，接 PT2262 的 14 脚 TE，下降
沿开始发送，低电平有效，并需要留够发送所用的时间。
P1 接 PT2262 地址端 1~8 引脚。
P2 口为键盘，以备扩展功能的需要，设计为 4×4 键盘。
P3.4~P3.7，分别为 ABCD 选中指示位，低电平有效。
P3.3 为发送指示位，PT2262 发送时点亮，低电平有效。
P3.2 为数码亮暗控制位。
P3.0~P3.1 为串行移位输出，外接 74164，而 74164 接共阳极型七段数码管，用于显示选择的设
备序号。
行值特征字：7--B--D--E
列值特征字：7--B--D--E
键值：行在高位，列在低位 */

#include <reg52.h>                //12MHz 晶振
#include <intrins.h>
#define   AA  0x01                //宏定义电动机编号
#define   BB  0x02
#define   CC  0x04
#define   DD  0x08
#define   NO1  0x01               //宏定义设备编号
#define   NO2  0x02
#define   NO3  0x03
#define   NO4  0x04
#define   ON  0                   //LED、send 的启停代码
#define   OFF  1
#define   Address  P1             //发送地址
#define   SendData  P0            //发送数据
unsigned char hangzhi, liezhi, jianzhi;    //行值、列值、键值变量
bit Key = 0;             //按键执行过标志：1-执行过，0-未执行
bit KeyLock = 0;         //键盘锁：0-开启，1-锁定。键盘超 30 秒自动锁定，激活需按复位键
sbit LEDAA = P3^7;               //电动机选中指示灯
sbit LEDBB = P3^6;
sbit LEDCC = P3^5;
sbit LEDDD = P3^4;
sbit send_display = P3^3;         //发送指示灯
sbit send = P0^4;                 //发送控制
//设备号显示译码
unsigned code LED7[] = { 0x0a,0x0a,0xdd,0x9f,0x3b,0xb7,0xf7,0x0f,0xff };
```

```c
unsigned char Equipment = 1;              //设备选中寄存器
unsigned char EquipmentState1;            //1~4号设备工作状态寄存器
unsigned char EquipmentState2;
unsigned char EquipmentState3;
unsigned char EquipmentState4;
unsigned char EquipmentState;             //当前选中设备的工作状态
unsigned char Motor = 1;                  //电动机选中寄存器
unsigned long times;                      //键盘延时关闭计时
unsigned int microsecond250;              //250微秒计数变量
unsigned char  second;                    //秒变量
unsigned char  timekey;                   //扫键盘间隔计时
/*--------------------发送子程序-------------------------*/
all_send(unsigned char add, unsigned char sed)    //全发子程序
{
    send = OFF;
    Address = add;
    SendData = sed;
    send = ON;              //产生下降沿
    delay100ms();           //发送需要时间
    send = OFF;
}
on_one_send()               //启动单发送子程序
{
    send = OFF;             //关闭发送
    send_display = 0;       //开启发送指示
    Address = Equipment;
    EquipmentState = EquipmentState | Motor;
    SendData = EquipmentState;
    renewstate();           //更新当前选中设备的状态
    send = ON;              //产生下降沿
    delay100ms();           //发送和指示需要时间
    send = OFF;             //关闭发送
    send_display = 1;       //关闭指示
}
off_one_send()              //停止单发送子程序
{
    send_display = 0;       //开启发送指示
    send = OFF;
    Address = Equipment;
    EquipmentState = EquipmentState&~Motor;
    SendData = EquipmentState;
    renewstate();           //更新当前选中设备的状态
    send = ON;
    delay100ms();           //发送和指示需要时间
    send = 1;               //关闭发送
    send_display = 1;       //关闭指示
}
renewstate()                //状态更新
{
```

```
    if(Equipment==NO1) EquipmentState1 = EquipmentState;
    if(Equipment==NO2) EquipmentState2 = EquipmentState;
    if(Equipment==NO3) EquipmentState3 = EquipmentState;
    if(Equipment==NO4) EquipmentState4 = EquipmentState;
}
/*----------------------------延时----------------------------*/
delay100ms()    //信号发送时间延时
{

    unsigned char a, b, c;
    for(c=19; c>0; c--)
        for(b=20; b>0; b--)
            for(a=130; a>0; a--);
}

delay10ms()       //键盘去抖动时间
{
    unsigned char a, b, c;
    for(c=1; c>0; c--)
        for(b=38; b>0; b--)
            for(a=130; a>0; a--);
}
/*************************以下主程序*************************/
main()
{
    EA = 1;                   //开总中断
    ET0 = 1;                  //允许定时器 0 中断
    TMOD = 0X02;              //定时器 0 工作方式 2
    TL0 = TH0 = 6;            //250 微秒定时初值
    TR0 = 1;                  //开启定时器 0
    LEDAA = 0;                //开机点亮选中 A 电动指示
    SBUF = LED7[NO1];         //开机显示 1 号设备
    while(!TI);
    TI = 0;
    while(1)
    {
        if(P2==0X0f || P2==0XF0) Key=0; //按键释放，清除键成功标志，避免反复执行
        switch(jianzhi)
        {
        case 0xe7:                    //群启 4 行 1 列键
            {
            if(second==0)
            { all_send(NO1,0x01); EquipmentState1=0x01; send_display=ON; }
            if(second==2) { all_send(NO1,0x03); EquipmentState1=0x03; }
            if(second==4) { all_send(NO1,0x07); EquipmentState1=0x07; }
            if(second==6) { all_send(NO1,0x0f); EquipmentState1=0x0f; }
            if(second==10) {all_send(NO2,0x01); EquipmentState2=0x01; }
            if(second==12) { all_send(NO2,0x03); EquipmentState2=0x03; }
            if(second==14) { all_send(NO2,0x07); EquipmentState2=0x07; }
```

```
                if(second==16) { all_send(NO2,0x0f); EquipmentState2=0x0f; }
                if(second==20) { all_send(NO3,0x01); EquipmentState3=0x01; }
                if(second==22) { all_send(NO3,0x03); EquipmentState3=0x03; }
                if(second==24) { all_send(NO3,0x07); EquipmentState3=0x07; }
                if(second==26) { all_send(NO3,0x0f); EquipmentState3=0x0f; }
                if(second==30) { all_send(NO4,0x01); EquipmentState4=0x01; }
                if(second==32) { all_send(NO4,0x03); EquipmentState4=0x03; }
                if(second==34) { all_send(NO4,0x07); EquipmentState4=0x07; }
                if(second==36) {
                    all_send(NO4,0x0f); EquipmentState4=0x0f;
                    jianzhi=0; send_display=OFF;
                }
                break;                      //返回
            }
        case 0xd7:                          //单启  3 行 1 列键
            {
            on_one_send();                  //启动单发送子程序
            jianzhi = 0;                    //清除当前命令
            break;                          //返回
            }
        case 0xde:                          //单停  3 行 4 列
            {
            off_one_send();                 //停止单发送子程序
            jianzhi = 0;                    //清除当前命令
            break;
            }
        case 0xee:                          //群停  4 行 4 列
            {
            send = 1;
            send_display = 0;               //开启发送指示
            Address = NO1;
            SendData = 0;
            EquipmentState1 = 0x00;
            send = 1;
            send = 0;
            delay100ms();                   //发送和指示需要时间
            Address = NO2;
            SendData = 0;
            EquipmentState2 = 0x00;
            send = 1;
            send = 0;
            delay100ms();                   //发送和指示需要时间
            send = 1;
            Address = NO3;
            SendData = 0;
            EquipmentState3 = 0x00;
            send = 1;
            send = 0;
            delay100ms();                   //发送和指示需要时间
```

```
        Address = NO4;
        SendData = 0;
        EquipmentState4 = 0x00;
        send = 1;
        send = 0;
        delay100ms();              //发送和指示需要时间
        send_display = 1;          //关闭指示
        jianzhi = 0;               //清除当前命令
        break;
        }
    case 0x77:                     //选择1号设备  1行1列
        {
        EquipmentState = EquipmentState1;
        Equipment = NO1;
        SBUF = LED7[NO1];          //送显
        while(!TI);
        TI = 0;
        jianzhi = 0;               //清除当前命令
        break;                     //返回
        }
    case 0x7b:                     //选择2号设备  1行2列
        {
        EquipmentState = EquipmentState2;
        Equipment = NO2;
        SBUF = LED7[NO2];          //送显
        while(!TI);
        TI = 0;
        jianzhi = 0;               //清除当前命令
        break;                     //返回
        }
    case 0x7D:                     //选择3号设备  1行3列
        {
        EquipmentState = EquipmentState3;
        Equipment = NO3;
        SBUF = LED7[NO3];          //送显
        while(!TI);
        TI = 0;
        jianzhi = 0;               //清除当前命令
        break;                     //返回
        }
    case 0X7e:                     //选择4号设备  1行4列键
        {
        EquipmentState = EquipmentState4;
        Equipment = NO4;
        SBUF = LED7[NO4];          //送显
        while(!TI);
        TI = 0;
        jianzhi = 0;               //清除当前命令
        break;                     //返回
```

```
      }
  case 0xb7:                        //选择 A 电动机  2 行 1 列
      {
      Motor = AA;
      LEDAA=ON; LEDBB=OFF; LEDCC=OFF; LEDDD=OFF;
      jianzhi = 0;                  //清除当前命令
      break;                        //返回
      }
  case 0xBB:                        //选择 B 电动机  2 行 2 列
      {
      Motor = BB;
      LEDAA=OFF; LEDBB=ON; LEDCC=OFF; LEDDD=OFF;
      jianzhi = 0;                  //清除当前命令
      break;                        //返回
      }
  case 0xBD:                        //选择 C 电动机  2 行 3 列
      {
      Motor = CC;
      LEDAA=OFF; LEDBB=OFF; LEDCC=ON; LEDDD=OFF;
      jianzhi = 0;                  //清除当前命令
      break;                        //返回
      }
  case 0xbe:                        //选择 D 电动机  2 行 4 列
      {
      Motor = DD;
      LEDAA=OFF; LEDBB=OFF; LEDCC=OFF; LEDDD=ON;
      jianzhi = 0;                  //清除当前命令
      break;                        //返回
      }
  case 0xDB:                        //键盘锁定  3 行 2 列
      {
      KeyLock=1; jianzhi=0;         //清除当前命令
      break;                        //返回
      }
  case 0xdd:                        //键盘锁定  3 行 3 列
      {
      KeyLock=1; jianzhi=0;         //清除当前命令
      break;                        //返回
      }
  case 0xeb:                        //键盘锁定  4 行 2 列
      {
      KeyLock=1; jianzhi=0;         //清除当前命令
      break;                        //返回
      }
  case 0xed:                        //键盘锁定  4 行 3 列
      {
      KeyLock=1; jianzhi=0;         //清除当前命令
      break;                        //返回
      }
```

```
        }   //switch END
    }   //while(1) END
}   //main END
/************************定时中断子程序************************/
timer0() interrupt 1 using 1
{
    microsecond250++;
    timekey++;
    if(microsecond250 >= 4000) { second++; microsecond250=0; }
    if(timekey >= 40)                    //10MS
    {
        timekey = 0;

        if(Key==0 && KeyLock==0)
        {
            P2 = 0xff;                   //预读
            P2 = 0Xf0;
            if(P2!=0xf0) delay10ms();
            P2 = 0xf0;
            if(P2 != 0xf0)
            {
                hangzhi = P2;
                P2 = 0xff;               //预读
                P2 = 0x0f;
                liezhi = P2;
                jianzhi = hangzhi | liezhi;     //合成键值
                if(jianzhi==0xe7) second=0;     //如果出现群启命令，开始计时
                Key = 1;                 //置位读键成功标志
                times = 0;               //扫键次数清零
            }
            times++;                     //扫键计数加 1
            if(times>6e4) KeyLock=1; //键空扫超过 6e4 次，约 27 秒，键盘锁定
        }
    }
}
```

6.10   语 音 芯 片

  声音除了在一些设备上作为主要功能进行处理以外，许多不以声音为目的的场合也增加了声音的功能，如报时钟表、倒车雷达、手机的按键报号等。

  在控制系统中，相比指示灯来说，声音往往显得更重要，因为它可以比指示灯更有效地提醒人们发生了什么事，无论人们有意注意还是无意注意。因此，在控制系统中制造一个会发生出预定声音的部分，就成了一个问题，这可以由语音芯片来解决。

  所谓语音芯片，就是至少集成有 DAC 和存储空间的一个独立芯片，有的还集成有 ADC、通信、静噪、平滑滤波和音频放大等功能，没有或仅有几个简单的控制脚，不是 MP3，仅

仅是一个芯片，不经制版开发无法应用。但也有开发出来的，如一次性语音芯片，虽无封装，但是简单接个线就可以活起来，如"倒车请注意！"、"祝你生日乐！"等这些固定内容的芯片。

可重复录音的芯片需要靠上位主机对其进行控制。

相比 MP3 而言，语音芯片一般存储空间不大，能录放的时间也不长。

6.10.1　SPI 是什么

某些语音芯片工作时需要有主机控制，而语音芯片与主机间的通信是以 SPI 的方式进行的。

SPI 也就是同步串行外围接口，它是一种全双工、同步、高速的通信总线。全双工指主机与从机之间的通信是双向同时进行的(这是 SPI 相比其他串行通信方式的先进之处)，同步指主从机间的通信在同一时钟下进行。

SPI 由 4 根线组成，SS(Slave Select，从机选择信号)、MOSI(Master Out Slave In，主出从入)、MISO(Master In Slave Out，主入从出)、SCLK(SPI Clock，串行时钟信号)。其主机与从机的结构如图 6-28 所示。

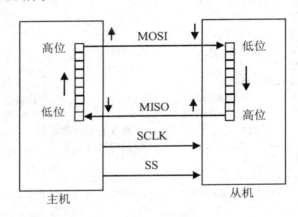

图 6-28　SPI 通信的原理

从图 6-28 中可以看出，它其实就是连接主机与从机的由两个字节构成的环形移位寄存器。在时钟的作用下进行移位，8 次移位正好完成主机与从机的数据交换，所以，这种通信方式非常适合于主从机之间需要频繁进行数据交换的场合。当然，在仅需要单向传输数据时，发送方可以对接收到的数据置之不理。

下面我们讨论 SPI 工作时的几个关键问题。

1. 高位先发还是低位先发

从图 6-28 中可以看出，这个环形无论顺时针转还是逆时针转(高位先发还是低位先发)，8 个节拍后，效果都是一样的。但这需要主机与从机的设置相同，这就是 SPI 通信时的高位先发还是低位先发的设置。

2. 收发数据时刻

在 SPI 通信时，我们需要明白一个问题，主机与从机的 4 个动作(主发、从收、从发、主收)不是同一时刻完成的，并不是一方把数据发送到数据线(MOSI 或 MISO)上，另一方就把数据接收到寄存器中了，也不是 4 个时刻完成的，而是同一时钟周期不同的两个时刻(一个上升沿和一个下降沿)。那么，是一对发收同一时刻，另一对发收另一时刻呢？还是一时刻同发，另一个时刻同时收呢？很明显，前一种方式通信是极其不可靠的，所以，这 4 个动作是前一时刻主机与从机同时发送数据，后一时刻主机与从机同时接收数据。然后就是发送在上升沿还是在下降沿，接收在下降沿还是上升沿的选择问题了。这对于主机与从机要设置一致，一般作为从机的特殊功能芯片的这一项是固定不变的，所以要通过主机设置适应从机，可以采用上升沿发送，下降沿接收。由于 SPI 通信是由发送开始的，所以，如果是上升沿发送，则空闲时，时钟极性应为"0"，反之应为"1"。

3. SS 使能

SS 是从机使能端，在 SPI 通信时，主机需通过 SS(SS=0)使从机起作用，否则不能通信，如果需要从机一直处于使能状态，从机 SS 可接地，主机 SS 则可作它用，如此，SPI 通信使用 3 条线即可完成。

6.10.2　ISD4003 语音芯片

ISD4003 是美国 ISD 公司推出的时限为 4~8 分钟的长时语音录放集成电路。这种录放电路采用了多电平直接模拟量存储技术，将每个采样值直接存储在片内的快闪存储器中，避免了一般固体录音电路因量化和压缩造成的声音损伤，因此能够非常真实、自然地再现录入的声音，并且片内信息可在断电情况下百年不丢失，反复录音超过十万次。因此非常适用于语音讲解装置、广告宣传、固体录音机、移动电话及其他便携式智能产品。

我们知道，声音在采样时有一个频率高低问题，越低，采样时间越长，但通频带越窄、音质越差，反之，则采样时间越短，音质越好。

ISD4003 采用 3V 低电压，配有 SPI 微处理器接口，芯片的所有操作必须由微控制器控制，操作命令通过 SPI 送入。存储空间可以"最小段长"为音位，任意组合分段或不分段，由于多段信息可处理，再加上内在的存储管理机制，便可实现灵活的组合录放功能。

ISD4003 系列语音芯片的参数如表 6-11 所示。

表 6-11　ISD4003 系列语音芯片的参数

型　号	录放时间	输入采样	典型带宽	最大段数	最小段长	外部时钟
ISD4003-04M	4 分钟	8.0kHz	3.4kHz	1200	200ms	1024kHz
ISD4003-05M	5 分钟	6.4kHz	2.7kHz	1200	250ms	819.2kHz
ISD4003-06M	6 分钟	5.3kHz	2.3kHz	1200	300ms	682.7kHz
ISD4003-08M	8 分钟	4.0kHz	1.7kHz	1200	400ms	512kHz

从表 6-11 中可以看出，录放时间长的音质差，而音质好的录放时间就比较短。

双列直插式封装的 ISD4003 为 28 脚芯片,除下述各功能脚之外都是空引脚,以下是各引脚的功能。

(1) 片选(1:SS)。此端为低电平时,主机向 ISD4003 芯片发送指令,高电平时 ISD4003 芯片执行指令。

(2) 串行输入(2:MOSI)。SPI 通信信号输入端。

(3) 串行输出(3:MISO)。SPI 通信信号输出端。ISD 未选中时,本端呈高阻态。

(4) 地线(4:VSSD,11、12、23:VSSA)。数字地和模拟地。

(5) 音频输出(13:AUD OUT)。提供音频输出,可驱动 5kΩ的负载。

(6) 自动静噪(14:AMCAP)。当录音信号电平下降到内部设定的某一阈值以下时,自动静噪功能使信号衰弱,这样有助于抑制无信号时的噪声。通常对地接 1μF 的电容,接 VCCA 则禁止自动静噪。

(7) 模拟输入(16:ANA,17:IN+)。录音信号的输入端,可单端输入,也可差分输入。单端输入时需有耦合电容隔离,最大幅度为峰峰值 32mV;差分驱动时,信号的最大幅度为峰峰值 16mV,超过此范围时,噪声就会加重。

(8) 模拟与数字电源(18:VCCA,27:VCCD)。为减小噪声,建议芯片的模拟和数字电路使用不同的电源总线,并分别走线,滤波电容应尽量靠近器件。

(9) 行地址时钟(24:RAC)。每个 RAC 周期表示 ISD 存储器的操作进行了一行(ISD4003 系列中的存储器共 1200 行)。对于 ISD4003-04M,该信号保持高电平 175ms,低电平为 25ms。快进模式下,RAC 的高电平为 218.75μs,低电平为 31.25μs。

(10) 中断(25:/INT)。漏极开路输出。ISD 在任何操作(包括快进)中检测到 OVF 或 EOM 时,本引脚转为低电平。中断状态在下一个 SPI 周期开始时清除。主机也可用中断方式读取中断状态。

- OVF(Overflow Flag)标志:指示 ISD 的录、放操作已到达存储器的末尾。
- EOM(End Of Message)标志:只在放音中检测到内部的 EOM 标志时,此状态位才会置 1。

(11) 外部时钟输入(26:XCLK)。芯片内部的采样时钟在出厂前已调校,误差在+1%内。不外接时钟时,此端须接地。

(12) 串行时钟(28:SCLK)。SPI 通信的时钟输入端,由主控制器产生,用于同步 MOSI 和 MISO 的数据传输。ISD4003 对 SCLK 的要求是高低电平时间均不少于 0.4 微秒,作为控制器通信时,要考虑这个时间,数据在 SCLK 上升沿移入到 ISD(读线),在下降沿移出 ISD(写线),低位在前。

6.10.3 ISD4003 语音芯片的指令与格式

语音芯片的所有功能都服从于主机的命令,所以要想对 ISD4003 控制,必须知道其指令代码和通信格式。

指令是一个 16 位二进制数据,最高 5 位是指令码,后 11 位是地址码,分两个字节传送。其指令代码与格式如表 6-12 所示。

表 6-12 ISD4003 的指令格式

指 令	5 位控制码<11 位地址>	操作摘要
上电	00100<XXXXXXXXXXX>	上电: 等待 TPUD 后器件可以工作
设置放音	11100<A10~A0>	从指定地址开始放音。后跟 PLAY 指令, 可使放音继续进行下去
放音	11110<XXXXXXXXXXX>	从当前地址开始放音(直至 EOM 或 OVF)
设置录音	10100<A10~A0>	从指定地址开始录音。后跟 REC 指令, 可使录音继续进行下去
录音	10110<XXXXXXXXXXX>	从当前地址开始录音(直至 OVF 或停止)
设置快进	111010<A10~A0>	从指定地址开始快进。后跟 MC 指令, 可使快进继续进行下去
快进	11111<XXXXXXXXXXX>	执行快进, 直到 EOM。若再无信息, 则进入 OVF 状态
停止当前操作	0X110<XXXXXXXXXXX>	停止当前操作
掉电	0X01X<XXXXXXXXXXX>	停止当前操作并掉电
读状态	0X110<XXXXXXXXXXX>	读状态: OVF 和 EOM

其中, 指令代码的各项含义如图 6-29 所示。

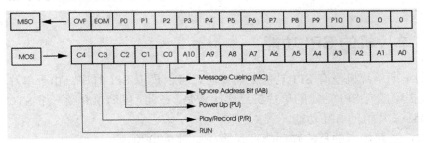

位	功 能	位	功 能
RUN	所有操作的控制位 1-开始 0-停止	PU	电源控制 1-上电 0-掉电
P/-R	录/放模式 1-放音 0-录音	IAB	操作是否使用指令地址 1-忽略输入地址寄存的内容 0-使用输入地址寄存的内容
MC	快进模式 1-允许快进 0-禁止	P15-P0 A15-A0	行指针寄存器输出 输入地址寄存器

图 6-29 指令代码各项的含义

几点重要说明如下。

(1) 信息快进, 用户不必知道信息的确切地址, 就能快进跳过一条信息。信息快进只用于放音模式。放音速度是正常的1600 倍, 遇到EOM 后停止, 然后内部地址计数器加1,

指向下条信息的开始处。

(2) 放音操作时序如下。

① 发POWERUP 命令。

② 上电延时，等待TPUD(8kHz 采样时，约为 25 毫秒)。

③ 发送某一地址值的SETPLAY 命令。

④ 发PLAY 命令，器件会从此地址开始放音，当出现EOM 时，立即中断，停止放音。

(3) 录音操作时序如下。

① 发POWER UP 命令；

② 等待TPUD(上电延时)。

③ 发POWER UP 命令。

④ 等待2 倍TPUD。

⑤ 发送某一地址值的 SETREC 命令。

⑥ 发 REC 命令，器件便从 00 地址开始录音，一直到出现 OVF(存储器末尾)时，录音停止。

(4) IAB 置 0 时，录、放操作从 A9~A0 地址开始。为了能连贯地录、放到后续的存储空间，在操作到达该行末之前，应发出第二个 SPI 指令，将 IAB 置 1，否则器件在同一地址上反复循环。

6.10.4　单片机的 SPI 功能

传统的早期单片机没有 SPI 功能，需要时，可以模拟 SPI 时序，由于单片机技术的迅猛发展，现在集成有 SPI 功能的单片机已比比皆是。在此，仅简单介绍一下 STC12C5A60S2 系列 1T 8051 单片机的 SPI 功能。

应用时，主要操作的是特殊功能寄存器，如图 6-30 所示。

符号	描述	地址	位地址及其符号								复位值
			B7	B6	B5	B4	B3	B2	B1	B0	
SPCTL	SPI Control Register	CEH	SSIG	SPEN	DORD	MSTR	CPOL	CPHA	SPR1	SPR0	0000,0100
SPSTAT	SPI Status Register	CDH	SPIF	WCOL	-					-	00xx,xxxx
SPDAT	SPI Data Register	CFH									0000,0000
AUXR1	Auxiliary Register 1	A2H	-		SPI_P4				-		x000,00x0

图 6-30　STC12C5A60S2 系列单片机的 SPI 控制寄存器

由图 6-30 中可以看出，SPI 功能共由 11 个位与 1 个字节来操作，它们的功能如表 6-13 所示。

【例 6.11】现有 ISD4003-04MP 语音芯片，试用 STC12C5A60S2 单片机的硬件 SPI 进行控制。控制要求为：按下录音键，录音指示灯亮，从头开始录音，直到结尾或按下停止键，则停止指示灯亮。按下放音键，放音指示灯亮，从头开始放音，直到结尾或按下停止键，则停止指示灯亮。

如果采用普通单片机模仿 SPI 功能，其发送部分应当怎样写？

表 6-13　控制寄存器的位与字节的功能

符号	描述	B7	B6	B5	B4	B3	B2	B1	B0
SPCTL	控制寄存器	与 SS、B6、B4 位共同决定主从模式。见图 6-31	1：开启 SPI 功能 0：禁止 SPI 功能	1：低位先发 0：高位先发	主从模式选择	1：时钟空闲时为高电平 0：低电平	1：前时钟沿发，后时钟沿收 0：相反	00：CPU_CLK/4 01：CPU_CLK/16 10：CPU_CLK/64 11：CPU_CLK/128	
SPSTAT	状态寄存器	SPI 传输完成标志	SPI 写冲突标志						
SPDAT	数据寄存器	传输的数据位 Bit7~Bit0							
AUXR1	辅助寄存器 1			0：SPI 在 P1 1：SPI 在 P4					

SPI 主从模式选择							
SPEN	SSIG	SS脚 P1.4	MSTR	主或从模式	MISO P1.6	MOSI P1.5	SPICLK P1.7	备注
0	X	P1.4	X	SPI功能禁止	P1.6	P1.5	P1.7	SPI禁止。P1.4/P1.5/P1.6/P1.7作为普通I/O口使用
1	0	0	0	从机模式	输出	输入	输入	选择作为从机
1	0	1	0	从机模式 未被选中	高阻	输入	输入	未被选中。MISO为高阻状态，以避免总线冲突
1	0	0	1—>0	从机模式	输出	输入	输入	P1.4/SS 配置为输入或准双向口。SSIG 为 0。如果选择 SS 为低电平，则被选择作为从机。当 SS 变为电平时，MSTR 将清零。注：当 SS 处于输入模式时，如被驱动为低电平且 SSIG=0 时，MSTR 位自动清零
1	0	1	1	主（空闲）	输入	高阻	高阻	当主机空闲时 MOSI 和 SCLK 为高阻态以避免总线冲突。用户必须将 SCLK 上拉或下拉（根据 CPOL/SPCTL.3 的取值）以避免 SCLK 出现悬浮状态
				主（激活）		输出	输出	作为主机激活时，MOSI 和 SCLK 为推挽输出
1	1	P1.4	0	从	输出	输入	输入	
1	1	P1.4	1	主	输入	输出	输出	

图 6-31　STC12C5A60S2 系列单片机 SPI 主从模式选择

解：

如要完成硬件 SPI 与 ISD 的通信，最重要的是设置好作为主机的单片机的 SPI 通信方式。结合 ISD 通信协议，需要做如下设置。

开启 SPI 功能：SPCTL.6=1；开启主机模式：SPCTL.7=1，SPCTL.4=1；低位先发：SPCTL.5=1；时钟空闲时为高电平：SPCTL.3=1；前时钟沿发，后时钟沿收：SPCTL.2=1；SPI 时钟速率：根据单片机所用晶振选择，可在保证通信的基础上提高时钟速率，此处选择 11：SPCTL.1=1、SPCTL.0=1，CPU_CLK/128。故 SPI 的控制寄存器 SPCTL=0XFF。

SPI 口根据实际设计的位置进行设置，在 P1 口处可以默认不写，在 P4 口需要写成 AUXR1=AUXR1 | 0x20；发送时，只需要向 SPDAT 写入一个字节就启动了发送，如单片机的异步串行通信一样，需要查询发送完成标志，此处查询的是 SPSTAT 的最高位 SPIF(不可位寻址)，为 1 即是发送完成，需要写入 1 清除(切记！是写入 1 清除)，之后，就可以往下进行了。

根据题意要求，需要设置 3 个独立式的按键，3 个指示灯 LED，用低电平驱动。

【参考程序清单】

```c
#include <stc12c5a60s2.h>    //包含 STC12C5A60S2 单片机头文件，12MHz 晶振
#include <intrins.h>
#define   powerup_order        0x20        //上电命令
#define   set_recode_address   0xa0        //指定录音地址命令
#define   recode_order         0xb0        //当前地址录音命令
#define   set_play_address     0xe0        //指定放音地址命令
#define   play_order           0xf0        //当前地址放音命令
#define   stop_order           0x30        //中止当前操作命令
sbit  playkey = P3^7;     //3 个按键
sbit  recodekey = P3^6;
sbit  stopkey = P3^5;
sbit  playled = P2^5;     //3 个指示灯
sbit  recodeled = P2^3;
sbit  stopled = P2^1;
sbit SS = P1^4;           //SPI 口位置
sbit MOSI = P1^5;
sbit MISO = P1^6;  //实际上，硬件 SPI 无须设置，软件 SPI 主机不接收时也不需要设置
sbit SCLK = P1^7;
bit   stopkeyflag;        //键功能执行过标志：1-执行；0-未执行
bit   playkeyflag;
bit   recodekeyflag;
unsigned int RAC;         //地址计数
send(unsigned dat)        //单片机的异步串行通信，发送子程序
{
    SBUF = dat;
    while(TI==0);
    TI = 0;
}
void delay2us(void)       //ISD 执行命令延时
{
}
void delay25ms(void)              //ISD 上电延时
{
```

```
    unsigned char a, b, c;        //STC12C5A60S2 单片机延时
    for(c=3; c>0; c--)
        for(b=116; b>0; b--)
            for(a=214; a>0; a--);
    /*unsigned char a, b, c;      //12T 单片机延时
    for(c=7; c>0; c--)
        for(b=16; b>0; b--)
            for(a=110; a>0; a--); */
}
/*模仿 SPI 通信发送程序，可根据实际的单片机进行选择
mastersend(unsigned char mosi_data)
{
    unsigned char i;
    SS = 0;                    //选中 ISD4004
    SCLK = 0;                  //通知从机写线
    for(i=0; i<8; i++)   //先发低位再发高位，依次发送
    {
        if ((mosi_data&0x01) == 1)  //发送最低位
            MOSI = 1;
        else
            MOSI = 0;
        isd_data >>= 1;   //右移一位
        SCLK = 1;      //上升沿主机可以读线，如果不需要，此处可空白，往下的高电平时间
                       //不小于 400 纳秒，由于 12MHz 的工作指令周期最小 1 微秒，
                       //所以不用加延时处理
        SCLK = 0; //ISD 在 SCLK 上升沿读线，在下降沿写线
    }
    SS = 1;
} */
mastersend(unsigned char mosi_dat)     //硬件 SPI 发送程序
{
    SS = 0;    //选中 ISD4004
    SPDAT = mosi_dat;
    while(SPSTAT==0);
    SPSTAT = 0xC0;  //发送一个字节到 ISD
    SS = 1;    //ISD 执行命令
    delay2us();
}
recode()     //录音
{
    mastersend(powerup_order);        //ISD 上电
    delay25ms();                      //一倍延时
    mastersend(powerup_order);        //ISD 上电
    delay25ms(); delay25ms();         //二倍延时
    mastersend(set_recode_address);  //设置录音首址命令
    mastersend(0x00);                 //录音首址
    mastersend(recode_order);         //开始录音
    RAC = 0;                          //地址计数清零
}
```

```
play()                                    //播放
{
    mastersend(powerup_order);        //ISD上电
    delay25ms();                      //一倍延时
    mastersend(set_play_address);     //设置播放首址命令
    mastersend(0x00);                 //播放首址
    mastersend(play_order);           //开始播放
    RAC = 0;
}
stop()
{
    mastersend(stop_order);           //中止当前操作
}
main()
{
    EA = 1;                               //开总中断
    IT1=1; IT0=1;          //外中断0与1下降沿执行方式
    EX1=1; EX0=1;          //开启外中断0与1
    AUXR = AUXR | 0x40;  //STC12C5A60S2, 1T Mode, 对12T单片机不起作用
    TMOD = 0x20;          //定时器1为波特率发生器, 工作方式2
    SCON = 0x40;          //异步串行通信设置, 通信方式1
    TH1 = 0xd9;           //STC12C5A60S2, 波特率9600
    //TH1 = 0Xf3;         //12T单片机, 波特率2400
    TL1 = TH1;
    TR1 = 1;
    AUXR1 = 0;            //SPI在P1口
    SPCTL = 0XFF;         //SPI工作方式
    //send(0x11);         //发送初始化完成标志, 联机调试程序时用
    while(1)
    {
        if(recodekey==0 && recodekeyflag==0) //录音键处理
        { recode(); recodekeyflag=1; playled=1; recodeled=0; stopled=1; }
        //WDT_CONTR = 0x34;
        //STC12C5A60S2软件看门狗喂狗, 可根据实际需要取舍
        if(playkey==0 && playkeyflag==0)
        { play(); playkeyflag=1; playled=0; recodeled=1; stopled=1; }
        //WDT_CONTR = 0x34;
        if(stopkey==0 && stopkeyflag==0)
        { stop(); stopkeyflag=1; playled=1; recodeled=1; stopled=0; }
        //WDT_CONTR = 0x34;
        if(recodekey==1) { recodekeyflag=0; }     //按键释放处理
        if(playkey==1) { playkeyflag=0; }
        if(stopkey==1) { stopkeyflag=0; }
    }
}
xt0() interrupt 0     //ISD的OVF与EOM信号, 接ISD的25脚
{
    //操作到尾, 置停止命令
    stop(); stopkeyflag=1; playled=1; recodeled=1; stopled=0;
```

```
    //send(RAC/256); send(RAC%256); //发送当前位置，调试用
}
xt1() interrupt 2     //ISD 的 RAC 信号，接 ISD 的 24 脚
{
    RAC++;
}
```

6.11　单片机数据存储器的扩展

我们知道，51 单片机本身的数据以及程序存储空间都很有限，即使扩展传统的外部程序和数据存储器，其容量也不过翻一倍，达到 128KB，当单片机系统中需要存储诸如字库、声音、图片、动画，以及需要大量采集数据时，这些容量就会远远不够用。此时，就需要极大地扩展其外部数据存储器(不是 RAM)。

就现在而言，可扩展的最理想的存储器就是 SD 卡，尤以 MicroSD(TF 卡)最为理想。本节以 MicroSD 为例，讲述 SD 卡在单片机系统中的扩展。

6.11.1　SD 卡的通信模式

SD 卡设计有两种通信模式：SD 模式和 SPI 模式。SD 模式是 SD 卡标准的读写模式，速度高，能发挥 SD 的高速大容量的优势，但是，SD 模式或者需要带有 SD 卡控制器接口的 MCU，或者需要加入额外的 SD 卡控制单元，以支持 SD 卡的读写。然而大多数 MCU 都没有集成 SD 卡控制器接口，应用不够方便。若用 SD 卡控制单元，则增加了硬件成本。所以在 SD 卡读写数据速度要求不高的情况下，选用 SPI 模式则不失为明智的选择。

在 SPI 模式下，不但所用 I/O 口少，而且现在市场上有不少品牌的单片机都集成有硬件 SPI 功能，即使没有，也可以用普通的 I/O 仿 SPI 协议进行通信。

如图 6-32 所示是 MicroSD 卡在两种模式下的管脚定义以及单片机与 SD 卡在 SPI 通信协议下的硬件连接图。SD 卡的工作电压是 2.7~3.6V，与 5V 单片机配套应用时，要有电平转换措施。

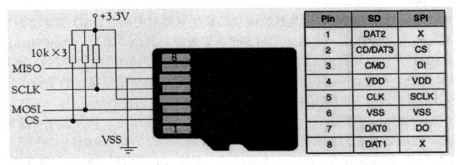

Pin	SD	SPI
1	DAT2	X
2	CD/DAT3	CS
3	CMD	DI
4	VDD	VDD
5	CLK	SCLK
6	VSS	VSS
7	DAT0	DO
8	DAT1	X

图 6-32　MicroSD 卡的 SPI 电路连接与两种协议下的引脚对比

6.11.2 SD 卡的 SPI 通信协议

从官方的资料来看，SD 卡的通信协议十分复杂，但在实际应用时，我们只要抓住它的一些关键点，就可以实现基本应用的目的。

如众多的串行通信模块一样，SD 卡也是在上位机控制的前提下，以接收命令的方式工作的，上位机发出命令给 SD 卡，SD 卡接收命令后做相应的工作。同样地，为了保证通信的进行，无论 SD 卡接收到什么样的命令，都会有应答返回，主机可以根据应答的内容来决定下一步的工作。当然，也不是每一个应答都需要被上位机读取。

工作在 SPI 模式下的 SD 卡是在上位机 SCLK 的协调下按节拍工作的，其往 MISO 上写数据(写线)为下降沿，读取 MOSI 上的数据(读线)是上升沿，传输时，高位在前。

1．SD 卡的命令及格式

SD 卡的命令是 6 字节的，格式如表 6-14 所示。

表 6-14 SD 卡的命令格式

第一字节			第二至五字节	第六字节	
0	1	6 位	32 位	7 位	1
固定值	固定值	命令	参数	CRC 校验	固定值

与 01 共同组成第一字节的低 6 位是命令。所以，最多可定义 64 个命令，SD 卡的命令据其功能可分为 12 组，分别以 class0 到 class11 来划分，但 class1、class3、class9 仅用于 SD 模式，class10、class11 为保留的，其余 7 组命令在 SD 配合单片机应用时很少都用到；参数在带地址的操作中是地址，对于其他命令则一律写为 0x00；CRC 校验在 SD 模式下才有意义，所以在 SPI 操作时仅复位时写为 0x95(第六字节)，其他情况下都写作 0xFF。

常用、必用的命令介绍如下。

(1) CMD0：SD 卡复位命令，这是 SPI 模式必用的一个命令。SD 卡刚上电时，默认为 SD 模式，需要通过复位命令转变为 SPI 模式。其命令字节(命令的第一字节)为 0x40+0x00=0x40。

(2) CMD1：初始化命令，这是复位成功后紧接着要用的命令。SD 卡复位为 SPI 模式后，需要通过这个命令激活，之后才能用 SPI 传输数据。其命令字节为 0x40+0x01=0x41。

(3) CMD17：读单块命令，SD 卡的数据是以扇区(块)为单位进行读写的，每块为 512 个字节(默认个数，可更改)，其意思为每次连续的读写都要从指定扇区的第一个字节处开始，到最后一个字节处结束(也可以不到结尾处，但往往都执行到结尾处)。总之，单块连续地读写时的首尾址一定要在同一个物理扇区中，否则就会出错，导致程序不能顺利往下执行，因此，地址必须是 512 的整数倍。读单块的命令字节为 0x40+0x11=0x51。

(4) CMD18：读多块命令，由于一个扇区实在是太少，经常是连续多个扇区地读与写，这个命令的方便之处在于，只赋一次地址，就可以连续多个地读。相比之下，如果用 CMD17 进行多字节的读，需要不断地修改扇区首址，不但麻烦，而且速度低。其命令字节为 0x52。

(5) CMD12：读多块停止命令，用于终止 SD 卡的读多块传输，以使 SD 卡改变当前工作内容。其命令字节为 0x4C。

(6) CMD24：写单块，用于一次对一个扇区的数据写入。其首地址同样要求为 512 的整数倍。命令字节为 0x58。

(7) CMD25：写多块，与读多块类似，命令字节为 0x59。写多块终止以发送字节 0xFD 来实现。

命令虽然多，但只要有这几个，就可以达到对 SD 基本应用的目的。对于其他的相关内容，读者可参阅相关的资料。

2．SD 卡的复位

复位是 SD 上电时首先要做的工作，其操作时序如图 6-33 所示，分为 4 步走。

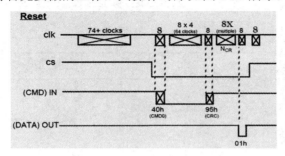

图 6-33　SD 卡的复位时序

(1) 在片选线 CS=1 时，连续发送不少于 74 个时钟周期的空时钟(内容为 0xFF)。

(2) 复位片选线 CS=0，发送 6 个字节的命令，首字节为 0x40，参数字节为 4 个 0x00，第 5 字节为 0x95。

(3) 发空时钟并读取 SD 卡的返回值。当读到 0x01 时，则复位成功，如果收不到 0x01，则从第 2 步重新开始，如果始终收不到 0x01，就要考虑有其他问题。

(4) 置位 CS=1，发 8 个空时钟脉冲，完成复位操作。这一步是几乎每一个指令完成后都必须有的。

复位时，重要的一点是速度不能过高，不超过 400kHz。所以用硬件 SPI 时，单片机上电初始化要设置好，用软件 SPI 时，需设置好发送间隔时间。

3．SD 卡的初始化

初始化用于激活 SPI 模式，它的操作时序如图 6-34 所示。

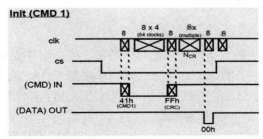

图 6-34　SD 卡的初始化时序

(1) CS=0，发送 6 字节的命令。第一字节为 0x41，参数字节为 4 个 0x00，第 6 字节为 0xFF。

(2) 发空时钟并读取 SD 卡的返回值。当读到 0x00 时，则初始化成功，如果收不到 0x00，则从第一步重新开始。如果始终收不到 0x00，需要考虑有其他问题。

(3) 置位 CS=1，发 8 个空时钟脉冲，完成初始化操作。

4. SD 卡的读操作

SD 卡的读操作用于从指定首址读取数据，如图 6-35 所示。

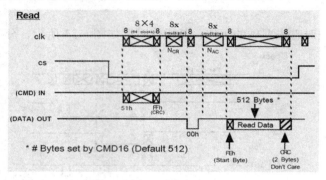

图 6-35　SD 卡的读操作时序

(1) CS=0，发送 6 字节的命令。命令字节读单块发 0x51，读多块发 0x52，参数字节为 4 个地址字节，需要为 512 的整数倍，并不超过当前 SD 卡容量的最大值。发送时，高字节在前，低字节在后。第 6 字节为 0xFF。

(2) 发空时钟并读取 SD 卡的返回值。当读到 0x00 时，则读命令发送成功，如果收不到 0x00，则从第一步重新开始，如果始终收不到 0x00，需要考虑有其他问题。

(3) 发空时钟并读取 SD 卡的返回值。当读到 0xFE(数据头)时，就可以连续读取接下来的 512 个字节数据。

(4) 接收两个 CRC 校验，在 SPI 方式时，CRC 无意义，可以对接收到的数据置之不理，但这个时序不可少。

(5) 如果是读单块结束，CS=1，再发送 8 个空时钟。

① 如果是读单块，需要继续往下读(顺延)，块地址加 1，从第 1 步重新开始。

② 如果是读多块，需要继续往下读，从第 3 步重新开始。

(6) 读多块时，发送 CMD12 来停止读多块操作，CS=1，再发送 8 个空时钟。

5. SD 卡的写操作

SD 卡的写操作用于从指定首址处开始写入数据。操作时序如图 6-36 所示。

(1) CS=0，发送 6 字节的命令。命令字节写单块发 0x58，写多块发 0x59，参数字节为 4 个地址字节，需要为 512 的整数倍，并不超过当前 SD 卡容量的最大值。发送时，高字节在前，低字节在后。第 6 字节为 0xFF。

(2) 发空时钟并读取 SD 卡的返回值。当读到 0x00 时，则写命令发送成功。如果收不到 0x00，则从第 1 步重新开始。如果始终收不到 0x00，需要考虑有其他问题。

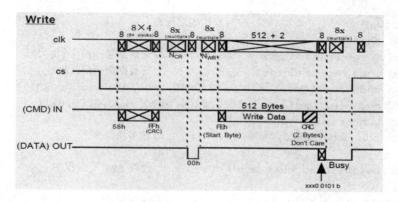

图 6-36 SD 卡的写操作时序

(3) 发送若干个空时钟。

(4) 发送 0xFE 数据头。

(5) 连续写 512 个字节数据。

(6) 发送 2 字节的 0xFF 作为 CRC。

(7) 发送空时钟并连续读取返回值，直到出现 xxx00101，表示数据写入成功。

(8) 写入成功后，SD 卡要在内部进行数据的存储，处于繁忙状态，其输出数据线 MISO 一直为低电平，此时不能接收其他命令，发送空时钟(这是必需的)并读取返回值，当读到 0xFF 时，表示写操作完成。如果需要进行多块写操作，应返回第 3 步。

(9) 多块写操作终止，发送停止字节 0xFD。

6.11.3 单片机读写 SD 卡的实验

相比单片机来说，SD 的容量就是个天文数字，同时，单片机的速度又很低，如果 SD 完全交由单片机管理的话，无疑是非常不方便，也是非常不理想的，人们总是希望通过 PC 机来直观地看到单片机收集的数据，也希望通过 PC 机存入 SD 卡上的内容单片机可以识别，但这远不是前述这些指令可以简单完成的，还需要结合 FAT 文件系统的深入学习与熟练应用，才可以达到最终目的。由于篇幅所限，在此，仅讲述单片机对 SD 卡的简单读写，即使可以把收集的数据在 PC 机上显示出来，也是通过串口调试软件进行的。

以下程序实现的功能是对一个 1GB 的 SD 卡进行读与写的操作，可以在计算机上用串口调试软件显示出读取的数据，为了使实验直观，在程序中，对各个重要的环节插有标志，即一个重码的字节，这样，不但可以看出程序的执行情况，在最初调试不通时，还可以看到程序在何处出了问题，可以有针对性地进行查找与纠正。

```
#include <stc12c5a60s2.H>
sbit  CS = P1^4;            //SPI 的 4 个引脚
sbit  mosi = P1^5;
sbit  miso = P1^6;
sbit  sclk = P1^7;
sbit  readsd = P2^0;        //读操作键
sbit  writesd = P3^7;       //写操作键
bit  flagr;                 //读操作成功标志
```

```
bit  flagw;                              //写操作成功标志
unsigned char n;
unsigned long  readaddress = 3864;       //读数据第一扇区(块)地址
unsigned long  writeaddress = 3864;      //写数据第一扇区地址
unsigned code resetcmd[] = { 0x40,0x00,0x00,0x00,0x00,0x95 };  //复位命令
unsigned code initcmd[] = { 0x41,0x00,0x00,0x00,0x00,0xff };  //初始化命令
unsigned code readmanyendcmd[] =
   { 0x4c,0x00,0x00,0x00,0x00,0xff };     //读多块结束

scmsendbyte(unsigned char mosi_dat)     //硬件SPI发送程序
{
    SPDAT=mosi_dat; while(SPSTAT==0); SPSTAT=0xC0;  //发送一个字节
}
send(unsigned dat)    //单片机的异步串行通信,发送子程序
{
    SBUF = dat;
    while(TI==0);
    TI = 0;
}
writemanyblockcmd() //写多块子程序
{
    unsigned long aa;
    aa = writeaddress<<9;          //由块换算成字节地址,乘512
    scmsendbyte(0x59);             //写多块命令
    scmsendbyte(aa>>24);           //地址最高位
    scmsendbyte(aa>>16);
    scmsendbyte(aa>>8);
    scmsendbyte(aa);               //地址最低位
    scmsendbyte(0xff);             //CRC校验码,可任意
}
readmanyblockcmd()                 //读多块子程序
{
    unsigned long aa;
    aa = readaddress<<9;
    scmsendbyte(0x52);             //读单块命令
    scmsendbyte(aa>>24);           //高字节在前
    scmsendbyte(aa>>16);
    scmsendbyte(aa>>8);
    scmsendbyte(aa);
    scmsendbyte(0xff);             //CRC校验码,可任意
}
writesingleblockcmd()             //写单块子程序
{
    unsigned long aa;
    aa = writeaddress<<9;
    scmsendbyte(0x58);             //写单块命令
    scmsendbyte(aa>>24);           //地址最高位
    scmsendbyte(aa>>16);           //
    scmsendbyte(aa>>8);            //
```

```
    scmsendbyte(aa);                //地址最低位
    scmsendbyte(0xff);              //CRC 校验码，可任意
}
readsingleblockcmd()               //读单块子程序
{
    unsigned long aa;
    aa = readaddress<<9;
    scmsendbyte(0x51);             //读单块命令
    scmsendbyte(aa>>24);           //高字节在前
    scmsendbyte(aa>>16);           //
    scmsendbyte(aa>>8);            //
    scmsendbyte(aa);               //
    scmsendbyte(0xff);             //CRC 校验码，可任意
}
void delay10ms(void)               //延时去抖
{
    unsigned char a, b, c;
    for(c=1; c>0; c--)
        for(b=38; b>0; b--)
            for(a=130; a>0; a--);
}
void delay1s(void)                 //上电延时
{
    unsigned char a, b, c;
    for(c=71; c>0; c--)
        for(b=168; b>0; b--)
            for(a=250; a>0; a--);
}
/************************复位子程序************************/
Reset()
{
    unsigned char i;
    CS = 1;
    for(i=0; i<10; i++) scmsendbyte(0xff);  //发送 74 个以上同步时钟，10*8=80
    CS = 0;                        //选中 SD 卡
    for(i=0; i<6; i++) scmsendbyte(resetcmd[i]);  //发送 6 字节的复位命令
    send(0X22);                    //给计算机发送 0X22，表示复位命令发送成功
    do { scmsendbyte(0xff); }      //发同步时钟，等待 SD 回应 0X01
    while(SPDAT!=0x01);
    send(0X33);                    //给计算机发送 0X33，SD 复位成功
    CS = 1;                        //释放 SD 卡
    scmsendbyte(0xff);             //最后再发 8 个空时钟
}
/************************初始化************************/
init()
{
    unsigned char i;
    CS = 0;                        //选中 SD 卡
    send(0X44);                    //初始化开始
```

```
    do
    {
        for(i=0; i<6; i++)
        { scmsendbyte(initcmd[i]); //发送 6 字节的初始化命令
        }
    scmsendbyte(0xff); scmsendbyte(0xff);    //等待回应 0x00
    while(SPDAT!=0x00);
    send(0X55);             //初始化成功
    CS = 1;                 //释放 SD 卡
    scmsendbyte(0xff);      //最后再发 8 个空时钟
}
/*************************读数据*************************/
readmanyblock()
{
    unsigned int i;
    CS = 0;
    readmanyblockcmd();              //发送读多块命令
    do
    {
        scmsendbyte(0xff);           //发同步时钟等待 SD 回应 0x00
    }
    while(SPDAT!=0x00);
    send(0X77);                      //发送读多块命令成功
    for(i=0; i<10; i++)              //读多块开始，此处为读 10 块
    {
        do
        {
            scmsendbyte(0xff);       //发同步时钟，等待 SD 回应数据头 0xfe
        }
        while(SPDAT!=0xFE);
        send(0X88);                  //读到数据头
        for(i=0; i<512; i++)         //读一个扇区
        {
            scmsendbyte(0xff);       //发送 0xff
            send(SPDAT);             //SD 卡返回到单片机的 SPDAT 数据发送到计算机
        }
        scmsendbyte(0xff); scmsendbyte(0xff); //丢弃最后两个 CRC 码
    } //读多块结束
    for(i=0; i<6; i++)               //发送 6 字节读多块结束命令
    { scmsendbyte(readmanyendcmd[i]); }
    CS = 1;                          //释放 SD 卡
    scmsendbyte(0xff);               //最后发 8 个空时钟
    send(0x99);                      //读多块全部结束
}
/*************************写数据*************************/
writesingleblock()
{
    unsigned int  i, m;
    send(0xAA);                      //写数据开始
```

```
    CS = 0;                              //选中 SD 卡
    writesingleblockcmd();               //发送 6 字节的写单扇区命令
    do
    {
        scmsendbyte(0xff);               //发同步时钟，等待 SD 回应 0x00
    }
    while(SPDAT!=0x00);
    send(0xBB);                          //写单块命令发送成功
    scmsendbyte(0xff); scmsendbyte(0xff);    //若干个空操作
    scmsendbyte(0xFE);                   //写数据头
    for(i=0; i<512; i++)
    {
        scmsendbyte(i);                  //写入的是一个单字节的计数
    }
    scmsendbyte(0xff); scmsendbyte(0xff);    //发两个 CRC 码
    scmsendbyte(0xff);        //接收 SD 卡发送的 xxx00101，不重要，可不用管它
    do
    {
        scmsendbyte(0xff);               //必须发送空时钟，等待 SD 忙碌完成，返回 0xff
    }
    while(SPDAT!=0xff);
    CS = 1;                              //释放 SD 卡
    scmsendbyte(0xff);                   //最后发 8 个空时钟
    send(0XCC);                          //写单块完成
}
////////////////////////////////主程序//////////////////////////////////////
main()
{
    delay1s(); delay1s(); delay1s();     //上电延时 3 秒
    AUXR = AUXR | 0x40;                  //STC12C5A60S2, 1T Mode
    TMOD = 0x20;                         //定时器 1 为波特率发生器，工作方式 2
    SCON = 0x50;                         //异步串行通信设置，通信方式 1
    TH1 = 0xd9;                          //12MHz 晶振，波特率为 9600
    TL1 = TH1;
    TR1 = 1;
    EA = 1;
    ES = 1;
    send(0x11);                          //单片机初始化成功
    AUXR1 = 0;                           //SPI 在 P1 口
    SPCTL = 0XD3;                        //SPI 工作方式，实际证明 0XD3、0XDF、0XDC 皆可
    Reset();
    init();
    SPCTL = 0XD0;       //SPI 工作方式，实际证明 0XD3、0XDF、0XDC 皆可
    send(0X66);         //SD 卡初始化成功
    while(1)
    {
        if(readsd==0) delay10ms();
        if(readsd==0&&flagr==0) { readmanyblock(); flagr=1; } //读多块
        if(writesd==0) delay10ms();
```

```
        if(writesd==0&&flagw==0){ writesingleblock(); flagw=1; }  //写单块
        if(readsd==1) flagr=0;              //读操作成功标志复位
        if(writesd==1) flagw=0;             //写操作成功标志复位
        if(n>3)     //从计算机发来的数据得发回去,以示接收成功
        {
            send(writeaddress>>24);         //最高字节
            send(writeaddress>>16);
            send(writeaddress>>8);
            send(writeaddress);             //最低字节
            readaddress = writeaddress;     //写地址赋给读地址(扇区)
            n = 0;                          //接收计数清零
        }
    }  //while(1) end
}  //main end

UART() interrupt 4 using 2    //接收 PC 端发送的 4 字节扇区首址数据,形如 00118745
{
    if(RI == 1)
    {
        RI = 0;
        writeaddress = writeaddress<<8|SBUF;      //此处为或运算,不是加运算
        n++;
    }
}
```

习 题 6

(1) 采用图 6-1 所示的电路,编写程序,实现流水灯的循环移动。

(2) 七段 LED 数码管静态显示和动态显示有什么特点?实际设计中应如何选择?

(3) 实现 LED 数码管动态显示,可使用主程序扫描和定时器两种方法,比较两种方法的特点。

(4) 简述键盘去抖的软件实现方法。

(5) 采用 6 位动态显示数码管,分别用主程序扫描与定时显示的方式编写程序,实现时、分、秒的显示。

(6) 采用图 6-21 所示的电路,编写程序,显示"LCD-DEMO"。

(7) 根据 ISD 的工作方式,把其存储空间均分为 4 部分,可以分别对这 4 部分进行录放音的操作,并设置相应的指示。

(8) 结合 6.4 节的内容,实现以电视遥控器和单片机系统对三盏灯亮熄的控制。

(9) 为 6.6 节设计的时钟设计上软硬件调时功能。

(10) 参考 6.9 节的例子,设计主控只发送动作命令,由分控处自主处理的软硬件设计。

(11) 试用 ISD4003 实现"倒车请注意"的语音提示功能。

(12) 综合应用单片机、4×4 键盘、LCD 1602 实现一个加减法计算器的功能。

(13) 试用电感式接近开关、STC12C5A60S2 单片机、1602 液晶屏实现测量并显示电动

车时速与续航里程的功能，要求上行显示电动车时速，单位 km/h，精确到百分位，下行显示续航里程，单位 km，精确到百分位。由于是续航里程，所以单片机系统必须具有掉电保持功能(可参阅后面章节的相关内容)。

(14) DS1302 是大多数单片机系统所必需的硬件配置，试结合 6.6 节的内容，把其程序封装成头文件，以便工程开发中使用。

第 7 章　单片机的关键技术

通过以上各章的学习，我们已经对单片机有所了解，并且可以自己做一些程序，用实验板实现一些功能了。那么，现在是否就可以自己做一些实用的单片机控制系统了呢？实践证明还不行。因为还有一些关键的技术问题没有解决。

7.1　电路板的设计与制作

7.1.1　电路、程序的仿真与调试

我们构思的电路能否实现预期的功能，是需要用电路验证的(除非很简单的电路例外)。但在验证之前，又不会有电路板，所以，最好的办法也就是用我们在前面章节的学习中所用的仿真软件进行电路仿真，在 Proteus 软件中搭建我们构思的电路，并写入我们编写的程序，就可以进行仿真验证了。对于软件上没有的器件，可以通过其他方法来代替，例如软件上没有 AM2303，我们就可以用单片机编一个程序模拟 AM2303 的通信协议与主单片机进行通信，这是电路设计少走弯路的快捷有效的方法。如此，不但省去了制作实验板的成本，也节约了不少的时间。

在我们最初开发程序时，要一边编辑一边编译，及时发现错误所在。有不少读者在开发程序时，往往一气呵成，在编译时错误太多，又找不到解决的办法，就会放弃或重来。

边编辑、边编译，看似繁琐，却能保证一路畅通。虽然慢，但却能达到目的。在我们积累了一定的经验之后，再尝试一气儿呵成，才真的能快起来。

我们开发的程序能编译通过，只说明语法上合乎要求。能否达到我们的设计目的，却未可知。也可能你的程序写到仿真软件上之后，无任何反应，都不足为奇。这时怎么办？

无论你的设计中需要不需要通信或显示，都可以在你的程序中建立一个通信或显示(简单到与串口调试软件的通信或使用一个七段数码管)。首先，在你编辑程序的开始，先把它开发出来，并保证功能的正常实现。如果仿真时我们的程序无任何反应，这时，就可以启用通信或显示，顺着程序流程，把对通信和显示的调用从前往后多处安放，并往外发送不同的信息，哪一处的信息能显示出来，就说明程序可以执行到此处，哪一处的信息不能显示出来，就说明程序的故障点在此处！需要重点查找并解决。

在通信或显示时发送什么呢？依实际情况来定即可。可以是程序中最重要的参数，也可以是流水号。那么，我们是建立串口通信好，还是数码管显示好呢？当然串口通信比较好，它占用的 I/O 少，会降低与我们的设计有冲突的可能性，还不用增加硬件成本。反正我们只要往单片机里写程序，就可以建立这个通信。此外还有一点，就是串口能够随你所想，一次发送出去多少数据都可以，而这几点都是数码管显示所不能做到的。

7.1.2 电路板的制作

我们设计好的电路，不可能以开发用的学习板配合外围散件的形式提供给用户，一般是要进行制板的。如果批量很大，可以找专业的厂家制作；如果数量寥寥无几，特别是最初的样板，也完全可以自己制作。只要掌握了制板的方法，我们自己也可以制作出漂亮的电路板来。

1. 用制板软件制作电路板

制板软件是制作电路板时所需要的。制板软件很多，如 Protel、OrCAD、Viewlogic、PowerPCB、Cadence PSD、Zuken CadStart、Winboard/Windraft/Ivex-SPICE、PCB Studio、TANGO 等。目前，在我国用得最多的应属 Protel。

在此，我们采用 Proteus。因为在我们用 Proteus 对设计的电路进行验证正确之后，直接就可以进行制板了，不需要再去开启另一个软件然后选择创建好多的器件。

制板的方法也较多。在此，我们采用简单易行的方案——单面板热转印法。制板软件结合以下的几步，即可达到初步应用的目的。

(1) 我们设计的原理电路仿真正确后，即可点击如图 7-1 所示的 Proteus 工具条中的这个图标，导入网络表及元件，封装到 ARES 软件中，并自动打开。如果元件无封装，可以自己创建封装，或对应实际元件，用一些焊盘取代。

图 7-1   Proteus 工具条

(2) ARES 软件打开后，首先要选择设计模板，如图 7-2 所示，无合适的话，可以选择左边的 DEFAULT，之后单击 OK 按钮进行下一步。

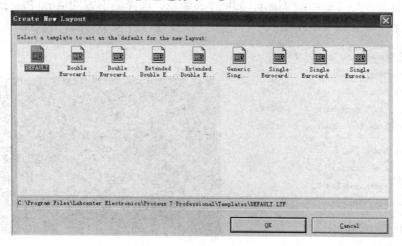

图 7-2   设计模板对话框

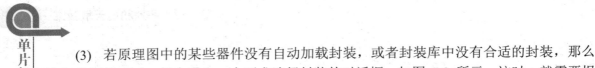

(3) 若原理图中的某些器件没有自动加载封装，或者封装库中没有合适的封装，那么在加载网络表时，就会弹出一个要求选择封装的对话框，如图 7-3 所示。这时，就需要根据具体的元件及其封装进行手动选择并加载。

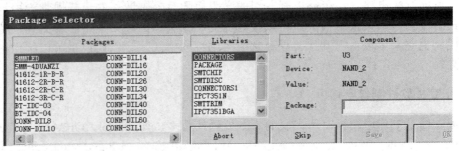

图 7-3　选择封装对话框

(4) 画电路板边框，单击图 7-4 左上方的按钮(可据实际需要选择和绘制)，再单击右下方的按钮，在工作区域手动绘制出电路板边框。

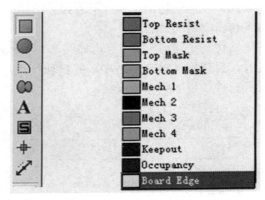

图 7-4　绘制电路板边框的工具

(5) 单击上方菜单栏中的 Tools，如图 7-5 所示，选择最下方的 Auto Placer 命令，我们原理图中的元件即会装入电路图板中，之后，需要进行板大小与元件位置的人工调整。

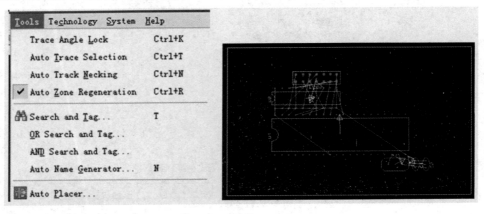

图 7-5　元件导入菜单命令及导入的效果

(6) 单击图 7-6 所示的右边的按钮 Auto Router，弹出右图中的对话框，单击右图右上角的按钮，即开始自动布线，对于布不通的线，需要人工布置。

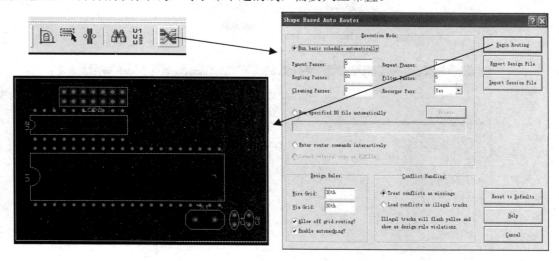

图 7-6　自动布线工具条与对话框

(7) 单击如图 7-7 所示的工具栏中的 Output，从弹出的菜单中选择 3D Visualization 命令，就可以看到制作电路板的效果图了。

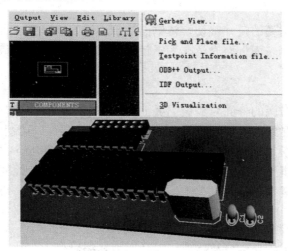

图 7-7　设计电路板的 3D 效果

(8) 布线完成后，即可进行图纸的打印。打印时，需要做如图 7-8 所示的选择，包括打印内容、Bottom Copper、Bottom Silk、Board Edge，颜色选项为 MONOCHROME，比例为 100%。用转印方法的话，可打印在不干胶贴纸的光滑底衬纸上。

2. 热转印与后处理

热转印法就是把打印好的电路板通过加热的方法，使纸上的碳粉熔化，附着到铜板上，以保护需要留下来的电路，之后，在腐蚀液中把不需要的部分腐蚀掉，即可得到我们所需

要的电路板了。具体有如下几步。

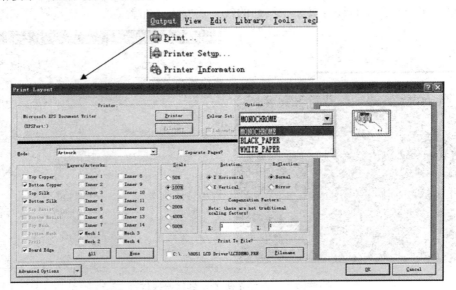

图 7-8   图纸打印命令与对话框

(1) 采板修整。

把单面覆铜板按需要的尺寸裁切，覆铜面边缘用锉刀修平整，否则边缘印不上碳粉。之后，用细砂纸把覆铜表面打磨光洁。为了使转印效果好，覆铜面最好用稀盐酸洗一下，时间要短，几秒钟即可。

(2) 热转印。

把打印好的图纸有图的一面对应覆铜板上有铜的一面对齐，在背面用胶带固定好，取熨衣物的电熨斗，加温到 140~170 摄氏度左右，压在图纸上，等温度稍有升高，再用力下压，并来回移动，来回几次即可。等电路板冷下来之后再揭图纸，揭开时，从一角先来，揭开一点，看如果效果不好，帖上再熨。最后，如揭开后还有断线的地方，要用油性记号笔补上。这一步的关键是不要熨过火了，否则图上的塑料覆膜会一块地帖在电路板上，导致在腐蚀时应该腐蚀掉的部分不能腐蚀掉。

(3) 腐蚀。

腐蚀可选的方法也有几种，但较好的方法是用盐酸双氧水。其一，原料便宜易得；二来，腐蚀时透亮，可清楚地看到腐蚀情况；其三，速度也很快，几分钟就可腐蚀好。配方为 31%双氧水 1 份，37%盐酸 3 份，水 4 份。先混盐酸与水，最后加双氧水。天冷时，可用水浴加热，速度会更快。腐蚀时要时刻观察腐蚀情况，一旦腐蚀完成，要尽快取出，用清水洗净、晾干。

(4) 固化阻焊剂。

阻焊剂美观漂亮，还可以保护电路板，提高焊接质量与效率。首先需要打印图纸，"纸"是用透亮的胶片，电路是在打印选项中选择 Solder Resist，在 100%的比例下打印出来的。用固化绿油，在电路板上均匀地涂上一层，不要厚，能覆盖严即可。之后，把打印的固化图纸，对应电路贴上去，关键是焊盘要对应好。下一步就可以固化了。夏日正午的阳光中，10~15 分钟，或者用 11W 节能灯曝光 30~40 分钟，就可以固化成功。焊盘由于有碳粉遮挡，不会曝光，一直是液体(曝光时不要时间过长，不然也会固化的)，揭膜以后，用汽油把焊盘上没固化的绿油洗去。修剪一下，一块电路板就基本成型了。

(5) 钻孔。

钻孔时，要根据设计孔的大小施钻，孔太小了不易安装元件，太大了不易焊接。钻孔时，孔位精度因元件的不同而要求有所不同。对于多电极的集成电路元件，要求很高，不然，打好孔后，集成电路很难安装。所以，如果手工钻的话，可以先用小的样冲打出一个中心坑，再钻，效果会好很多。如果电路板较多，并且有数控铣床或铣削加工中心的话，效率和质量就会大大提升。

参照图 7-9 所示的菜单栏和对话框，即可生成一个 DXF 文件，用 MASTERCAM 9.0 打开，可最终生成钻孔的程序，之后，通过电路板上已知两个坐标的点进行对刀，并装夹牢固，即可一气呵成地钻出所有的孔，其质量是手工所不能比的。

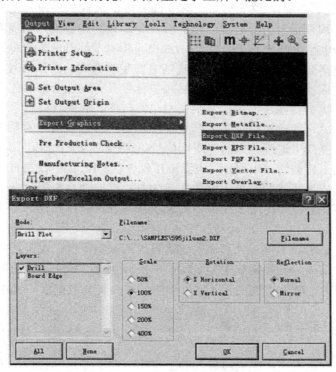

图 7-9　生成钻孔文件的菜单栏和对话框

(6) 涂助焊剂。

为提高焊接质量和短时不施焊时防止焊盘氧化，要用助焊剂在焊盘上涂覆一层，自然阴干，或用电吹风吹干。阻焊剂可以自己制作，取无水酒精加松香溶至饱和为止，之后封口备用。

(7) 焊接。

焊接小件时，用 25W 电烙铁，件比较大时，用 35W 的电烙铁。安插元件时，电极尽量短些，有标识的元件，其标识要装得容易看到。焊接时，要按照先低后高、先里后外、先不怕热元件后怕热元件的顺序焊接。对于怕热的元件，最好用镊子夹着电极进行焊接，时间要短。焊接集成电路时，不要顺序焊出其所有的引脚，要跳跃着焊，这样有利于散热。焊接场效应管时，最好先把其电极用丝铜线短接，暂时使烙铁断电，用余热焊接；焊接时，无论焊接时间长短，都要遵循先预热、再加锡、再后热的顺序进行；烙铁离开后，焊点处不能有晃动，以保证不出现冷焊现象。对于不易上锡的电极，要预先处理好。

通过以上两部分的操作，我们即可自己做出电路板来。但是，限于篇幅，里边有很多细节并未提及，如有需要，读者可查阅相关的资料。

7.2 干扰的来源与应对措施

根据频域信号的分解与合成理论可知，任何非正弦信号都可分解为直流分量和无穷多个正弦信号的和(反之亦然)，这无穷多个频率成分中，大致的规律是低频信号幅值大，高频信号的幅值小，周期信号各分解正弦量的频率为基频的整数倍，非周期信号的频谱则是连续的，所以，当电路中产生非正弦信号时(如电路中有非线性元件、电路中电流突变和非正弦规律变化、电路突然接通或断开)，就会随之产生一系列的正弦信号，由于电磁波的发射能力与其频率的四次方成正比，所以，高频信号更具有向空间辐射的能力，高频信号会通过空间和电路向远处传播，低频信号则会沿电路传播，如果这些信号进入另外一个不需要此信号的系统，就可能会对这个系统产生干扰，而产生这些信号的系统就称为干扰源。由于谐振的原因，能产生连续频谱的非周期信号更可能成为干扰源。

由于单片机属于典型的弱电器件，电源电压仅 5 伏，LE 系列的更低至 3 伏，所以噪声容限很小，极容易成为干扰的对象，这往往成为单片机控制系统的致命弱点。无论你的系统设计的功能有多先进，程序有多完美，如果干扰问题不能得到良好解决，都最终会成为失败的案例。

干扰可分为外部传导干扰、外部辐射干扰和内部滋生干扰，对干扰的应对措施，又分为硬件措施和软件措施。硬件措施主要是减小干扰源强度，拉长干扰源距离，阻断干扰途径和提高抗干扰能力；软件措施主要是软件陷阱、看门狗与数据保障机制。

7.2.1 外部传导干扰

交流电源是单片机应用系统周边最大的干扰源，理论上说，它是正弦波，但实际上，我们用示波器可以看到，它只是近似，并且上边有许多的毛刺(尖脉冲)，这都是干扰的窜入导致的。尤其是尖脉冲，其幅值往往会达到几千伏，所以，首先要把这个干扰排除在系统之外。单片机系统的交流电源应尽量避开或远离有大负荷的电源相，电压太过波动时，要加稳压电源。降压变压器要加屏蔽，并接地。整流滤波之前，进行共模与差模干扰的电磁兼容性设计。整流滤波时，选用高质量的电解电容，并用 0.1μF 的独石电容。整流滤波之后，要加两级三端稳压模块，其容量要大，以免负荷过大时产生热噪声及热源直接影响附近的元件。三端稳压模块要靠近板的边缘，安装于电路板的上方，并加好散热片。如果可能，要把电源部分单独做板，并远离单片机系统。

如果这些还不够好，可以加一个 DC5V-DC5V 的隔离电源。

电路板内部各器件的电源要加 0.1μF 的独石电容进行滤波，并可局部地加钽电解电容滤波。安排各部分电源时，要把大功率部分靠近电源，小功率部分远离电源，并在其中间加阻容去耦电路。

对于通信线干扰，如果系统不可避免地要用到与外部的通信线，则最好的办法是用光纤，其次是光电隔离。

7.2.2　外部辐射干扰

来自空间的辐射干扰源不在少数，远的如太阳及其他天体辐射电磁波、广播电台或通讯发射台发出的电磁波，近的如我们周围的电焊机、汽车发动机、大功率电动机、微波炉、调光台灯等这些设备发出的电磁辐射。辐射干扰基本上可从系统的任何环节窜入系统，破坏其正常运行。但这种干扰一般可通过适当的屏蔽(如把单片机系统封装成金属外壳的)及接地措施加以解决，一般不会成为单片机系统的致命因素。

7.2.3　内部滋生干扰

尽管因为有前面所述的一些措施，外部干扰不足为惧，但内部干扰则往往成为单片机系统失败的致命伤。

内部的干扰来源于若干方面。单片机属于典型的数字器件，其外围也往往不泛数字集成电路，就数字信号本身而言，属于方波，根据频域分析，可知它也包含无穷多的正弦波，这些正弦波信号会通过自感、互感与传导而在另一部分产生响应。如果处理欠妥，总会有某个频率的正弦波成为另一部分的干扰源。系统中的储能元件和非储能的大功率元件，尤其是继电器(也包括大电流滤波电感)、大容量电容、大功率的电阻和 LED，在通断与过渡过程中，会产生较强的干扰信号。单片机的晶体振荡器本身就是一个较强的干扰源，同时，它也是单片机系统中的一个敏感器件，怕受干扰，还易受干扰。

这里抗干扰的措施较之前二者多而且复杂，大致地有如下这些。

(1) 分开与远离。三总线分开。即数字总线、地址总线和控制总线尽量分开与远离。模拟数字分开。即模拟部分的与数字部分的电路、元件和接地要分开与远离。接地分开。在系统板中，会有很多的接地点，这些接地点要根据工作频率的大小，有选择地多点接地，接地线在设计时，要尽量地宽，并在电路板的空白区域都用地线填满。强弱电分开，在电路中，大电流强电信号要与小电流弱电信号分开并远离。

(2) 在两路线不可避免地要靠近时，尽量避免平行走线。接插件的存在，方便了电路组装与维修时的装卸，但接插件连接处易产生干扰，所以要尽量减少接插件的数量和种类，这也同时可以节约电路的硬件成本。电路中连线的长度要尽量短，并减少空间走线。空间走线尽量采用双绞线或屏蔽线。

(3) 对于继电器线圈，需要加吸收抑制电路。如二极管-稳压管抑制电路、电阻-二极管抑制电路、R-C 阻容抑制电路等。把它们并联在线圈或触点的两端，以减缓过渡过程，减弱干扰强度。

(4) 晶振本身对外界是一个干扰源，并且频率越高，放大器增益越高，干扰就越强。

所以，敏感元件要远离晶振。频率在够用的情况下越低越好(这同时也减小了系统功耗)。内部放大器的增益在可选的情况下，可选择 LOW。但这样，在强干扰的情况下容易停振，所以要折中考虑。晶振的抗干扰设计主要是外壳接地，晶振区域用地线铜覆盖，引线不要长，不要与其他线并行，并远离其他元件。当前，不少品牌的单片机都设计有内部 RC 振荡器作为时钟，它有更高的抗干扰性能，但是，其频率精度不高，合适时可以考虑采用。

(5) 另外，系统刚上电，尚处于过渡状态时，如果此时 CPU 启动工作，会导致出错，尤其有 EEPROM 的器件，复位不充分，会改变 EEPROM 的内容。

另外，有的器件，如 AM2303，要延时 2 秒才能正常工作，所以，有的单片机在会内部集成专用的复位电路，如 MAX810 专用复位电路，会把复位时间延长 200ms，以保证系统的顺利启动。如果单片机没有此功能，要考虑此问题的严重性，并加以改进。

7.2.4　软件抗干扰措施

对于单片机系统的硬件抗干扰设计，往往万千措施也难防万一，所以，我们的目的不是绝对地不受干扰，而是怎样减少干扰，并在干扰产生的情况下，还能使系统恢复正常运行状态。这就要靠单片机的软件抗干扰措施了。

1. 软件陷阱

单片机受干扰后，会有跑飞(PC 的数据不在执行程序范围内)到程序以外的区域去的情况。根据单片机的运行原理，程序计数器 PC 总是自动加 1 的，所以，当 16 位的程序计数器 PC 计满溢出后，将回归正常运行。但是，其一，这一段时间单片机没有做正常的工作；其二，如果程序空白区是 FF(汇编指令 MOV Rn, A)的话，将改写当前工作寄存器 Rn 的值，而使运行出错。所以，避免出错的方法，是把空白处用 00(空操作)填满，并每隔一段填上 00 00 02 00 00(程序复位指令)，最后也要写 00 00 02 00 00。如此，即使程序跑飞，也不会改写当前工作寄存器 Rn 的值，还可使程序快速恢复正常运行，此法便称为软件陷阱。

2. 看门狗

在程序中会存在这样或那样的循环，程序中的循环除了主程序中最外围的那个是死循环外，一般都是有条件循环。条件成立便循环，不成立就会跳出来往下执行。但在干扰的情况下，可能会导致一个循环的条件恒成立，造成死循环，这就是单片机"死机"。对于计算机来说，怎么办？可以按下重启键，让它重启。而单片机呢，有一个复位端，通过这个端口使单片机复位就可以了。但用人工肯定不行，而自动的就是"看门狗"了。

所谓的"看门狗"，实际上就是一个定时器，可以是软件，也可以是硬件，具有复位功能、一个受控端口(复位端)和一个控制端口。每当它计时满预定值，便会从控制端口发出一个脉冲，使单片机复位。但是，单片机正常运行时，是不需要复位的，所以，单片机要定时(小于看门狗的预定时间)给一个脉冲到看门狗的复位端，使看门狗复位，这称为"喂狗"，那么，什么时候起作用呢？当单片机受干扰死机，或跑飞时，就失去了喂狗的功能，此时，看门狗计满溢出，就会使单片机复位。

可以看出，单片机与"看门狗"的关系是互相复位的关系，单片机正常运行时，定时使看门狗复位，单片机不正常时，看门狗使单片机复位。

综上可以看出一个问题：在循环中喂不喂狗？喂，循环成死循环时还在喂狗，死循环就真的死了；不喂，如果循环时间超过看门狗的预置值时间，单片机将会无辜地被复位。喂与不喂，这是一个问题；要区别对待，不能一概而论。

(1) 对于有循环次数的循环：有循环次数就有对应的循环时间，有循环次数的就按循环次数设计看门狗，循环时间小于看门狗预置时间，可喂可不喂，不会导致正常运行时单片机复位，也不会导致循环成死循环时单片机死机。

循环时间大于看门狗预置时间，必须喂，独立设置循环计数器，依据循环计数器每隔不超过看门狗预置时间的次数喂狗一次，超过总运行次数即认为死机，不再喂狗，使单片机复位。例如，一个循环次数是 100 次，循环 50 次用时达到看门狗预置时间，那么可以在循环 30 次时喂一次，循环 55 次时喂一次，运行正常循环满，不会触发看门狗动作，循环外紧接着进行喂狗，运行不正常循环超 5 次，看门狗动作使单片机复位，在尽量缩短死循环时间的前提下，还要留有一定的余量，以免无辜地被复位。

(2) 对于循环次数不定的循环：循环次数不定时，就需要根据循环条件设计看门狗了。循环条件为单片机外部状态的，必须喂，条件恒成立是外部的原因，单片机不能复位。

循环条件涉及单片机内部参数的，内部参数可能因干扰而改变，致使条件恒成立，成死循环，这种情况比较复杂，可多参考其他参数，判断是否处于死机状态，是则中止喂狗，使单片机复位，否则正常喂狗，使单片机继续运行。

喂狗动作在程序中是必不可少的，需要每隔一定距离安插一条，以正常运行时看门狗不动作为准，无需频繁，否则将徒增 CPU 的工作量，劳而无益。

最后是看门狗的选择。现在有很多带有硬件看门狗的单片机可选，这样可减少软件的成本。在一定程度上，软件看门狗要依赖于单片机的正常运行。实践证明，软件看门狗不及硬件看门狗可靠；同时，不少硬件看门狗还集成有另一个功能——低压检测，可用于掉电保护。所以，要想系统可靠，硬件看门狗是必需的，而软件看门狗却不一定要加。

7.2.5 保护引脚

由于干扰大多是通过传导窜入单片机的，而众多的引脚是必经之路，所以"防止病从口入"，保护好引脚，是至关重要的。对于速度不高的系统来说，引脚加 0.1μF 的电容可有效防止正脉冲干扰。如果是输入端口，加载施密特型电路也可增强抗干扰能力。在引脚上并联上拉电阻，通过减小上拉电阻值可以提高噪声容限，进而提高其抗干扰能力；但这样做，低电平时，工作电流较大，需要选择使用。

外围元件的抗干扰能力往往要高于单片机本身，如果出于单纯保护单片机的目的，可以在单片机各引脚与外围器件间加光电耦合器，可获得较好的效果。需要说明的是，只有当光耦两侧不共地时才可以，否则只会起到强电不侵入单片机的目的。所以，往往要与 DC5V-DC5V 的隔离电源一块应用，这样才可以完全断绝单片机部分与外界的电路连接。

包括 P3.0~P3.5 的这几个具有中断功能的口，对外部干扰是比较敏感的，在所有可能的情况下，应多用查询、少用中断，把中断源减到最少。中断信号连线应不大于 0.1 米，防止误触发、感应触发。在不得已的情况下，要加光电隔离。

闲置不用的引脚需做好处理，接地或接高电平，保证每个引脚都有确定的电平值。

7.3　数据保障性能

抗干扰措施只能保证单片机不死机，接下来，还要保障数据的安全。

7.3.1　热复位时 RAM 区数据不丢失

学过单片机的都知道，单片机热复位时，RAM 区的数据是保持不变的，但这也与编译所用语言有关。如果你用的是汇编语言，那么的确如此。如果用 C 语言编译软件，默认情况下，热复位是要清零 RAM 的。

程序中如果设置有看门狗，那么，当看门狗动作时，程序要从 0000H 处重新开始执行，这即是热复位。前述的看门狗，是就以热复位的方式救活单片机的。有看门狗，单片机是不会死机了，但是，如果 RAM 清零，重要数据将会丢失，虽然单片机不死机，也没有实现抗干扰的目的(重要数据丢失了)，这样，看门狗存在的意义也不大。所以，我们必须保证热复位时 RAM 不清零。为了热复位时 RAM 不清零，需要对程序做一定的修改。

(1)　如果是用 WAVE 6000 软件编译，则完成编译后，在下载软件缓冲区中打开程序。

①　在如图 7-10 所示的位置(也就是程序的开头处)找到一个程序地址，此处为 0994。

地址	00 01 02 03
000000	02 09 94 00
000010	00 00 00 00

图 7-10　HEX 程序的开头

②　在如图 7-11 所示的程序地址处，可以看到一个固定的组合 78 7F E4 F6。

地址	00 01 02 03 04 05 06 07
000950	99 20 99 04 C2 99 80 F9
000960	75 09 08 E5 09 25 E0 24
000970	74 01 93 F5 99 30 99 FD
000980	00 A2 00 92 B7 A2 00 B3
000990	01 02 08 22 78 7F E4 F6
0009A0	02 08 00 E4 93 A3 F8 E4

图 7-11　程序头跳转地址

③　在如图 7-12 所示的地址处，把 7F 改写成 01 即可。

地址	00 01 02 03 04 05 06 07
000950	99 20 99 04 C2 99 80 F9
000960	75 09 08 E5 09 25 E0 24
000970	74 01 93 F5 99 30 99 FD
000980	00 A2 00 92 B7 A2 00 B3
000990	01 02 08 22 78 01 E4 F6
0009A0	02 08 00 E4 93 A3 F8 E4

图 7-12　修改后的效果

(2)　如果是用 Keil 软件进行编译的，那么打开 Keil 软件，建立工程后，做如下操作。

① 如图 7-13 所示，双击 STARTUP.A51，在编辑位置打开该文件。

图 7-13　STARTUP.A51 文件的图标位置

② 找到如图 7-14 所示的行，把 80H 修改为 00H 即可，改后的效果如图 7-15 所示。

```
020  ;------------------------------------------------------
021  ;
022  ;  User-defined <h> Power-On Initialization of Memory
023  ;
024  ;  With the following EQU statements the initialization of memory
025  ;  at processor reset can be defined:
026  ;
027  ;  <o> IDATALEN: IDATA memory size <0x0-0x100>
028  ;     <i> Note: The absolute start-address of IDATA memory is always 0
029  ;     <i>       The IDATA space overlaps physically the DATA and BIT areas.
030     IDATALEN      EQU     80H
031  ;
032  ;  <o> XDATASTART: XDATA memory start address <0x0-0xFFFF>
033  ;     <i> The absolute start address of XDATA memory
034  XDATASTART       EQU     0
```

图 7-14　需要修改所在位置的值

```
020  ;------------------------------------------------------
021  ;
022  ;  User-defined <h> Power-On Initialization of Memory
023  ;
024  ;  With the following EQU statements the initialization of memory
025  ;  at processor reset can be defined:
026  ;
027  ;  <o> IDATALEN: IDATA memory size <0x0-0x100>
028  ;     <i> Note: The absolute start-address of IDATA memory is always 0
029  ;     <i>       The IDATA space overlaps physically the DATA and BIT areas.
030     IDATALEN      EQU     00H
031  ;
032  ;  <o> XDATASTART: XDATA memory start address <0x0-0xFFFF>
033  ;     <i> The absolute start address of XDATA memory
034  XDATASTART       EQU     0
```

图 7-15　修改后的效果

让我们来做一个试验。如下所示的这个程序是一个计秒程序，数据从 P0 口输出，P0 口接有 8 个 LED，可以十六进制显示当前的时间值：

```
#include <STC12C5A60S2.h>    //12MHz 晶体
void delay1s(void)   //误差 0μs
{
    unsigned char a, b, c;
    for(c=71; c>0; c--)
        for(b=168; b>0; b--)
            for(a=250; a>0; a--);
}
unsigned char a;
main()
{
    while(1)
    {
        P0 = a;
        a++;
        delay1s();
    }
}
```

如果我们编译后不做任何处理即写进单片机，当按下复位键重新运行程序时，可以看到积累的数据变成了 0。但如果在编译或下载程序前做了上述处理，则按下复位键重新运行程序后，时间值会在原来的基础上继续累加。

7.3.2　热复位时输出口数据不丢失

输出口热复位后是 0xFF，显然，也是不符合要求的。这就需要在 RAM 区建立一个备份区，如 P0 口的备份数据为 RAMP0，输出每遇更新则备份：

```
RAMP0 = P0;
```

热复位后，则首先调用备份区的数据进行输出：

```
P0 = RAMP0;
```

如此，才能保证系统受干扰时，输出却"不受干扰"。

7.3.3　掉电时数据不丢失

对于有些情况，如计数、位置检测，系统掉电后，数据也不允许丢失，以便再上电时可以在原来的数据基础上继续工作。这就需要启用掉电检测电路和片内或片外的 EEPROM 单元。一旦检测到掉电，就及时地把重要数据在 EEPROM 区进行备份保存；再次上电时，则及时地把备份数据取出，存入相应的单元。所以，要实现掉电保护功能，需要具两个条件，一是有掉电检测电路，二是有非遗失性存储单元。

掉电检测电路是一个类似如图 7-16 所示的分压电路，并配有隔离二极管和大容量电容，以备掉电后给单片机供电，存储重要的数据。

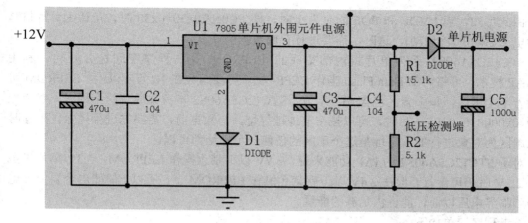

图 7-16　掉电检测电路

图 7-16 中，C5 为掉电后的能量供给部分，可根据实际需要调整其大小；D2 起电源隔离的作用，保证掉电时 C5 仅给单片机本身供电，以延长其可以工作的时间；D1 的作用是抵消 D2 所产生的压降；检测电路由 R1 和 R2 分压得到，图 7-16 中的数值为 1.44V 左右，可依配用的硬件的动作阈值，适当调整二者的比例。配用的硬件可以是看门狗芯片，如 MAX813L 的 4 脚为低压检测端，当 4 脚电压低于 1.25V 时，5 脚变为低电平，可用于触发单片机的最高级中断，进行重要数据的储存；有的单片机本身也集成有低压检测功能，如 STC12C5A60S2 的 31 脚，其动作阈值电压为 1.33V，当低于 1.33V 时，产生一个低压检测中断，可用于掉电保护，但一定要把它设置为最高中断优先级，当不做低压检测时，也可以扩展为一个外部中断口。

非遗失性存储单元可以扩展外部的数据存储器，但如果仅仅是为了几个数据扩展一个数据存储器，无论其是串行的还是并行的都不合算。现在大多数产品都集成有 EEPROM，可用于掉电保护，如前面所述的 STC12C5A60S2 系列单片机。

以下为结合 STC12C5A60S2 单片机的掉电保护功能的实现例子。

在进行掉电保护时，需要检测是不是掉电原因产生的重启。因为只有掉电后，才需要进行保存数据的恢复，否则就会产生错误，而看门狗动作、人为复位(热启动)则不需要进行，这时，需要用到 STC12C5A60S2 的电源控制寄存器 PCON 的新加功能。

PCON^5：LVDF，低压检测标志位，同时，也是低压检测中断请求标志位。在正常工作和空闲工作状态时，如果内部工作电压 Vcc 低于低压检测门槛电压，该位自动置 1，与低压检测中断是否被允许无关。即在内部工作电压 Vcc 低于低压检测门槛电压时，不管有没有允许低压检测中断，该位都自动为 1。该位要用软件清 0，清 0 后，如内部工作电压 Vcc 继续低于低压检测门槛电压，该位又被自动设置为 1。在进入掉电工作状态前，如果低压检测电路被允许，可产生中断，则在进入掉电模式后，该低压检测电路不工作，以降低功耗。如果被允许，可产生低压检测中断，则在进入掉电模式后，该低压检测电路继续工作，在内部工作电压 Vcc 低于低压检测门槛电压后，产生低压检测中断，可将 MCU 从掉电状态唤醒。

PCON^4：POF，上电复位标志位，单片机停电后，再上电复位，则该标志位为 1，可由软件清 0。

由此可知，当 LVDF 和 POF 同时为 1 时，即 PC0N&0x30=0x30 时，可认为单片机是从掉电重启动的(冷启动)，这时，需要进行存储数据的恢复。

STC12C5A60S2 系列单片机内部集成的 EEPROM 是与程序空间是分开的。利用 ISP/IAP 技术，可将内部 Data Flash 当作 EEPROM，可擦写数在 10 万次以上。EEPROM 可分为若干个扇区，每个扇区包含 512 字节。STC12C5A60S2 本身集成有两个扇区，字节地址为 0x0000~0x03FF，写时，可以按字节地址寻址。写数据前，需要先进行擦除，擦除时是以扇区为对象进行的，寻址是这个扇区的任何一个地址都可以。

对于 STC12C5A60S2 的 IAP 功能来说，3.7V 以下禁止操作 EEPROM，3.3V 单片机虽然在 2.2V 时仍可运行，但在 2.4V 以下就禁止操作 EEPROM 了。所以，储能电容要保证电压降到临界电压以前，能提供足够的能量。

参考程序清单如下：

```c
#include <STC12C5A60S2.h>
#include <intrins.h>
unsigned char pulse;              //外部位置脉冲数寄存器
/////////////////////////////主程序/////////////////////////////////
main()
{
    if(PCON&0X30 == 0X30)             //如果是冷启动，则进行数据恢复
    {
        /************************恢复数据*****************/
        IAP_CONTR = 0X83;            //IAP(在应用编程)功能激活，并设置等待时间，0 步
        IAP_CMD = 0X01;              //激活读取功能，1 步
        IAP_ADDRH = 0X00;            //赋地址：EEPROM 地址寄存器高 8 位，2 步
        IAP_ADDRL = 0X03;            //EEPROM 地址寄存器低 8 位
        IAP_TRIG = 0x5A;             //触发，向 IAP_TRIG 寄存器先写 0X5A，3 步
        IAP_TRIG = 0xA5;             //再写 0XA5
        pulse = IAP_DATA;            //读取数据，4 步
        /*********************擦除 EEPROM*****************/
        IAP_CMD = 0X03;      /*激活擦除功能，读取数据后，在主程序中进行 Flash 的擦除。
                               这样，可以减少掉电后的工作量，并减小电容的容量*/
        IAP_ADDRH = 0X00;            //地址，只要是这一扇区的任何地址都可以，3 步
        IAP_ADDRL = 0X03;
        IAP_TRIG = 0x5A;             //触发，4 步
        IAP_TRIG = 0xA5;
    }
    PCON = 0x00;                     //清掉电标志位和冷启动标志位
    EA = 1;                          //此时才可以开启中断
    ELVD = 1;                        //开启低压检测中断，以备掉电时进行掉电保护
    IPH = IPH | 0X40;                //掉电保护中断为最高优先级
    PLVD = 1;
    EX0 = 1;                         //开启外部脉冲累加中断
    IT0 = 1;                         //下降沿有效
    while(1)                         /*主程序中的处理事项*/
    {
    }  //while(1)结束
}  //main()结束
```

```
/***********************掉电保护子程序*****************/
lvd() interrupt 6 using 3          //掉电保存中断号为 6
{
    IAP_CONTR = 0X83;              //IAP 功能激活，并设置等待时间，0 步
    IAP_CMD = 0X02;                //写命令激活，1 步
    IAP_DATA = pulse;              //写数据，2 步
    IAP_ADDRH = 0X00;             //地址，3 步
    IAP_ADDRL = 0X03;
    IAP_TRIG = 0x5A;               //触发，4 步
    IAP_TRIG = 0xA5;
    while(PCON&0X20 == 0X20)      /*如果一直处于掉电状态，则等待完全掉电结束*/
    { PCON=0X00; _nop_(); _nop_(); _nop_(); _nop_(); }
}
```

7.3.4　其他数据保障

单片机采集外部数据时，为了可靠，可以采用数字滤波、平均法等措施，防止突发性干扰。对于突发性的数据，可采用延时回读的方法，如键盘口数据的采集。

单片机输出数据时，为保证输出的正确性，可多次重复输出，或者输后再回读，不正确时再次输出。回读时，注意输出口对地单独地接有正向二极管时，读不到高电平。

单片机内部数据要进行开机自检自诊断，RAM 中的重要内容要分区多重存放，经常进行比较检查，以决定下一步的处理。表格参数放在 EPROM 中，要比放在 RAM 区安全。

单片机与外界通信时，应加奇偶校验或者校验和校验等措施，防止通信出错。出错时，要求对方重发。

7.4　单片机与上位机的联机通信

现代的控制系统越来越多地向着智能化、网络化方面发展，这就要求众多的控制对象既有智能化控制核心，又具有通信功能。这时，单片机就成了不错的选择。由单片机构成的分散控制单元与中央主控制器进行数据和命令的传输，其通信协议和硬件构成在第 5 章中已经介绍过，本节主要讲述与单片机通信的上位机软件。

显而易见，在上位机必然要进行信息的显示、存储以及设置命令按钮，这都需要由上位机软件来完成。这就需要使用上位机软件开发专用的界面。可用的软件较多，但对于初学者来说，最易于上手的就是 Visual Basic 6.0(VB)，即可视化 Basic 语言。以下通过一个简单的示例，来讲解 VB 自上位机中的入门级应用。

现有一个控制系统，下位机为一个单片机控制 AM2303 测量现场的温度与湿度数据，并把数据发送至上位计算机进行显示。

要求在上位机分别显示温度数据、湿度数据，并判断温度数据。大于 25 摄氏度时，显示"温度超限"，否则显示"温度正常"。同时，在上位机设置两个按钮，用于控制下位机的一台加热设备，分别控制其启动和停止，并在上位机有启停的指示。

7.4.1 上位机通信界面的设计

根据示例要求，上位机共需要设计一个窗体、一个通信控件、三个文本框、两个按钮、一个定时器、一个指示外形控件。

(1) 一个窗体。

下载 Visual Basic 6.0 并安装后，打开软件，弹出"新建工程"对话框，如图 7-17 所示。

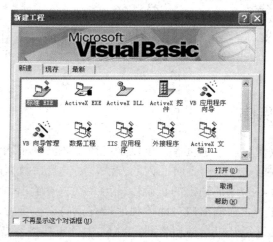

图 7-17 "新建工程"对话框

单击"标准 EXE"图标选项，将会显示主工作界面窗体 Form1，从右侧的属性窗口中找到 Caption Form1 ，把 Form1 改为"AM2303 温湿度测控系统"。

(2) 一个通信控件。

从菜单栏中选择"工程"→"部件"命令，打开"部件"对话框，找到 Microsoft Comm Control 6.0，勾选后，单击"确定"按钮，添加通信控件，如图 7-18 所示。再单击选中该控件，并拖曳到 Form1 中。

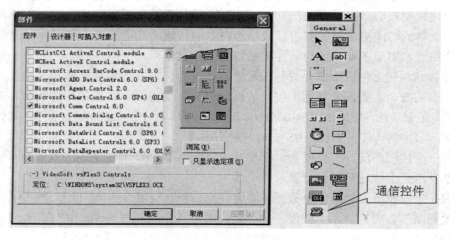

图 7-18 添加通信控件

(3) 三个文本框。

按住 Ctrl 键，单击通用控件工具条中的文本框图标 `fabl`，在窗体中的合适位置画出三个文本框，按 Esc 键退出当前功能，把三个文本框调整成合适的大小。

单击右侧(默认在右侧)属性窗口中的 `BackColor ▆ )0003& ▾`，可以进行字体背景色的设计；单击 `ForeColor ▆ &H0000 ▾`，可以进行字体颜色的设计；单击 `Font    宋体  ... `，可进行字体、字形和大小的设计。

(4) 两个按钮。

按住 Ctrl 键，单击通用控件工具条中的按钮图标 `⌐`，在窗体中合适的位置画出两个按钮，按 Esc 键退出当前功能，把两个按钮调整到合适的大小。

单击属性窗口中的 `Style    1 - Graph ▾`，选择 1-Graphical 后，单击 `BackColor ▆ )0003& ▾`，可进行按钮背景色的设置；单击 `Font    宋体  ... `，可进行字体、字形和大小的设计。

如果单击 `Picture   (Bitmap) ... `，可添加个性图片。分别单击两个按钮，并单击 `Caption    Command2    `，设置按钮显示的内容为"启动"、"停止"。

(5) 一个定时器。

单击工具条中的 `⏱`，在窗体中画出一个定时器控件，其在属性窗体名称栏显示的标号要与程序中的标号一致，定时器在运行程序时由程序控制，无须显示，也不用设置。

(6) 一个指示外形。

单击工具条中的 `◉`，在窗体中合适的位置画出一个外形控件，之后，可以通过 `Shape   3 - Circle` 调整其形状，大小可通过推拉边框调整，颜色由程序控制。

最终的设计效果如图 7-19 的左图所示。

界面全部设计完成后，选择"文件"→"生成工程 1.exe"菜单命令，选择生成的文件夹位置，确定后，即可生成一个可执行(exe)文件。找到这个文件的图标，双击，就可以打开，运行效果如图 7-19 的右图所示。

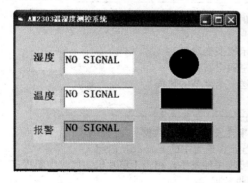 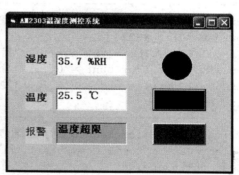

图 7-19　设计效果与运行效果

把可执行文件复制到装有 VB 6.0 的计算机上，就可以运行。

7.4.2　编辑发生事件时的控制程序

界面设计完成之后，需要为各个控件编制相应的程序(代码)，双击窗体空白处或任何一个控件，即可添加程序，每一段程序管理一个事件，段与段之间会自动生成隔离横线，变量设置需要放到首位。编写程序时，由于 VB 对字母的大小写远不及 C 语言那样要求严格，所以不用顾及其大小写，只管写就行，只要词汇不错，VB 会自行整理的。

本实例需要的所有代码如下：

```
Dim temp() As Byte        '单字节型温度接收寄存器组 temp()，接收寄存器要大于实际
Dim outdata(0) As Byte    '单字节型数据发送寄存器组 outdata(0)，发送寄存器要给定值
Dim m As Long, n As Long  '长型掉信号时长计时器，与 Dim m, n As Long 不等效
```

```
Private Sub Form_Load()   '本段程序在窗体载入时运行
Timer1. Interval = 1000   '设置定时值1000ms
Timer1.Enable = True      '开启定时器
MSComm1.CommPort = 1      '选择通信端口，本设置要与实际通信用的端口一致
MSComm1.Settings = "9600,N,8,1"
    '串口参数设置：波特率，无奇偶校验，8 位数据，
    '1 位停止位，即单片机的异步通信方式 1
MSComm1.InBufferSize = 10   '以字符为单位设置接收区的大小
MSComm1.RThreshold = 4   '以字符为单位设置产生接收事件的字符数
MSComm1.InputLen = 32     '设置输入属性。从接收缓冲区读出的字符数。如果此属性设
    '置为 0，控件将读出接收缓冲区中的所有内容。否则，需要将该属性设置为合适的值
MSComm1.PortOpen = True   '打开串口
End Sub   '子程序结束
```

```
Private Sub Command1_Click()   '单击 1 号按钮事件的处理子程序，启动键
outdata(0) = &H11         '0 号发送寄存器写&H11(相当于 0X11)
Shape1.FillColor = vbRed   '指示模型变红色
MSComm1.OutBufferCount = 0   '清空输出寄存器
MSComm1.Output = outdata    '发送一个字节的数据
End Sub
```

```
Private Sub Command2_Click()   '停止键
outdata(0) = &H22
Shape1.FillColor = vbBlack   '指示模型变黑色
MSComm1.OutBufferCount = 0   '清空输出寄存器
MSComm1.Output = outdata    '发送一个字节的数据
End Sub
```

```
Private Sub Mscomm1_Oncomm()   '通信事件发生，接收数据
Select Case MSComm1.CommEvent   '相当于 C 语言中的 switch 语句
Case comEvReceive                 '有接收事件发生，相当于单片机的接收中断程序
temp = MSComm1.Input              '读接收数据
Text1.Text = Format((256# * temp(0) + temp(1)) / 10, "###.0") & " %RH"
    '1 号文本框显示湿度数据，格式为 3 位整数、1 位小数，单位为%RH
Text2.Text = Format((256# * temp(2) + temp(3)) / 10, "###.0") & " ℃"
    '2 号文本框显示温度数据，格式为 3 位整数、1 位小数，单位为℃
n = 0     '掉信号时长计数器清零
If (((256# * temp(2) + temp(3))) / 10) > 25 Then  Text3.Text = "温度超限"
    '如果测量温度大于 25 度，3 号文本框显示"温度超限"
Else
```

```
    Text3.Text = "温度正常"      '否则显示"温度正常"
End If
End Select
MSComm1.InBufferCount = 0  '清空输入寄存器，无此句就会出现接收严重错误
End Sub
Private Sub Timer1_Timer()      '定时器计时到处理程序
n = n + 1  '有接收事件发生 n 清零，无接收事件发生，则 n 会累加
If n = 3 Then Text1.Text = "NO SIGNAL": Text2.Text = "NO SIGNAL"
    '如果有 3 秒还没有接收到下位机发来的信号，就认为通信出问题，显示"NO SIGNAL"
End Sub
```

7.4.3　下位机单片机程序

下位机需要做的工作是按时采集现场的温湿度信息，按格式发送到上位主机，并在接收中断中接收上位机的命令，识别，并做相应的动作。下位机仍然采用 C51 程序。

参考程序清单如下：

```
/*PC 引导：0.8~20ms 高   20~200μs 低
AM2303 响应：75~85 低   75~85 高   "0"    48~55 低   22~30 高
                                   "1"    48~85 低   68~75 高
读数间隔大于 2 秒
本程序用 STC12C5A60S2、12MHz 晶体、1T 工作方式，通信波特率为 57600 */
#include <STC12C5A60S2.h>
#include <math.h>
#include <intrins.h>
sbit wsdata = P1^1;        //P11 为 AM2303 接收端，需要接 5kΩ 的上接电阻
sbit equipment = P1^2;   //控制加热设备输出口，低电平有效
sbit CONTRAL = P1^5;     //RS485 收发控制位
unsigned char shigao;    //湿度高字节
unsigned char shidi;       //湿度低字节
unsigned char wengao;   //温度高字节
unsigned char wendi;     //温度低字节
unsigned char jiaoyan;   //校验字节
unsigned char i, x, N; //中间变量
unsigned char a;         //接收数据缓冲寄存器
/*************************各种延时函数*******************************/
void delay30us(void)   //
{
    unsigned char a, b;
    for(b=3; b>0; b--)
        for(a=28; a>0; a--);
}
void delay1ms()   //
{
    unsigned char a, b, c;
    for(c=1; c>0; c--)
        for(b=222; b>0; b--)
            for(a=12; a>0; a--);
```

```
}
void delay2s500ms(void)    //
{
    unsigned char a, b, c, n;
    for(c=165; c>0; c--)
        for(b=218; b>0; b--)
            for(a=207; a>0; a--);
    for(n=11; n>0; n--);
    _nop_();  //if Keil, require use intrins.h
}
/*********************读取温湿度数据的子程序*****************************/
readwsdata()
{
    a = 0;
    for(i=0; i<8; i++)        //判断接收数据
    {
        wsdata = 1;            //预读数据
        while(wsdata==0);
        wsdata = 1;            //预读数据
        while(wsdata==1) TR0=1;
        TR0 = 0;
        if(TL0>46) x=0X01;
        else x=0;
        a = (a<<1) + x;
        TH0 = TL0 = 0;
    }
}
/*********************串口通信子程序*****************************/
send(unsigned char s)  //
{
    CONTRAL = 1;
    SBUF = s;
    while(TI==0);
    TI = 0;
    CONTRAL = 0;
}
/*******************读温湿度值并发送的子程序*********************/
read_and_send()
{
    delay2s500ms();
    wsdata = 0;     //主机呼叫，低电平 0.8~20ms
    delay1ms();
    wsdata = 1;     //主机呼叫，高电平 20~200μs
    delay30us();
    wsdata = 1;     //预读数据
    while(wsdata==0);   //AM2303 的低电平 75~85μs 等待
    wsdata = 1;     //预读数据
    while(wsdata==1);   //AM2303 的高电平 75~85μs 等待
```

```
/*********判断地址和信号**********/
readwsdata(); shigao=a;
readwsdata(); shidi=a;
readwsdata(); wengao=a;
readwsdata(); wendi=a;
readwsdata(); jiaoyan=a;
/***********以下串口输出 ***********/
//if(shigao+shidi+wengao+wendi==jiaoyan)  //接收正确则发送，条件可选
//{
    send(shigao);
    send(shidi);
    send(wengao);
    send(wendi);
//}
}
/////////////////////////主程序/////////////////////////////////
main()
{
    AUXR = AUXR | 0x40;  //T1, 1T Mode
    SCON = 0x50;     //10 位异步串行通信，允许接收
    PCON = 0x80;     //波特率加倍
    TMOD = 0x20;     //波特率发生器，工作方式 2
    TH1 = 0xF3;      //定时器初值
    TL1 = TH1;
    EA = 1;          //允许中断
    ES = 1;          //允许通信中断
    TR1 = 1;         //开启波特率发生器
    while(1)         //大循环
    {
        read_and_send();
    } //while(1)
} //main
uatr() interrupt 4 using 2  //接收中断处理
{
    if(RI == 1)
    {
        RI = 0;
        if(SBUF==0X11) equipment = 0;  //收到开启命令，开启设备
        if(SBUF==0X22) equipment = 1;  //收到停止命令，停止设备
    }
}
```

这些只是 VB 结合单片机的最基本的应用，如有更高需求，可查阅相关的资料。

7.5 单片机的加密

也许你花费大量的时间、人力与物力开发出来一套产品，推向了市场，结果没多久，

在市场上看到了与自己产品功能相同，外观相似，甚至于商标都一样的产品。这时，你肯定会大为恼火——自己的产品被仿制了。

对于单片机控制系统来说，要仿制产品，不但需要仿制硬件(也就是抄板，就现在的技术来说，早已不是什么难事)，而且还需要仿制其程序，这就是单片机的解密(单片机的解密不单单是技术问题，还是知识产权与商业机密的保护问题，更是涉及法律与道德的严重的问题)。没有买卖就没有伤害，尽管开发与生产者要加密，但只要有利可图，就有人去进行商业目的的解密。

我们在此主要说的不是解密，而是加密。理论上来说，没有解不开的单片机，只是时间与代价的问题。由于技术以及产品日新月异的变化，当加密使解密所用时间足够长，代价足够高时，解密已没有什么价值，也就实现了我们加密的目的了。所以，在实际应用中，不要听信"永远解密不了的单片机"的神话。在加密的技术上，我们不需要花大的代价做到最好，只需要花小的代价做到更好。

7.5.1　新产品能增加破解难度

由于解密技术的成熟是需要时间的，同时，不同品牌的单片机又会有不同的加密方法，那些先推向市场的单片机早已有了成熟的破解方法，所以应用新产品会给单片机的破解设置更多的障碍，提高产品的安全性。

但是，刚推向市场的新品也许保不准会有这样或那样的缺陷，会埋下"产品召回"的隐患，相反，早已推向市场的单片机其性能已经得到时间和大量产品的验证。我们可以有目的地选用最为可靠的品种。除非程序加密比单片机的可靠性更加重要，否则，成熟产品还应当是首选的。

7.5.2　用带有身份证的产品加密

当前单片机的功能可谓百花齐放，就有这么一种带有身份证的单片机，其身份证全球唯一，我们可以单独地为这一身份证编制程序，即使将来其程序被破读出来，写到其他单片机里面，程序也不会运行；如果我们再"使点坏"，让程序识别出当前承载程序的单片机不是原配后，可以短时间内正常运行，但一段时间后再使其功能消失，或部分消失，或功能异常，这样，就可以给盗取者和主谋以更大的教训。

如 STC12C5A60S2 系列的单片机就有这样的功能。下面的程序是读其身份证的程序，可以通过串口显示于串口调试软件上：

```c
#include <STC12C5A60S2.h>
send(unsigned char aa)    //串口发送子程序
{
    SBUF = aa;
    while(TI==0);
    TI = 0;
}
main()
{
```

```
unsigned char *add;
unsigned char i;
unsigned char ID[7];
TMOD = 0x20;
AUXR |= 0x40;              //单片机定时器采用 1T 模式
TH1 = 0xd9;                //12MHz 晶振，波特率为 9600
TL1 = 0xd9;
SCON = 0x40;
PCON = 0x00;               //不使用波特率加倍
TR1 = 1;
add = 0xf1;
/******************读 ID 号并发送到 PC********************/
for(i=0; i<7; i++)         // 单片机上电后，从内部 RAM 单元的
{                          //F1H~F7H 读取 ID，由 7 个字节构成
    ID[i] = *add;
    send(ID[i]);
    add++;
}
while(1);
}
```

用身份证加密，再结合多种算法，在程序中多处应用，会大幅度提高破解的难度，除非其被完美破解，但破解到这个程度的话，都不如自己亲自开发一套程序了。

还有一种结合序列号的方法，这就是外围智能芯片，如 SD 卡、ARM 芯片基本都有唯一序列号，更有专门的序列号芯片，如 DS2411，这给产权保护、产品加密、产品序列号设置带来了极大的方便。

如此，即使单片机本身没有身份证功能，也可采用相似的方法进行加密。单片机程序虽然可破读，但芯片序列号不能破读并复制，直接盗取仍然是不会成功的。

7.5.3 在程序中加入所有者的信息

在程序中加入所有者的信息，控制条件，让它在特定条件下输出并显示。当然，必须保证这个条件秘密，还不会轻易地成立。这样，当发生产权纠纷时，可以让这个信息显现，来作为有力的证据。

下面的程序就是这样应用的一个例子：

```
#include <STC12C5A60S2.h>
unsigned char code ID[] =
  { "本产品由 XXX 单位的 XXX 于 2012 年 10 月设计制造，知识产权所有，违者必纠！" };
unsigned char i;
send(unsigned char aa)      //串口发送子程序
{
    SBUF = aa;
    while(TI==0);
    TI = 0;
}
```

```
main()
{
    TMOD = 0x20;
    AUXR |= 0x40;                    //单片机定时器采用1T模式
    TH1 = 0xd9;                      //12MHz晶振，波特率为9600
    TL1 = 0xd9;
    SCON = 0x40;
    PCON = 0x00;                     //不使用波特率加倍
    TR1 = 1;
    while(1)
    {
        if(P0==72 && P1==5 && P2==65 && P3==22)
        {
            for(i=0;i<100;i++) send(ID[i]);  //上位机需以字符格式显示
        }

        /*其他主程序代码*/

    }
}
```

7.5.4　硬件方法

硬件方法一般来说有这样几种方法。

(1) 熔断单片机的读写数据的引脚。但是，这有一定的风险，同时也减少了 I/O 口引脚，除非单片机本身设计有这种功能。

(2) 打磨掉核心器件的标识字，或者定做这些器件，把其标识字改为别的产品的标识字，具有一定的迷惑性，可误导盗读者。

(3) 把整个电路板用环氧树脂封装起来，不但具有一定的防盗读功能，也可以起到防潮、防腐蚀、防机械损伤的作用。

(4) 选用具有硬件自毁功能的智能芯片，以彻底应付盗读者。

习　题　7

(1) 单片机的串口以及外部中断是干扰窜入的敏感端口，试在开发板上给单片机开启异步串行通信功能和外中断功能，并作用于显示和通信，验证当手触或金属体触及这些端口时的干扰情况。

(2) 结合 7.3.3 小节进行掉电保护实验，要求在掉电后可以在 EEPROM 中保存 10 个数据，单片机再上电时，可以通过串口显示于串口调试软件上。

(3) 结合 7.4 节，用 VB 设计界面和程序，可以分别实时显示单片机的四组 I/O 口，并设计一个按键，可以通过上位机给定并发送四组 I/O 口的状态。

(4) 拿一个 STC12C5A60S2 系列的单片机进行身份证的读取，并针对这个身份证进行程序编辑，把编辑出来的程序写入另一片单片机中，看程序能不能运行。

(5) 单片机的晶振受强干扰时会停振，此时，软件看门狗也会一块"挂掉"，试用一个带有软件看门狗的单片机，用强干扰(通交流电的线圈)刺激它，验证能否出现停振情况。

(6) 在相同干扰强度的情况下，对比用晶体的单片机与用内部 RC 振荡器的单片机的抗干扰性能的强弱；比较正常运行的单片机与处于休眠状态的单片机抗干扰性能的强弱。

(7) 试编制一个程序，实现在特定条件下向上位 PC 机串口调试软件发送"谁动了我的程序？"的内容。

第8章　MCS-51 单片机应用系统的设计

随着微电子技术的快速发展，各种高性能、低价格的单片机不断涌现。同时，为了满足特定场合的需要，还在单片机内部增加了很多特殊的功能，如双串口、I²C 通信、SPI 通信、A/D 转换等，这给用户开发系统提供了很大的便利。用户可根据所要设计的应用系统的性能要求，设计不同的单片机应用系统。

本章主要通过几个案例，使读者基本掌握单片机应用系统的设计方法。

8.1　单片机应用系统概述

8.1.1　单片机应用系统的特点

单片机本身是个集成芯片，它集成了 CPU、存储器、基本的 I/O 接口以及定时/计数器。如果是一些简单的控制对象，只要在单片机外围加上少量的电路，就可以构成控制系统。对于复杂的系统，单片机的应用和 I/O 接口扩展也比较方便。从单片机系统的实际应用来看，单片机具有以下特点。

(1) 由于系统规模较小，本身不具备自我开发的能力，需要借助专业的开发工具进行系统的开发和调试，使得应用系统简单实用、成本低、效益好。

(2) 系统的配置以满足对象的控制要求为出发点，使系统具有较高的性价比。

(3) 应用系统通常将程序存放在 ROM 中，使得系统不易受外界干扰，可靠性强，而且可以进行加密。

(4) 应用系统所用的存储器芯片可选用 EPROM、EEPROM、OTP 芯片、掩膜 ROM 或 Flash，这些芯片与单片机有很好的兼容性，便于开发和量产。

(5) 单片机本身体积较小、功能强，便于安装在控制设备内部，极大地推动了机电一体化产品的开发。

8.1.2　MCS-51 单片机应用系统的设计方法

一般情况下，一个实际的单片机应用系统的设计过程主要包括以下 5 个阶段。

(1) 系统总体方案的设计。

(2) 硬件设计。

(3) 软件设计。

(4) 系统仿真调试。

(5) 系统安装运行。

这 5 个阶段不是完全独立的部分，往往是相互联系的整体。在总体设计中，就已经开始考虑硬件设计和软件设计的问题。图 8-1 为单片机应用系统设计的流程。

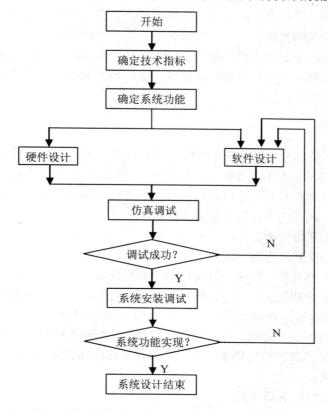

图 8-1　单片机应用系统的设计流程

1. 系统的总体设计方案

单片机作为控制核心，它所控制的对象是多种多样的，所实现的控制要求也是各不相同的。无论控制的对象是一个具体设备还是一个工业过程，都要对被控对象的工作过程进行深入的调查和分析，了解系统的控制要求以及信号的种类、数量和应用环境等，并进行调研，参考国内外同类产品的资料，进行必要的理论分析和计算，在综合考虑可靠性、可维护性、成本和经济效益等要求的基础上，提出合理的技术指标。

2. 硬件设计

所谓硬件设计，就是为实现应用系统功能，确定系统扩展所需要的存储器、I/O 接口电路、A/D 和 D/A 电路以及其他的外围电路，然后设计出系统的电路原理图，并根据设计出来的电路原理图，制作实验板或印刷电路板的过程。

硬件设计不是孤立的，它要在系统总体方案确定的前提下进行，如总体方案所选定的单片机采用片内无存储器的芯片或者单片机内的存储器不能满足系统要求时，则硬件设计中，就应该考虑外扩存储器芯片。

3. 软件设计

软件设计的任务，是根据应用系统的总体设计方案的要求和硬件结构，设计出能够实现系统要求的各种功能的控制程序。一般情况下，在程序设计的时候，应采用模块化的程序设计方法，其内容包括主程序模块的设计、各子程序模块的设计、中断服务程序模块的设计、查表程序的设计。采用模块化程序设计方法，最大的好处是调试方便，而且有较强的可移植性，便于分工合作。

4. 系统仿真设计

仿真的目的，是利用开发机的资源(CPU、存储器和 I/O 设备等)来模拟欲开发的单片机应用系统的 CPU、存储器和 I/O 操作，并跟踪和观察目标机的运行状态。

仿真可以分为软件仿真和开发机在线仿真两大类。软件模拟仿真成本低，使用方便，但不能进行应用系统硬件的实时调试和故障诊断。

现实中常用的是在线仿真方法。

(1) 利用独立型仿真器开发。

独立型仿真器采用与单片机应用系统相同的单片机做成单板机形式，板上配置 LED 显示器和简易键盘。这种开发系统在没有微机系统的支持的情况下，仍能对单片机应用系统进行在线仿真，便于在现场对软件进行调试和修改。另外，这种开发系统还配有串行接口，能与普通微机系统相联系。这样，可以利用普通微机系统配置的组合软件进行源程序的编辑、汇编和联机仿真调试。然后将调试无误的目标程序(即机器码)传送到仿真器，利用仿真器进行程序的固化。

(2) 利用非独立型仿真器开发。

这种仿真器采用普通微机加仿真器构成。仿真器与通用微机间以串行通信的方式连接。这种开发方式必须有微机的支持，利用微机系统配备的组合软件进行源程序的编辑汇编和联机仿真调试。这些仿真接口上还配有 EPROM 写入插座，可以将开发调试完成的用户应用程序写入 EPROM 芯片。

与前一种相比，此种开发方式现场参数的修改和调试不够方便。

以上两种开发方式均是在开发时拔掉目标系统的单片机芯片和程序存储芯片，插上从开发机上引出的仿真头，把开发机上的单片机借给目标机。仿真调试无误后，拔掉仿真头，再插回单片机芯片，把开发机中调试好的程序固化到 EPROM 芯片中，并插到目标机的程序存储器上，目标机就可以独立运行了。

5. 系统安装运行

系统进行在线仿真调试成功后，即可确定硬件设计和软件设计基本上正确。这时，可以将程序固化到存储器中，用单片机芯片替换仿真器后，运行系统，观察系统运行是否达到了系统的设计要求，若达不到要求，则可能需要对软件做少量的改动。若实际单片机运行正常，则整个系统的开发工作就完成了。

8.2　课程设计——16×16 LED 显示

8.2.1　设计要求

LED 大屏幕显示器不仅能显示文字，还可以显示图形、图像，而且能产生各种动画效果，是广告宣传、新闻传播的有力工具。

LED 大屏幕不仅有单色显示，还有彩色显示，其应用越来越广，已渗透到人们的日常生活之中。这里要求设计并制作出可以显示单个汉字的 16×16 单色 LED 点阵。

8.2.2　16×16 LED 显示总体设计方案

1. 16×16 点阵连接方案

无论是单个 LED(发光二极管)还是 LED 七段码显示器(数码管)，都不能显示字符(含汉字)及更为复杂的图形信息，这主要是因为它们没有足够的信息显示单位。

LED 点阵显示是把很多的 LED 按矩阵方式排列在一起，通过对各 LED 发光与不发光的控制，来实现各种字符或图形的显示。最常见的 LED 点阵显示模块有 5×7(5 列 7 行)、7×9、8×8 结构，前两种主要用于显示各种西文字符，后一种可用于大型电子显示屏的基本组建单元，可以用来显示汉字。

本系统中，我们采用 4 个 8×8 LED 点阵组成 16×16 点阵。

8×8 LED 点阵的外观及引脚如图 8-2 所示，其等效电路如图 8-3 所示。图 8-3 中，只要各 LED 处于正偏(Y 方向为 1，X 方向为 0)，则对应的 LED 发光。如 Y7(0)=1，X7(H)=0时，则其对应的右下角的 LED 会发光。各 LED 还需接上限流电阻。实际应用时，限流电阻既可接在 X 轴，也可接在 Y 轴。

在本系统中，采用如图 8-4 所示的方式连接 4 个 8×8 LED 点阵，把编号 I、II 和 III、IV 的 8×8 LED 点阵的行线(Y 方向)连接在一起，组成 16 行，并把 I、III 和 II、IV 相应的列线(X 方向)连接在一起，组成 16 列，形成 16×16 点阵。

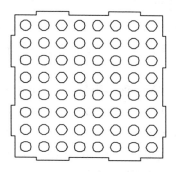
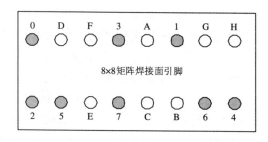

图 8-2　8×8 点阵的外观及引脚

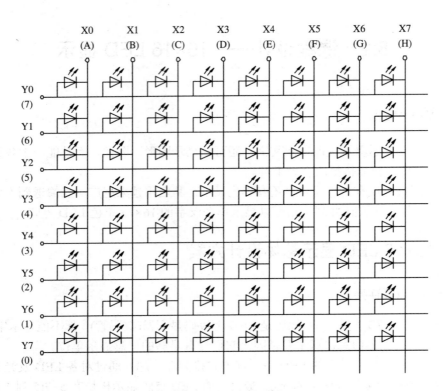

图 8-3　8×8 点阵的等效电路

I 8×8 LED	II 8×8 LED
III 8×8 LED	IV 8×8 LED

图 8-4　16×16 点阵连接方案

2. 16×16 点阵显示方案

LED 大屏幕显示可分为静态显示和动态扫描显示两种。

静态显示每一个像素需要一套驱动电路，如果显示屏为 n×m 个像素，则需要 n×m 套驱动电路；动态扫描显示则采用多路复用技术，如果是 P 路复用，则每 P 个像素需一套驱动电路，n×m 个像素仅需 n×m/P 套驱动电路。

在本系统中，采用动态扫描显示数据，行线由 I/O 直接驱动，列线通过 SN74159 控制。SN74159 是 4-16 线译码器，若 SN74159 的 $\overline{G1}$、$\overline{G2}$ 接地，从 A、B、C、D 引脚输入 0000~1111 时，从 $\overline{Q0} \sim \overline{Q15}$ 引脚分别输出低电平，实现了列线的单独控制。

显示工作以行扫描方式进行，扫描显示过程是每一次显示一列 16 个 LED 点，显示时间称为行周期，16 行扫描显示完成后，开始新一轮扫描，这段时间称为场周期。

8.2.3　硬件设计

根据总体方案设计，16×16 点阵采用 AT89C51 单片机为主控芯片，P0 口和 P2 口分别控制 I、II 和 III、IV 号 8×8 LED 的行线，P3.0~P3.3 控制译码芯片 SN74159 的输入端，进而控制 I、III 和 II、IV 号的列线。SN74159 为反相输出，行高列低 LED 点亮。16×16 点阵的电路原理如图 8-5 所示。

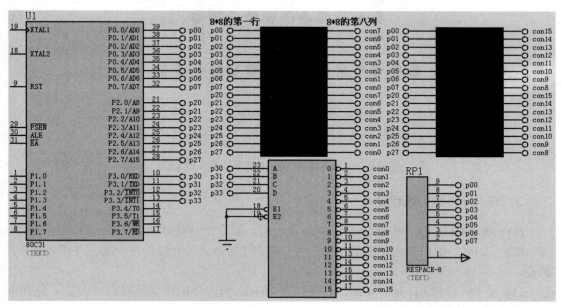

图 8-5　16×16 点阵的电路原理

本案例中，将流动循环显示"我爱单片机"。

8.2.4　编程要点及软件设计

1. 字模的建立

当要显示一个 16×16 点阵的汉字时，需要建立显示 LED 的数据，称这种数据信息为字模。字模的获取可以手工计算，也可以通过相应的字模软件来取得。手工算法如"单"字，在 16×16 点阵中，需要显示的 LED 如图 8-6 所示，根据图示和取模方式，可以得到"单"字的字模，取模方式为纵向 8 点形成一个字节，下高位，取模顺序是上到下，左到右：

```
0X00, 0X08, 0X00, 0X08, 0XF8, 0X09, 0X28, 0X09, 0X29, 0X09, 0X2E, 0X09, 0X2A,
0X09, 0XF8, 0XFF
0X28, 0X09, 0X2C, 0X09, 0X2B, 0X09, 0X2A, 0X09, 0XF8, 0X09, 0X00, 0X08, 0X00,
0X08, 0X00, 0X00
```

用同样的方法，可以得到其他汉字的字模。这种方法显然工作量较大，还容易出错。在网上可以找到好多字模软件拿来用，只需要进行一些字模要求的设置即可。快且好。

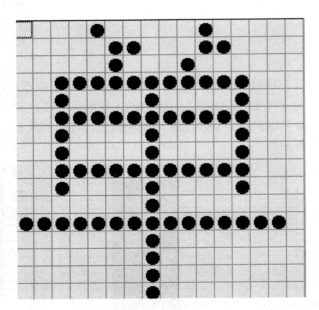

图 8-6 "单"字在 16×16 点阵中显示的 LED

2. 16×16 点阵的编程要点

(1) 通过 P3.0~P3.3 控制 SN74159 的输入端，形成 16 列的列驱动信号，低电平有效。

(2) 从 P0、P2 口输出相应的字模信号，高电平有效。与列信号在一起，点亮列中有关的点。

(3) 点亮一列 LED 延时 1ms，一屏共要 16ms，每一屏的信息重复点亮 N 次，这个 N 决定了字流动的快慢。

(4) 每屏的信息点亮 N 次后，信息后移一列，重复(3)。

(5) 重复上述操作，直到所有的字显示一遍。

(6) 显示的同时，检验结束码 32 个 0，如果检测到，则字模计数器清 0，从头重新开始显示。

3. 软件设计

参考程序清单如下：

```
#include <stc12c5a60s2.h>        //STC12C5A60S2 单片机，12MHz 晶振

#define SHANGHANG P0             //宏定义
#define XIAHANG P2

//a 列扫序号最大 15；c 扫一屏的重复次数，它决定字流动的速度
unsigned char a, c, e, f;

/*b 屏扫序号，最大值取决于内容，d 统计出现连续的 0x00 有多少个以检验结束码*/
unsigned int d, b;
```

```
/* 本文件为 16×16 点阵中文字库文件，字的纵向 8 点构成一字节，上方的点在字节的低位，字符
点阵四角按左上角→左下角→右上角→右下角取字 */
unsigned char code ledtab[] = {
/***************一屏的起始码，产生字从右侧屏流入的效果************/
0x00,0x00,0x00,0x00,0x00,0x00,0x00,0x00,0x00,0x00,0x00,0x00,0x00,0x00,
0x00,0x00,0x00,0x00,0x00,0x00,0x00,0x00,0x00,0x00,0x00,0x00,0x00,0x00,
0x00,0x00,0x00,0x00,
/* 我    CCED2 */
0x20,0x04,0x20,0x04,0x22,0x42,0x22,0x82,0xFE,0x7F,0x21,0x01,0x21,0x01,
0x20,0x10,0x20,0x10,0xFF,0x08,0x20,0x07,0x22,0x1A,0xAC,0x21,0x20,0x40,
0x20,0xF0,0x00,0x00,
/* 爱    CB0AE */
0x00,0x40,0x40,0x20,0xB2,0xA0,0x96,0x90,0x9A,0x4C,0x92,0x47,0xF6,0x2A,
0x9A,0x2A,0x93,0x12,0x91,0x1A,0x99,0x26,0x97,0x22,0x91,0x40,0x90,0xC0,
0x30,0x40,0x00,0x00,
/* 单    CB5A5 */
0x00,0x08,0x00,0x08,0xF8,0x0B,0x28,0x09,0x29,0x09,0x2E,0x09,0x2A,0x09,
0xF8,0xFF,0x28,0x09,0x2C,0x09,0x2B,0x09,0x2A,0x09,0xF8,0x0B,0x00,0x08,
0x00,0x08,0x00,0x00,
/* 片    CC6AC */
0x00,0x80,0x00,0x40,0x00,0x30,0xFE,0x0F,0x10,0x01,0x10,0x01,0x10,0x01,
0x10,0x01,0x10,0x01,0x1F,0x01,0x10,0x01,0x10,0xFF,0x10,0x00,0x18,0x00,
0x10,0x00,0x00,0x00,
/* 机    CBBFA */
0x08,0x04,0x08,0x03,0xC8,0x00,0xFF,0xFF,0x48,0x00,0x88,0x41,0x08,0x30,
0x00,0x0C,0xFE,0x03,0x02,0x00,0x02,0x00,0x02,0x00,0xFE,0x3F,0x00,0x40,
0x00,0x78,0x00,0x00,
/******************结束码，产生字从左侧屏消失的效果*****************/
0x00,0x00,0x00,0x00,0x00,0x00,0x00,0x00,0x00,0x00,0x00,0x00,0x00,0x00,
0x00,0x00, 0x00,0x00,0x00,0x00,0x00,0x00,0x00,0x00,0x00,0x00,0x00,0x00,
0x00,0x00,0x00,0x00,
};
delay1ms()    //每列点亮时间
{
    unsigned char a, b;
    for(b=171; b>0; b--)
        for(a=2; a>0; a--);
}
///////////////////////////主程序//////////////////////////////
main()
{
    P0M0 = 0XFF;     //P0 口强上拉
    P0M1 = 0X00;
    P2M0 = 0XFF;     //P2 口强上拉
    P2M1 = 0X00;
    while(1)         //while 程序开始
    {
        b++;             //后移一列扫下一屏
        if(SHANGHANG==0x00) d++;  //统计出现连续的 0x00 有多少个
```

```
        else d = 0;
        if(d>16) b=0, d=0; //如果已到结束码则重新开始。开始码 32 个 0，结束码 32 个 0
        for(c=0; c<=30; c++)      //c 为扫一屏的重复次数，它决定字流动的速度
        {
            for(a=0; a<=16; a++) //16 次列移位显示，此复合语句正好显示一屏
            {
                SHANGHANG = ledtab[2*a+2*b];
                  //b 保证每扫一屏，字码后移一列，以产生向左移动的效果

                XIAHANG = ledtab[2*a + 2*b + 1];
                delay1ms();
                P3 = a;
            } //内 for 语句结束
        } //外 for 语句结束
    }  //while 程序结束
} //主程结束
```

8.3　课程设计——秒表

8.3.1　功能说明

基于单片机的定时与控制装置在诸多行业中都有着广泛的应用。电子秒表的设计，就是一个典型的例子。

在单片机电子秒表的设计电路中，除了基本的单片机系统外，还需要外部的控制设备和显示装置。

一般的控制装置为按键开关，显示装置为 LED 数码管。

电子秒表系统可以实现以下的功能：

- 用开关控制电子秒表的启动、停止和复位。
- 七段数码管的高 2 位显示秒表的分钟值，中间 2 位显示秒表的秒值，低 2 位显示秒表的百分秒值。

通过电子秒表这个简单的实例，可以迅速地了解单片机的使用方法。具体表现在以下三个方面。

(1) 电子秒表的构成电路简单，可以说，就是一个单片机的最小系统。通过这个实例，读者可以理解单片机最小系统的概念，知道怎样才能让自己的单片机系统运行起来，认识到单片机的学习不仅仅局限在理论上。

(2) 电子秒表的电路包括了单片机控制系统中最常用的输入/输出设备：键盘和显示。通过这个实例，可以了解单片机的控制。

(3) 电子秒表的设计用到了定时及中断这两个常用功能，通过这个实例，可以熟悉单片机的基本单元结构与操作原理。

8.3.2　关键技术及控制电路

1. 单片机的选择

对于本案例，由于电子秒表系统在数据的处理和存储方面要求并不高，所以，选取片内带 RAM 和 ROM 的单片机即可，而并不需要在片外扩展 RAM 和 ROM。

在本案例中，选取的是 Atmel 公司的 AT89C51 单片机。AT89C51 单片机为 Atmel 公司生产的 89Cxx 系列的一款单片机，自带 4KB 片内 Flash、128B 的片内 RAM、32 个 I/O 口线、5 个中断源及两个定时/计数器。

2. LED 显示

本案例中，选用共阳极的七段数码管。

3. 键盘输入

在本案例中设计了两个按键：启动/停止键和复位(清零)键。

4. 控制电路

控制电路如图 8-7 所示。

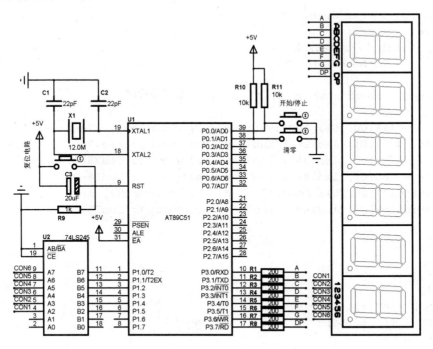

图 8-7　秒表控制电路

由 74LS245 控制 6 位数码管的阳极，P3 口控制数码管的数据段，通过动态扫描，来显示数据。

8.3.3　控制程序

电子秒表的开始和停止由启动/停止键决定。在停止计时后，通过复位键恢复初始状态。电子秒表的参考控制程序如下：

```c
#include <reg51.h>
unsigned int microsecond100;   //100 微秒中断计数
unsigned char minute, second, percentsecond;   //分、秒、百分之一秒
unsigned char led[] =
   {0xc0,0xf9,0xa4,0xb0,0x99,0x92,0x82,0xf8,0x80,0x90}; /*七段数码管显示码*/
sbit led71 = P1^0;        //七段数码管第一位
sbit led72 = P1^1;
sbit led73 = P1^2;
sbit led74 = P1^3;
sbit led75 = P1^4;
sbit led76 = P1^5;
sbit onoffkey = P0^0;    //启动停止键
sbit resetkey = P0^1;    //复位键
bit onoffflag;            //启动停止键执行过标志
bit resetflag;            //复位键执行过标志
void delay1ms(void)       //动态显示用延时
{
    unsigned char a, b, c;
    for(c=1; c>0; c--)
        for(b=142; b>0; b--)
            for(a=2; a>0; a--);
}
display(unsigned char a, b, c)   //时分秒显示子程序
{
    P3=led[a%100/10]; led71=1; led76=0; delay1ms(); led71=0;
    P3=led[a%10]; led72=1; led71=0; delay1ms(); led72=0;
    P3=led[b/10]; led73=1; led72=0; delay1ms(); led73=0;
    P3=led[b%10]; led74=1; led73=0; delay1ms(); led74=0;
    P3=led[c%100/10]; led75=1; led74=0; delay1ms(); led75=0;
    P3=led[c%10]; led76=1; led75=0; delay1ms(); led76=0;
}
main()
{
    EA = 1;
    ET0 = 1;
    TMOD = 0X02;
    TH0 = TL0 = 156;       //100 微秒定时中断
    while(1)
    {
        if(onoffkey==0 && onoffflag==0) { TR0=~TR0; onoffflag=1; }
        if(resetkey==0 && resetflag==0 && TR0==0)
        { minute=0;second=0;percentsecond=0;resetflag=1; }  //停止时可以复位
```

```
            if(onoffkey == 1) { onoffflag=0; }
            if(resetkey == 1) { resetflag=0; }
            display(minute, second, percentsecond);
        } //while(1) end
} //main end
Timer0() interrupt 1 using 2   //100微秒中断
{
    microsecond100++;
    if(microsecond100 >= 100)
    { percentsecond++; microsecond100=0; }   //百分之一秒
    if(percentsecond >= 100) { second++; percentsecond=0; }   //秒
    if(second >= 60) { minute++; second=0; }    //分
    if(minute >= 100) { minute=0; }
}
```

8.4　课程设计——电脑钟

8.4.1　设计要求

除了专用的时钟、计时显示牌外，许多应用系统常常需要实时时钟，如家用电器、工业过程控制、门禁系统及智能化仪器、仪表等。实现实时时钟的方式有多种多样，应根据系统要求及成本综合考虑。

本设计要求通过最低的成本完成电脑钟的设计，锻炼独立设计、制作应用系统的能力，深入领会单片机系统软硬件的开发过程。将要设计并制作出具有以下功能的电脑钟：

- 自动计时，可显示时、分、秒。
- 具备闹铃功能。
- 时间和闹铃可调整。

8.4.2　电脑钟的总体设计方案

1. 计时方案

计时方案有如下两种。

(1) 采用实时时钟芯片。针对现实中对于实时时钟的需求，各大芯片生产商陆续推出了一系列的实时时钟芯片，如前面介绍过的 DS1302 和 PCF8563、DS1287 等。这些芯片具备秒、分、时、日、月、年计时功能和多点定时功能，计时数据自动更新，可通过中断或查询方式读取计时数据，并进行显示。因此，计时功能的实现无须占用 CPU 的时间，编程简单。但这种专用芯片一般成本较高，多用在对于时间要求严格的系统中，如门禁系统等。

(2) 软件控制。利用 MCS-51 单片机内部的定时/计数器进行定时，使用软件方法实现时、分、秒的计时。该方案节省成本，且能够锻炼读者对于定时/计数器、中断及程序设计方面的能力。

本系统中，采用软件方法实现计时。

2. 键盘和显示方案

在本系统中，只需设计 4 个按键，就可以完成设计要求，分别为"调整时间"、"调整闹钟"、"数字加"、"数字减"。因此，我们采用独立式按键来完成。

对于显示系统，通常有两种显示方式——动态显示和静态显示。

- LED 静态显示：静态显示方式占用 I/O 端口多，硬件开销大，不适合本系统。
- 共阳极 LED 动态显示：该方案硬件连接简单，但动态显示需要占用 CPU 较多的时间；在单片机没有太多实时任务的情况下可以采用。

本系统中，选择使用动态显示方式。

8.4.3 硬件设计

1. 电路原理图

电脑钟电路使用 AT89C51 单片机为主控芯片，其内部带有 4KB 的 Flash ROM，无须扩展程序存储器；片内的 128 字节的 RAM 也能满足电脑钟的数据暂存和运算的需求，也无须扩展 RAM。I/O 端口分配方面，P3 口作为共阳极数码管的数据端；通过三极管控制数码的阳极，实现动态显示，由单片机的 P1.0~1.5 控制；按键由单片机的 P0.0~0.3 组成独立按键；闹铃显示电路由 P1.6 和 P1.7 完成。电脑钟系统的电路原理如图 8-8 所示。

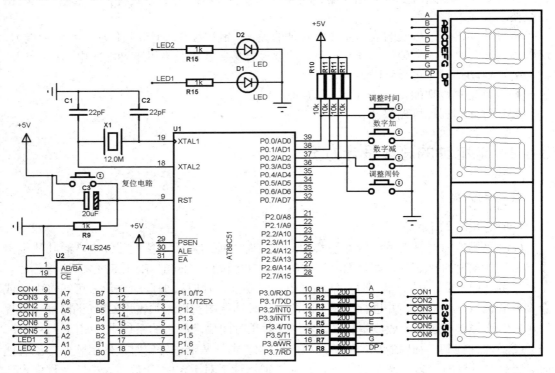

图 8-8　电脑钟系统的电路原理

2. 功能描述

电脑钟使用 6 位 LED 数码管来显示时间或闹铃时间，使用按键来调整时间或闹铃时间，功能与常见的电子表的功能相同，具体描述如下。

(1) 用 24 小时制进行计时，上电后，先检测数码管是否显示正常，6 位数码管先全亮 0.5 秒，再全灭 0.5 秒；然后从 12:00:00 开始计时；闹钟的初始时间为 00:00:00。

(2) 按键的功能分别为"调整时间"、"数字加"、"数字减"、"调整闹铃"。调整时间时按"调整时间"键，每次按键依次调整分低位、分高位、时低位、时高位、完成调整；秒位不调，该位在调整时显示为 00，在调整某位时，该位显示开始闪烁，按"数字加"、"数字减"按键可以按逻辑进行时间的调整；调整闹铃的方式与调整时间相似，在调整闹铃的过程中，计时继续，但显示闹铃的时间；调整完成，仍然显示计时时间。

(3) 闹铃时间到时，两个发光二极管闪烁 10 次后熄灭。

8.4.4 软件设计及流程模块

1. 软件设计

根据系统设计方案和功能，参考程序清单如下：

```c
#include <reg51.h>
unsigned  int  microsecond250;  //250 微秒中断计数
unsigned  char  hour=12,minute,second;  //时钟时分秒
unsigned  char  alarmhour, alarmminute, alarmsecond;  //闹铃时分秒
unsigned  char control;  //调整控制寄存器
unsigned  char nowtime;
   /*control 个位, 控制调时的 5 个数：1 调分低, 2 调分高, 3 调时低, 4 调时高, 0 不调*/
unsigned  char  alarmtime;
   /*control 十位, 控制调闹的 5 个数：1 调分低, 2 调分高, 3 调时低, 4 调时高, 0 不调*/
unsigned  char  change; //control 百位, 控制加减的三个数：1 加 1, 2 减 1, 0 不调
unsigned  char  a, b, count;   //中间变量
unsigned  int  c;      //半秒脉冲 250 微秒计数
bit  pulse;          //半秒脉冲
unsigned char led[] =
   {0xc0,0xf9,0xa4,0xb0,0x99,0x92,0x82,0xf8,0x80,0x90}; /*七段数码管显示码*/
bit nowkeyflag;       //时钟调整键执行过标志
bit inckeyflag;       //加 1 调整键执行过标志
bit deckeyflag;       //减 1 调整键执行过标志
bit alarmkeyflag;     //闹铃调整键执行过标志
bit bell;   //定时到标志
sbit changenowtimekey = P0^0;        //时钟调整键
sbit inckey = P0^1;                  //加 1 调整键
sbit deckey = P0^2;                  //减 1 调整键
sbit changealarmtimekey = P0^3;      //闹钟调整键
sbit led71 = P1^0; //七段数码管第一位
sbit led72 = P1^1;
```

```
sbit led73 = P1^2;
sbit led74 = P1^3;
sbit led75 = P1^4;
sbit led76 = P1^5;
sbit led1 = P1^6;              //闹时到指示 LED1
sbit led2 = P1^7;              //闹时到指示 LED2

void delay1ms(void)        //数码管点亮延时
{
    unsigned char a, b, c;
    for(c=1; c>0; c--)
        for(b=142; b>0; b--)
            for(a=2; a>0; a--);
}

display(unsigned char a, b, c)   //时分秒显示子程序
{
    P3=led[a/10];
    if(alarmtime==4||nowtime==4) led71=pulse;
    else led71=1;
    led76=0; delay1ms();
    led71 = 0;
    P3 = led[a%10];
    if(alarmtime==3||nowtime==3) led72=pulse;
    else led72=1;
    led71=0; delay1ms();
    led72 = 0;
    P3 = led[b/10];
    if(alarmtime==2||nowtime==2) led73=pulse;
    else led73=1;
    led72=0; delay1ms();
    led73 = 0;
    P3 = led[b%10];
    if(alarmtime==1||nowtime==1) led74=pulse;
    else led74=1;
    led73=0; delay1ms();
    led74 = 0;
    if(alarmtime!=0||nowtime!=0) c=0;        //调整时，秒位显示 0
    P3=led[c/10]; led75=1; led74=0; delay1ms(); led75=0;
    P3=led[c%10]; led76=1; led75=0; delay1ms(); led76=0;
}

//////////////////////////////主程序//////////////////////////////
main()
{
    EA = 1;
    ET0 = 1;
    TMOD = 0X02;
    TH0 = TL0 = 6;          //250 微秒定时中断
```

```
TR0 = 1;
while(microsecond250<2000) P3=0;        //全亮 0.5 秒
while(microsecond250<3990) P3=0XFF;     //全熄 0.5 秒
while(1)
{
    if(changenowtimekey==0 && nowkeyflag==0)
    {
        nowtime++;
        if(nowtime>=5) nowtime=0;
        alarmtime=0;
        nowkeyflag=1;
    }
    if(inckey==0 && inckeyflag==0) { change=1; inckeyflag=1; }
    if(deckey==0 && deckeyflag==0) { change=2; deckeyflag=1; }
    if(changealarmtimekey==0 && alarmkeyflag==0)
    {
        alarmtime++;
        if(alarmtime>=5) alarmtime=0;
        nowtime=0;
        alarmkeyflag=1;
    }
    P0 = 255;      //预读
    if(changenowtimekey==1) nowkeyflag=0;
    if(inckey==1) inckeyflag=0;
    if(deckey==1) deckeyflag=0;
    if(changealarmtimekey==1) alarmkeyflag=0;
    control = 0;
    control = change*100 + alarmtime*10 + nowtime;
    switch(control)           //分支语句
    {
        /**************************上调节***********************/
        //-------------------调时---------------
        case 101: //分个位加 1
        {
            a = minute/10;
            b = minute % 10;
            b++;
            if(b>9) b=0;
            minute = a*10 + b;
            change = 0;
            break;
        }
        case 102: //分十位加 1
        {
            a = minute / 10;
            b = minute % 10;
            a++;
            if(a>5) a=0;
            minute = a*10 + b;
```

```
            change = 0;
            break;
    }
    case 103: //时个位加1
    {
        a = hour / 10;
        b = hour % 10;
        b++;
        if(a>2&&b>3) b=0;
        if(a<=2&&b>9) b=0;
        hour = a*10+b;
        change = 0;
        break;
    }
    case 104: //时十位加1
    {
        a = hour / 10;
        b = hour % 10;
        a++;
        if(a>2) a=0;
        hour = a*10 + b;
        change = 0;
        break;
    }
    //--------------------调闹----------------------
    case 110:      //调闹分低位加1
    {
        a = alarmminute / 10;
        b = alarmminute % 10;
        b++;
        if(b>9) b=0;
        alarmminute = a*10 + b;
        change = 0;
        break;
    }
    case 120:      //调闹分高位加1
    {
        a = alarmminute / 10;
        b = alarmminute % 10;
        a++;
        if(a>5) a=0;
        alarmminute = a*10 + b;
        change = 0;
        break;
    }
    case 130:      //调闹时低位加1
    {
        a = alarmhour / 10;
        b = alarmhour % 10;
```

```
        b++;
        if(a>1&&b>3)  b=0;
        if(a<2&&b>9)  b=0;
        alarmhour = a*10 + b;
        change = 0;
        break;
    }
case  140:  //调闹时高位加1
    {
        a = alarmhour / 10;
        b = alarmhour % 10;
        a++;
        if(a>2) a=0;
        alarmhour = a*10 + b;
        change = 0;
        break;
    }
//********************下调节*************************
//---------------------调时------------------------
case  201:  //调时分低位减1
    {
        a = minute / 10;
        b = minute % 10;
        b--;
        if(b>200) b=9;
        minute = a*10 + b;
        change = 0;
        break;
    }
case 202:    //调时分高位减1
    {
        a = minute / 10;
        b = minute % 10;
        a--;
        if(a>200) a=5;
        minute = a*10 + b;
        change = 0;
        break;
    }
case  203:  //调时时低位减1
    {
        a = hour / 10;
        b = hour % 10;
        b--;
        if(a>1&&b>250) b=3;
        if(a<2&&b>250) b=9;
        hour = a*10 + b;
        change = 0;
        break;
    }
```

```
            }
            case  204:  //调时时高位减1
            {
                a = hour / 10;
                b = hour % 10;
                a--;
                if(a>200) a=2;
                hour = a*10 + b;
                change = 0;
                break;
            }
            //----------------------调闹----------------------
            case  210:  //调闹分低位减1
            {
                a = alarmminute / 10;
                b = alarmminute % 10;
                b--;
                if(b>200) b=9;
                alarmminute = a*10 + b;
                change = 0;
                break;
            }
            case  220:  //调闹分高位减1
            {
                a = alarmminute / 10;
                b = alarmminute % 10;
                a--;
                if(a>200) a=5;
                alarmminute = a*10 + b;
                change = 0;
                break;
            }
            case  230:  //调闹时低位减1
            {
                a = alarmhour / 10;
                b = alarmhour % 10;
                b--;
                if(a>1&&b>200) b=3;
                if(a<2&&b>200) b=9;
                alarmhour = a*10 + b;
                change = 0;
                break;
            }
            case  240:  //调闹时高位减1
            {
                a = alarmhour / 10;
                b = alarmhour % 10;
                a--;
                if(a>200) a=2;
```

```
                alarmhour = a*10 + b;
                change = 0;
                break;
            }
        } //switch end
        if(alarmtime != 0)
            display(alarmhour, alarmminute, alarmsecond);  //选择显示
        else display(hour, minute, second);
        if(hour==alarmhour && minute==alarmminute && second==alarmsecond)
            bell = 1;  /*定时到处理*/
        if(bell==1 && count<10) { led1=pulse; led2=~pulse; }
        else { bell=0; led1=0; led2=0; count=0; }
    } //while(1) end
} //main end

t0() interrupt 1 using 2   //250μs 中断
{
    microsecond250++;
    c++;
    if (c>=2000)
    { pulse=~pulse; c=0; if(bell==1) count++; }
    if (microsecond250>=4000)
    { second++; microsecond250=0; }
    if (second>=60)
    { minute++; second=0; }
    if (minute>=60)
    { hour++; minute=0; }
    if (hour>=24)
    { hour=0; }
}
```

2. 流程模块

软件的设计分为以下几个模块。

● 主程序：初始化、显示执行和按键执行。

● 计时：在 TIMER0 中完成。

● 按键判断、闹铃判断和显示时间：在主程序中完成。

流程图请读者自己绘制出来。

习　题　8

(1) 根据 LED 大屏幕扩展原则，设计出 320×32 点阵的 LED 大屏幕显示电路，并简述编程要点。

(2) 电脑钟是如何实现时、分、秒计时的？试调整电子钟程序中的计时模块，使计时的误差更小。

(3) 步进电机是自动控制系统中常用的进行精确位置控制的开环控制执行器件，请查阅相关资料，对一个步进电机进行控制，要求可以手动进行启动、停止、升速、减速和控制转过的角度。

(4) 现有一个 2 行 8 列的矩阵键盘，请开发它的应用程序，实现 30 个键的功能，并把它制成头文件。

(5) PWM 是脉冲宽度调制的意思，也就是通过斩波控制一个直流电压产生方波，并通过占空比最终控制输出方波的平均电压，从而可以实现对灯光、直流电动机等的控制，试编程实现定频率的 PWM 功能，对一个 5 伏直流电动机进行调速。

(6) 现有一个用 74164 级联的 8 位串行静态显示七段数码管，试分别用串行异步通信口和普通口实现显示 8 个数码的程序，并把它制成文件头，在文件头中，说明所用的 I/O 口，以及使用方法。

附录 1　MCS-51 指令表

序　号	指令助记符	操　作　数	机　器　码(H)
1	ACALL	add11	*
2	ADD	A, Rn	28~2F
3	ADD	A, direct	25 direct
4	ADD	A, @Ri	26~27
5	ADD	A, #data	24 data
6	ADDC	A, Rn	38~3F
7	ADDC	A, direct	35 direct
8	ADDC	A, @Ri	36~37
9	ADDC	A, #data	34 data
10	AJMP	add11	*
11	ANL	A, Rn	58~5F
12	ANL	A, direct	55 direct
13	ANL	A, @Ri	56~57
14	ANL	A, #data	54 data
15	ANL	direct, A	52 direct
16	ANL	direct, #data	53 direct data
17	ANL	C, bit	82 bit
18	ANL	C, /bit	B0 bit
19	CJNE	A, direct, rel	B5 direct rel
20	CJNE	A, #data, rel	B4 data rel
21	CJNE	Rn, #data, rel	B8~BF data rel
22	CJNE	@Ri, #data, rel	B6~B7 data rel
23	CLR	A	E4
24	CLR	C	C3
25	CLR	bit	C2 bit
26	CPL	A	F4
27	CPL	C	B3
28	CPL	bit	B2 bit
29	DA	A	D4
30	DEC	A	14
31	DEC	Rn	18~1F

序　号	指令助记符	操　作　数	机　器　码(H)
32	DEC	direct	15 direct
33	DEC	@Ri	16~17
34	DIV	AB	84
35	DJNZ	Rn, rel	D8~DF rel
36	DJNZ	direct, rel	D5 dir rel
37	INC	A	04
38	INC	Rn	08~0F
39	INC	direct	05 direct
40	INC	@Ri	06~07
41	INC	DPTR	A3
42	JB	bit, rel	20 bit rel
43	JBC	bit, rel	21 bit rel
44	JC	rel	40 rel
45	JMP	@A+DPTR	73
46	JNB	bit, rel	30 bit rel
47	JNC	rel	50 rel
48	JNZ	rel	70 rel
49	JZ	rel	60 rel
50	LCALL	add16	12 add16
51	LJMP	add16	02 add16
52	MOV	A, Rn	E8~EF
53	MOV	A, direct	E5 direct
54	MOV	A, @Ri	E6~E7
55	MOV	A, #data	74 data
56	MOV	Rn, A	F8~FF
57	MOV	Rn, direct	A8~AF direct
58	MOV	Rn, #data	78~7F data
59	MOV	direct, A	F5 direct
60	MOV	direct, Rn	88~8F direct
61	MOV	direct1, direct2	85 direct1 direct2
62	MOV	direct, @Ri	86~87 direct
62	MOV	direct, #data	75 direct data
64	MOV	@Ri, A	F6~F7
65	MOV	@Ri, direct	A6~A7 direct
66	MOV	@Ri, #data	76~77 data

序　号	指令助记符	操 作 数	机 器 码(H)
67	MOV	C, bit	A2 bit
68	MOV	bit, C	92 bit
69	MOV	DPTR, #data16	90 data16
70	MOVC	A, @A+DPTR	93
71	MOVC	A, @A+PC	83
72	MOVX	A, @Ri	E2~E3
73	MOVX	A, @ DPTR	E0
74	MOVX	@Ri, A	F2~F3
75	MOVX	@ DPTR, A	F0
76	MUL	AB	A4
77	NOP		00
78	ORL	A, Rn	48~4F
79	ORL	A, direct	45 direct
80	ORL	A, @Ri	46~47
81	ORL	A, #data	44 data
82	ORL	direct, A	42 direct
83	ORL	direct, #data	43 direct data
84	ORL	C, bit	72 bit
85	ORL	C, /bit	A0 bit
86	POP	direct	D0 direct
87	PUSH	direct	C0 direct
88	RET		22
89	RETI		32
90	RL	A	23
91	RLC	A	33
92	RR	A	03
93	RRC	A	13
94	SETB	C	D3
95	SETB	bit	D2 bit
96	SJMP	rel	80 rel
97	SUBB	A, Rn	98~9F
98	SUBB	A, direct	95 direct
99	SUBB	A, @Ri	96~97
100	SUBB	A, #data	94 data
101	SWAP	A	C4

序　号	指令助记符	操 作 数	机 器 码(H)
102	XCH	A, @Rn	C8~CF
103	XCH	A, direct	C5 direct
104	XCH	A, @Ri	C6~C7
105	XCHD	A, @Ri	D6~D7
106	XRL	A, Rn	68~6F
107	XRL	A, direct	65 direct
108	XRL	A, @Ri	66~47
109	XRL	A, #data	64 data
110	XRL	direct, A	62 direct
111	XRL	direct, #data	63 direct data

MCS-51 指令系统所用的符号和含义如下。

- add11：11 位地址。
- add16：16 位地址。
- bit：位地址。
- rel：相对偏移量，为 8 位有符号数(补码形式)。
- direct：直接地址单元(RAM、SFR、I/O)。
- #data：立即数。
- Rn：工作寄存器 R0~R7。
- Ri：i=0, 1，数据指针 R0，R1。
- @：间接寻址方式，表示间接寄存器的符号。

附录 2　ASCII 码表

低4位＼高3位	000 (0H)	001 (1H)	010 (2H)	011 (3H)	100 (4H)	101 (5H)	110 (6H)	111 (7H)
0001(0H)	NUL	DLE	SP	0	@	P	`	p
0010(1H)	SOH	DC1	!	1	A	Q	a	q
0011(2H)	STX	DC2	"	2	B	R	b	r
0100(3H)	ETX	DC3	#	3	C	S	c	s
0100(4H)	EOT	DC4	$	4	D	T	d	t
0101(5H)	ENQ	NAK	%	5	E	U	e	u
0110(6H)	ACK	SYN	&	6	F	V	f	v
0111(7H)	BEL	ETB	'	7	G	W	g	w
1000(8H)	BS	CAN	(	8	H	X	h	x
1001(9H)	HT	EM	)	9	I	Y	i	y
1010(AH)	LF	SUB	*	:	J	Z	j	z
1011(BH)	VT	ESC	+	;	K	[	k	{
1100(CH)	FF	FS	,	<	L	\	l	|
1101(DH)	CR	GS	-	=	M	]	m	}
1110(EH)	SO	RS	.	>	N	^	n	~
1111(FH)	SI	US	/	?	O	-	o	DEL

NUL	空	VT	垂直制表	SYN	空转同步
SOH	标题开始	FF	走纸控制	ETB	信息组传送结束
STX	正文开始	CR	回车	CAN	作废
ETX	正文结束	SO	移位输出	EM	纸尽
EOY	传输结束	SI	移位输入	SUB	置换
ENQ	询问字符	DLE	空格	ESC	换码
ACK	承认	DC1	设备控制 1	FS	文字分隔符
BEL	报警	DC2	设备控制 2	GS	组分隔符
BS	退一格	DC3	设备控制 3	RS	记录分隔符
HT	横向列表	DC4	设备控制 4	US	单元分隔符
LF	换行	NAK	否定	DEL	删除

参 考 文 献

[01] 李全利. 单片机原理及应用技术[M]. 2 版. 北京：高等教育出版社，2004.

[02] 刘守义. 单片机应用技术[M]. 西安：西安电子科技大学出版社，2002.

[03] 余锡存，曹国华. 单片机原理及接口技术[M]. 西安：西安电子科技出版社，2003.

[04] 唐俊杰，等. 微型计算机原理及应用[M]. 北京：高等教育出版社，1993.

[05] 徐煜明，等. 单片机原理及应用教程[M]. 北京：电子工业出版社，2003.

[06] 赵佩华. 单片机接口技术及应用[M]. 北京：机械工业出版社，2003.

[07] 丁元杰. 单片微机原理及应用[M]. 2 版. 北京：机械工业出版社，2001.

[08] 苏平. 单片机原理与接口技术[M]. 北京：电子工业出版社，2003.

[09] 眭碧霞. 单片机及其应用[M]. 西安：西安电子科技大学出版社，2001.

[10] 马忠梅，等. 单片机的 C 语言应用程序设计[M]. 北京：北京航空航天大学出版社，1997.

[11] 汪德彪. MCS-51 单片机原理及接口技术[M]. 北京：电子工业出版社，2003.

[12] 李晓荃. 单片机原理及应用[M]. 北京：电子工业出版社，2000.

[13] 张伟，王虹. 单片机原理及应用[M]. 北京：机械工业出版社，2002.

[14] 张志良. 单片机原理与控制技术[M]. 北京：机械工业出版社，2001.

[15] 朱定华. 单片机原理及接口技术学习辅导[M]. 北京：电子工业出版社，2001.

[16] 刘国荣，梁景凯. 计算机控制技术与应用[M]. 北京：机械工业出版社，1999.

[17] 何桥. 单片机原理及应用技术[M]. 北京：中国铁道出版社，2004.